融合型·新形态教材
复旦社云平台 fudanyun.cn

U0731040

普通高等学校学前教育专业系列教材

学前儿童心理学

（第三版）

主　　编	罗秋英	张暖暖
副 主 编	张淑满	王雪娇
参编人员	赵　鹏	陈菁华

复旦大学出版社

内容提要

本书以《中共中央 国务院关于学前教育深化改革规范发展的若干意见》《高等学校课程思政建设指导纲要》《幼儿园保育教育质量评估指南》等文件精神为引领，落实立德树人根本任务，深化学前职业教育改革，将幼儿教师职业理念的树立、知识的掌握与能力的获得融为一体，使学习者在学习学前儿童心理发展的基本理论、解读儿童成长基本规律的同时，形成科学的儿童观、教育观、教师观，并涵养幼儿教师的职业情操、家国情怀。

本书包括绪论、学前心理学理论流派、认知、个性、社会性等共计14章内容，涵盖所有学前心理学应知、应会知识点，并以思政园地、知识导图、真题链接、知识拓展、学习小结、聚焦国考等编写体例贯通衔接。思政内容巧妙恰当，知识导图提纲挈领，本章学点具体明确，知识拓展对接岗位能力，真题链接锚定具体考点，聚焦国考方便复习检测。

本书是学前教育专业师生得心应手的教材，是幼儿园教师资格考试必备用书，是幼儿园教师和家长解读儿童心理、打开儿童心扉的钥匙，还是智慧树平台国家共享课程"童心世界"的配套用书。本书配有完整的教学课件、教案及相关视频，读者均可登录复旦社云平台（www.fudanyun.cn）查看、获取。

复旦社云平台
数字化教学支持说明

为提高教学服务水平，促进课程立体化建设，复旦大学出版社学前教育分社建设了"复旦社云平台"，为师生提供丰富的课程配套资源，可通过"电脑端"和"手机端"查看、获取。

🖥 【电脑端】

电脑端资源包括 PPT 课件、电子教案、习题答案、课程大纲、音频、视频等内容。可登录"复旦社云平台"（www.fudanyun.cn）浏览、下载。

Step 1 登录网站"复旦社云平台"（www.fudanyun.cn），点击右上角"登录／注册"，使用手机号注册。

Step 2 在"搜索"栏输入相关书名，找到该书，点击进入。

Step 3 点击【配套资源】中的"下载"（首次使用需输入教师信息），即可下载。音频、视频内容可通过搜索该书【视听包】在线浏览。

PPT 课件、音视频、阅读材料：用微信扫描书中二维码即可浏览。

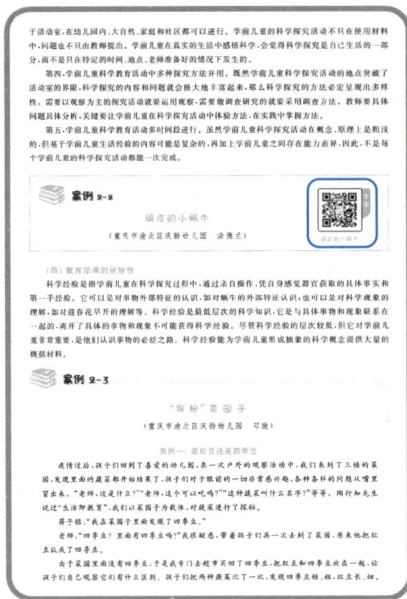

扫码浏览

【更多相关资源】

　　更多资源，如专家文章、活动设计案例、绘本阅读、环境创设、图书信息等，可关注"幼师宝"微信公众号，搜索、查阅。

　　平台技术支持热线：029-68518879。

"幼师宝"微信公众号

【本书配套资源说明】

　　1. 刮开书后封底二维码的遮盖涂层。

　　2. 使用手机微信扫描二维码，根据提示注册登录后，完成本书配套在线资源激活。

　　3. 本书配套的资源可以在手机端使用，也可以在电脑端用刮码激活时绑定的手机号登录使用。

　　4. 如您的身份是教师，需要对学生使用本书的配套资料情况进行后台数据查看、监督学生学习情况，我们提供配套教师端服务，有需要的老师请登录复旦社云平台（官方网址：www.fudanyun.cn），进入"教师监控端申请入口"提交相关资料后申请开通。

《中共中央 国务院关于学前教育深化改革规范发展的若干意见》提出："学前教育是终身学习的开端,是国民教育体系的重要组成部分,是重要的社会公益事业。办好学前教育、实现幼有所育,是党的十九大作出的重大决策部署,是党和政府为老百姓办实事的重大民生工程,关系亿万儿童健康成长,关系社会和谐稳定,关系党和国家事业未来。"2022年,我国学前教育毛入园率已达 89.7%,基本上解决了中国历史上被长期困扰的"入园难"问题,满足了广大儿童接受学前教育的需要。党的二十大报告又明确提出了"办好人民满意教育""强化学前教育"的号召,推动学前教育迈入高质量发展的新时代。

幼儿教师是学前教育发展的第一资源,是促进学前教育"幼有善育、幼有优育"的核心要素,提高幼儿教师素质是实现"优质幼儿教育"的关键着力点。

教材,是学校教育教学的主要载体。习近平总书记在全国高校思想政治工作会议上指出:"教材建设是育人育才的重要依托。建设什么样的教材体系,核心教材传授什么内容、倡导什么价值,体现国家意志,是国家事权。""学前儿童心理学"是学前教育专业核心课程,是幼儿教师了解幼儿、学好其他课程及从事学前教育工作的基础和前提,教材的质量直接影响着课程学习的效果,影响着幼儿教师从教的质量。

本教材围绕"立德树人"确立学习目标,内容紧密结合学前教育专业学生学习特点、幼儿园岗位工作要求和幼儿教师资格考试实际需求,全书分为 14 章,每章设置"知识导图",帮助师生有效统揽知识结构;"思政园地"凸显课程思政内容,落实"为党育人""为国育才"人才培养要求;"本章学点""学习思考"帮助师生有的放矢地开展教、学活动;"学习拓展"实现学思结合,开拓学习视野;"学习总结"有助于完善知识体系;"聚焦国考"在实现自我检查的同时,创设"幼儿教师资格"考试的真实情境。内容全面、重点突出、实用性强,突出学生学习的自主性,使学生在紧密联系学前儿童心理和学前教育活动的真实情境中学习,是本教材的鲜明特点。编写组本着"精心、专业、守恒"的态度,用心打造教材,发挥教材在人才培养中的"培根铸魂、启智增慧"作用。

本教材由徐州幼儿师范高等专科学校罗秋英教授、黑龙江幼儿师范高等专科学校张暖暖副教授任主编,其中第 1、11、12、13、14 章由罗秋英主笔;第 3、4、6 章由张暖暖主笔;第 2 章及全书统稿工作由徐州幼儿师范高等专科学校张淑满完成;第 5、10 章由王雪娇主笔;第 7、8 章

由赵鹏主笔;第 9 章由陈菁华主笔。衷心感谢哈尔滨师范大学学前教育系杨飞龙教授百忙之中审查书稿并提出宝贵意见,感谢黑龙江幼儿师范高等专科学校周世华校长给予的大力支持及指导性建议。

　　对本书在编写过程中引用资料的作者,表示衷心的感谢。由于编者水平有限,对书中可能存在的问题,表示诚挚歉意,并恳请广大读者多提宝贵建议。

编　者

目 录

CONTENTS

第一章

绪论——走进心扉

本章学点

1. 情感：树立了解儿童心理的强烈愿望，形成认真的学习态度，培养热爱儿童、尊重儿童的思想感情。

2. 认知：了解儿童心理学的基本含义，把握儿童心理发生、发展的基本规律，掌握学前儿童心理学的主要研究内容。

3. 技能：学会运用本章的基础知识和基本理论，解释儿童及自身表现出的各种心理现象，掌握学习和研究"学前儿童心理学"的主要方法。

思政园地

哲学家苏格拉底的父亲是一位著名的石匠。一天，父亲正雕刻一只石狮子，小苏格拉底问父亲："怎样才能成为一个好的雕塑师？"父亲说："以这只石狮子来说吧，我并不是在雕刻，我只是在唤醒它！狮子本来是沉睡在石块中，我只是把它从石头的监牢中解放出来。"苏格拉底长大以后也成为一位雕塑师，只不过他雕塑的是那个时代人们的心灵。苏格拉底的父亲用"唤醒"替代了"雕刻"，石狮并不是没有灵魂的死寂的石块，而是被石头禁锢了，他通过"雕刻"将石狮的灵魂从冰冷的世界中唤醒，让它重新拥有了自己的灵魂。放到教育上，"为雕刻的教育"意味着孩子只是等待成人雕刻的"石头"，成人拿着雕刻刀，按照自己心中的模样随意削砍、删减，孩子所能做的只能是被动地接受，偶尔因疼痛而抱怨哭喊，但也很快被成人的呵斥和刀削声淹没了，很多鲜活的生命被这样"雕刻"，变得麻木。德国哲学家雅斯贝尔斯说过："教育意味着一棵树对另一棵树的摇动……一个灵魂对另一个灵魂的唤醒。"而只有了解儿童的心理，掌握儿童心理的发展规律，我们才有资格走入儿童的内心世界，才有机会接触儿童的心灵。

知识导图

绪论——走进心扉

第一节 概述

- 学习儿童心理学的意义
  - 心理学是研究人的心理现象发生、发展及其变化规律的科学
  - 心理过程
    - 认识过程
    - 情感过程
    - 意志过程
  - 个性
    - 个性倾向性
    - 自我意识
    - 个性心理特征
- 如何学好"学前儿童心理学"
  - 牢固掌握基本理论
  - 把理论与实践相结合
  - 充分阅读课外学习资料
- 掌握科学的学习方法
  - 最基本、最常用的方法：观察法
  - 实验法
    - 实验室实验法
    - 自然实验法
  - 问卷法
  - 测验法
  - 作品分析法

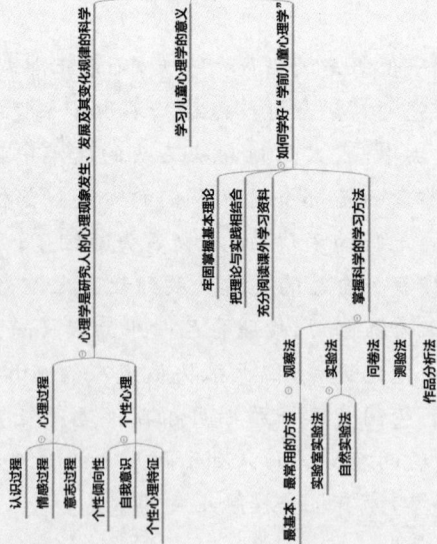

第二节 学前儿童心理的发生

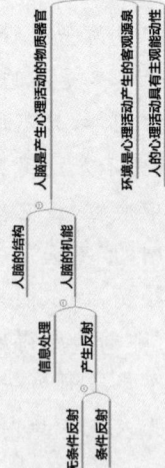

- 人脑是产生心理活动的物质器官
  - 人脑的结构
  - 人脑的机能
    - 信息处理
    - 产生反射
      - 无条件反射
      - 条件反射
- 环境是心理活动产生的客观源泉
- 人的心理活动具有主观能动性

第三节 学前儿童心理的发展

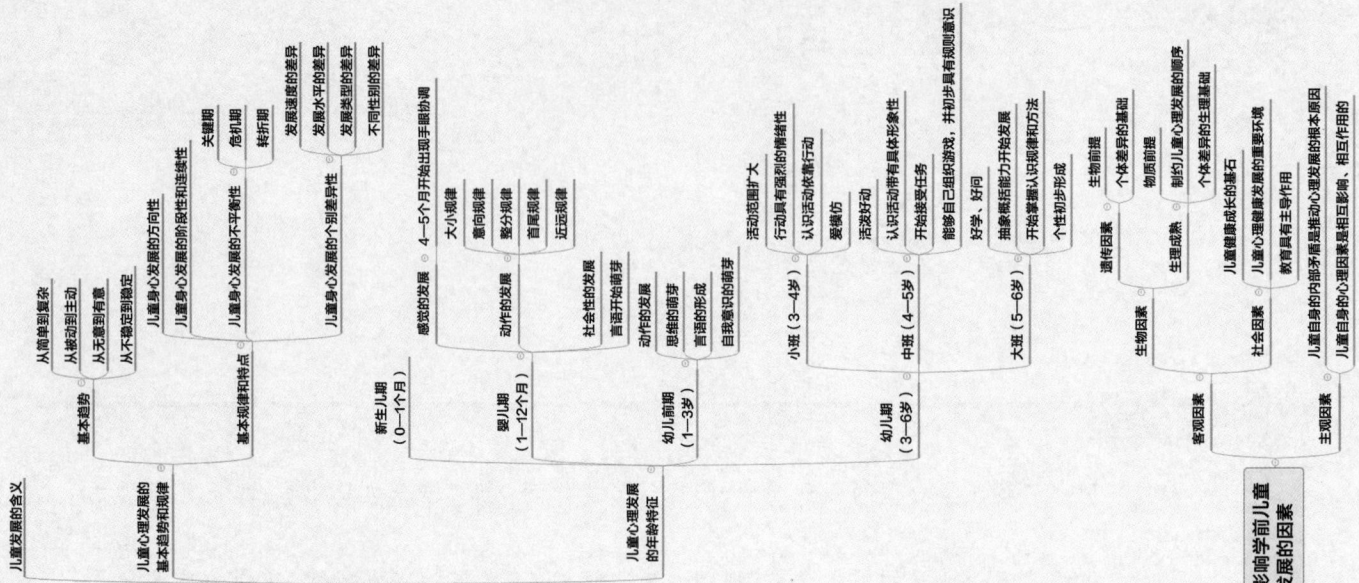

- 儿童发展的含义
  - 基本趋势
    - 从简单到复杂
    - 从被动到主动
    - 从不稳定到稳定
- 儿童心理发展的基本趋势和规律
  - 基本趋势
  - 基本规律和特点
    - 儿童身心发展的方向性
    - 儿童身心发展的阶段性和连续性
    - 儿童身心发展的不平衡性
      - 关键期
      - 危机期
      - 转折期
    - 儿童身心发展的个别差异性
      - 发展速度的差异
      - 发展水平高低的差异
      - 发展类型的差异
      - 不同性别的差异
- 儿童心理发展的年龄特征
  - 新生儿期（0—1个月）
    - 感觉的发展
    - 4—5个月开始出现手眼协调
  - 婴儿期（1—12个月）
    - 动作的发展
      - 大小规律
      - 首尾规律
      - 近远规律
    - 社会性发展
    - 言语开始发展
  - 幼儿前期（1—3岁）
    - 动作的发展
    - 思维的萌芽
    - 言语的形成
    - 自我意识的萌芽
  - 幼儿期（3—6岁）
    - 小班（3—4岁）
      - 活动范围扩大
      - 行动有强烈的情绪性
      - 认识活动依靠行动
      - 爱模仿
    - 中班（4—5岁）
      - 活泼好动
      - 认识活动带有具体形象性
      - 开始接受任务
      - 能够自己组织游戏，并初步具有规则意识
    - 大班（5—6岁）
      - 好学、好问
      - 抽象概括能力开始发展
      - 开始掌握认识规律和方法
      - 个性初步形成

第四节 影响学前儿童心理发展的因素

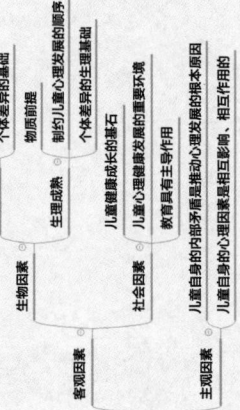

- 客观因素
  - 生物因素
    - 遗传因素
      - 个体差异的基础
      - 物质前提
    - 生理成熟
      - 制约儿童心理发展的顺序
      - 个体差异的生理基础
  - 社会因素
    - 儿童健康成长的基石
    - 儿童心理发展的重要环境
    - 教育有主导作用
- 主观因素
  - 儿童自身的内部矛盾是心理发展的根本原因
  - 儿童自身的心理因素推动心理发展，相互影响、相互作用的

第一节　学前儿童心理学的概述

一、心理学的基本含义

心理学是研究人的心理现象发生、发展及其变化规律的科学,儿童心理学是研究儿童心理现象发生、发展及其变化规律的科学。心理现象是人内心活动的表现,小到人的看、听、闻、摸、喜、怒、哀、乐,大到计划决策,都是人的心理现象的表现,所以心理现象既是人类最普遍、最熟悉的现象,也是宇宙间最复杂、最深奥的现象,它包括心理过程和个性心理两大类。

(一)心理过程

心理过程是指心理活动发生、发展的基本过程,也就是人的心理活动对客观现实的反映过程,包括认识过程、情感过程和意志过程。

1. 认识过程

认识过程是人的心理活动对客观世界的特性及其关系的反映。随着年龄的增长,儿童知道了世界上有各种各样的颜色、形状、气味、温度和声音;事物除了有大小、好坏、冷热之分,还有善恶、美丑等。认识过程是心理过程的基础,它包括感觉、知觉、记忆、想象、思维等心理活动。如新生儿出生的时候就能够听到声音(感觉),慢慢知道了哪个声音是妈妈的,哪个声音是爸爸的(知觉),在众多声音中能够分辨出妈妈的声音(记忆)。随着年龄的增长,当妈妈换一种语气呼唤他的时候,他会产生疑问:这不是妈妈的声音啊(思维)? 妈妈去哪里了呢(想象)? 这些心理活动都是儿童认识客观世界的具体表现,都属于认识过程。

2. 情感过程

人在认识客观事物时会产生各种内心体验,如喜欢、厌恶、高兴、生气、悲哀、快乐、满意、不满意等,这就是情感过程。

3. 意志过程

意志过程是人在实现某一目的的行动中,自觉克服困难,调节自身行为的过程。人在认识客观事物时产生的情绪、情感体验,有时是积极的,有时是消极的,当消极体验出现的时候,就需要意志进行调节,这就是意志过程。意志过程是在具体的行动中体现出来的。

认识活动是人类的基本活动,是产生情绪、情感和意志活动的基础;情绪和情感既会促进认识活动的发展,也可能会阻碍认识活动的进行。当情绪和情感阻碍认识活动进行的时候,就需要意志活动进行调节。所以,人的行动是在认识活动的基础上,在情绪、情感、意志活动的影响下进行的。积极的情绪、情感能够磨炼意志品质,提高认识活动的效率,使不良行为得到控制。如对儿童心理学的学习就是认识过程,有的同学非常感兴趣,所以在学习的过程中即使遇到了困难也能努力克服;也有的同学不感兴趣,但是他们清楚儿童心理学在整个学前教育体系中的重要地位,所以在学习中努力克服各种各样的困难,把它学好,这就体现出了认知、情感、意志、行为的关系。因此,幼儿教师为了帮助儿童形成良好的行为习惯,要做到晓之以理、动之以情、导之以行、持之以恒,只有这样,儿童良好的行为习惯才能固定下来。

(二)个性心理

世界上没有完全相同的两个人,这是由人的个性心理决定的。个性是人在物质交往和社会交往过程中形成的稳定的精神面貌的总和。因而它不是某一个心理活动,而是一系列心理活动的总和。个性包括三大系统:个性倾向性系统、自我意识系统和个性心理特征系统。个性倾向性系统反映人的态度和行为倾向,包括需要、兴趣、动机、信念、世界观等,具有积极性和选择性。需要在人的个性发展中起着主导作用,是个体活动的内在动力,是个体积极的源泉。人的需要是多种多样的,按照起源,可以分为生理需要和社会需要;按照指向的对象,可以分为物质需要和精神需要。儿童的需要遵循年龄越小生理需要越占主导地位的规律,社会性需要则随年龄的增长逐渐增强。自我意识系统反映人对自己身心状况的意识,包括自我认知、自我体验和自我监控。心理特征系统反映人的心理活动进行时经常表现出的稳定特点,主要指气质、性格、能力的发展特点。

个性心理在心理过程的基础上形成,即当儿童的心理活动发展到一定阶段的时候才会出现,因而其发生和发展较晚,2岁左右儿童的个性初步萌芽,3—6岁时个性初步形成。因此,心理过程和个性心理是相互作用、相互影响的,当心理过程成熟到一定程度才会出现个性心理;而个性心理形成后,又直接影响心理过程的方方面面,使不同儿童的心理特征各具特色。

二、 为什么要学习儿童心理学

（一）把握儿童心理发展特点的需要

2012年10月9日,教育部印发了《3—6岁儿童学习与发展指南》(以下简称《指南》),要求幼儿教育要"遵循幼儿的发展规律和学习特点"。儿童既不是一张白纸,也不是小大人,每个儿童都是发展中的个体,每个儿童也都与众不同,但是,儿童的身心发展也不是混乱无序的,而是按照一定的规律进行的,在发展的过程中表现出一系列的特点。为此,我们一定要了解儿童身心发展的基本规律,找到儿童心灵的解码器。一把钥匙开一把锁,才能够做到因材施教,最大限度地促进儿童的成长和发展。

知识拓展

中国"雨人"——周玮

周玮6个月时因为受到惊吓生了一场怪病,后来被医院诊断为"中度智障"。自此便与常人不同,他无法与别人正常交流,只能表达一些简单的词语。上学被学校拒收,到了10岁,经过母亲的反复哀求,才能旁听到小学5年级,之后又被迫退学。医院的医生与专家诊断的结果是"言语智商49,操作智商46,是中度智障",但是家里人一直觉得他不傻,多年来,为了治好他的"病"四处奔波。由于家境贫困,双亲无法再负担昂贵的治疗费。家人最大的担忧是如果家人都老了,不能再陪伴他,他能否养活自己。几乎与世隔绝的他每天在家玩计算器,逐渐表现出惊人的数学天赋。在2018年《最强大脑》的节目中,他一展自己的天赋,震惊众人,他计算16位数字开14次方,用了仅仅1分钟,给了曾经无视他、小看他的人非常大的震撼。他擅长速算,对自然数的高次幂运算,两位数、三位数以及四位数之间的相乘,高位数开平方、开立方,等差数列,循环小数化分数都能给出快速而准确的答案,由于算术能力完胜数学系教授,被称为"中国雨人"。

每一位幼儿教师都有责任和义务去了解儿童的不足,发现儿童独特的优势,促进其最大限度的发展。

（二）幼儿教育工作顺利开展的需要

"学前儿童心理学"是学前教育专业的一门专业必修课,是学前教育专业的基础、主干和核心课程之一。学前教育工作是以了解学前儿童的心理特点为基础的,学习了"学前儿童心理学"可以更好地掌握学前儿童心理特点和规律,能够正确地对待学前儿童,尊重学前儿童,形成正确的儿童观。在选择教育内容和方法时,以学前儿童的心理特点和规律为依据,更好地对儿童进行因材施教,使我们真正从每个儿童的特点出发,与他们进行积极而有效的交往,为他们创造健康良好的发展环境。学好这门课程,可以更好地理解儿童心理的实质和学前教育的真谛,有利于学前教育工作的顺利开展,为顺利完成幼儿园和早教机构的各项保教工作打下良好基础。

（三）提升个人素质的需要

"学前儿童心理学"是一门科学,在其百年的发展过程中,知识体系日益完备,科学性日益增强。对这门课程的学习,有助于学习者掌握"学前儿童心理学"的基本理论和基本方法,丰富自身的知识体系,逐渐开阔视野,提高分析问题和解决问题的能力,从而提高自身的理论修养。

（四）为提高国民素质奠定基础

习近平总书记提出了伟大的中国梦,这个梦想凝聚了几代中国人的夙愿,体现了中华民族和中国人民的整体利益,是每一个中华儿女的共同期盼。儿童是祖国的未来,是民族的希望,儿童阶段也正是人的一生中体质健康的奠基期、智力发展的关键期、健全人格的形成期。《国家中长期教育改革和发展规划纲要（2010—2020 年）》指出:"学前教育要遵循幼儿身心发展规律,坚持科学保教方法,保障幼儿快乐健康成长。"只有这样才能培养出"体、智、德、美各方面和谐发展"的儿童,促进国民素质的提高,从而实现伟大的中国梦。

三、 如何学好"学前儿童心理学"

（一）牢固掌握基本理论

基础知识和基本理论是每一门学科的基石,就像盖房子要打地基一样,没有坚实牢固的地基,房子就没有稳定性。只有基础知识掌握得扎实牢固了,才能在此基础上灵活运用。因而,对于每位初学"学前儿童心理学"的人来说,重要的是要学习儿童每个年龄阶段的身心发展特点和基本规律,掌握这些基本理论和基础知识,从而为以后进一步观察和分析儿童打好基础。

（二）理论与实践相结合

毛泽东说:"实践是检验真理的唯一标准。"理论总是有一定的过程性,"学前儿童心理学"的基本理论是否符合客观规律,是否具有真理性和代表性,也需要通过实践进行验证。为此,我们要经常深入幼儿园观察儿童,把理论与实践更好地结合,在实践的过程中既能用所学的基本理论指导实践、服务实践,又能在实践中检验基本理论的科学性,实现学以致用的目的。

（三）充分阅读课外学习资料

我国著名教育家吕叔湘说,学习语文三分在课内,七分在课外。其实,任何课程的学习都是这样的,"学前儿童心理学"也不例外。只有在课外阅读的过程中才能进一步构建完整的"学前儿童心理学"的知识体系,进一步丰富学习内容,进一步加深对课堂学习内容的理解,不断提高个人的综合素质。

（四）掌握科学的学习与研究方法

知识本身不是智慧,解决问题的方法才是智慧。知识是无法全部占有的,只有掌握了学习知识的方法,才能随时获取自己所需要的知识,这就是"授人以鱼,不如授人以渔"的道理。"学前儿童心理学"的学习和研究方法主要有以下 5 种。

1. 观察法

观察法是指借助感官或仪器,有目的、有计划地观察儿童在日常生活、学习及游戏中表现的方法。观察是一切学习、研究活动的前提和基础。洛克通过观察青蛙的眼睛发明了电子蛙眼;莱特兄弟观察到鸟儿的飞翔,发明了飞机。观察法既是我们进行学习和科学研究的基本方法,也是了解儿童心理活动最常用的方法。我们在学习"学前儿童心理学"的过程中,要积极地对身边的儿童进行观察,从而获得第一手的研究材料。

我国著名教育家、心理学家陈鹤琴先生从他的第一个孩子陈一鸣出生第一天起,连续观察808天,最终写出了中国第一部《儿童心理学》;巴甫洛夫通过不断地观察提出了条件反射的理论,所以他实验室的座右铭是"观察、观察、再观察"。因此,一位优秀的幼儿教师,一定是善于观察的教师。

真题链接

(2013年下半年真题)为了了解儿童同伴交往的特点,教师在班级详细记录儿童交往过程的语言和动作,这用的是( )研究方法。

A. 访谈法　　　　　　　　　　B. 实验法

C. 观察法　　　　　　　　　　D. 作品分析法

参考答案

2. 实验法

实验法是在实际生活或实验室中,创设或改变某些条件,以引起儿童某些心理活动并进行研究的方法。实验法是学习和研究儿童心理的重要方法,分为实验室实验法和自然实验法。

实验室实验法通常指在实验室内,借助各种实验仪器设备,严格控制实验条件,主动创造条件,用给定的刺激引起儿童一定的行为反应,研究儿童心理的原因、特点和规律的方法。美国儿童心理学家吉布森设计的一种研究婴儿深度知觉能力发展的方法,就是在一个特殊装置上进行的,采用的是实验室实验法。

自然实验法是指在日常生活条件下,适当控制条件并结合教育、教学工作,以引起某种心理活动而进行心理研究的方法。如后面我们要讲到的格赛尔"双生子爬楼梯"的实验。

3. 问卷法

问卷法是通过编写、发放、回收调查问卷,搜集儿童信息材料进行研究的方法。问卷通常包括题目、前言、指导语、问题、答案、结束语等部分。

知识拓展

朝、汉儿童入园适应问题调查问卷(教师卷)

老师您好!感谢您参与本次问卷调查,本次调查主要用于实践研究,您的建议对我们至关重要,请您如实回答。请将您认可的答案填在( )内。

1. 您任教过的班级有朝鲜族儿童吗?( )

　　(1)有　　　　　　(2)没有

2. 您在保育和教育的过程中,对儿童的民族有倾向吗?( )

　　(1)有　　　　　　(2)没有

3. 您认为朝鲜族儿童与汉族儿童在入园适应上有差异吗?( )

　　(1)有很大　　　(2)稍有　　　(3)没有明显差异　　(4)没有

4. 您认为朝鲜族儿童与汉族儿童在入园适应上的差异主要表现在哪些方面?( )

　　(1)自理生活　　(2)学习知识　　(3)自由活动　　(4)规则意识

5. 朝鲜族儿童与汉族儿童在入园适应上谁更快?( )

　　(1)朝鲜族　　　(2)汉族　　　(3)都一样

6. 朝鲜族儿童在入园适应上遇到的问题是( )。

　　(1)语言表达　　(2)生活习惯　　(3)教养方式　　(4)家长沟通

7. 汉族儿童在入园适应上遇到的问题是（　　）。
　　(1) 语言表达　　　　(2) 生活习惯　　　　(3) 教养方式　　　　(4) 家长沟通
8. 朝鲜族儿童不适应幼儿园的主要表现是（　　）。
　　(1) 哭闹　　　　(2) 自理困难　　　　(3) 规则意识差　　　　(4) 沟通障碍
9. 汉族儿童不适应幼儿园的主要表现是（　　）。
　　(1) 哭闹　　　　(2) 自理困难　　　　(3) 规则意识差　　　　(4) 沟通障碍
10. 对朝鲜族儿童上母语幼儿园还是汉语幼儿园，您的看法是（　　）。
　　(1) 母语　　　　(2) 汉语　　　　(3) 都一样
11. 在入园焦虑上，朝鲜族还是汉族儿童表现得更严重？（　　）
　　(1) 朝鲜族　　　　(2) 汉族　　　　(3) 都一样
12. 家长对班级的朝鲜族儿童的态度是（　　）。
　　(1) 接纳　　　　(2) 反感　　　　(3) 没有明显表现
13. 朝、汉家长，谁更注重儿童的入园适应问题？（　　）
　　(1) 朝鲜族　　　　(2) 汉族　　　　(3) 都一样　　　　(4) 没发现差别
14. 您解决儿童入园适应问题的措施有哪些？
15. 您对促进朝鲜族与汉族儿童更好地融合有哪些好的建议？
最后，对您的参与表示衷心的感谢！

4. 测验法

测验法是根据一定的测验项目或量表来了解儿童心理发展水平的方法。如测量智力的斯坦福-比奈智力量表，是美国斯坦福大学教授推孟于1916年对"比奈-西孟智力量表"修订而成的，测验以个别方式进行，通常幼儿不超过40分钟，成人被试不多于90分钟。例如：从下面一组字母中，找出与众不同的一个（见图1-1）。

N　A　V　H　F
(a) (b) (c) (d) (e)
图1-1　字母组

真题链接

（2015年上半年真题）在儿童的日常生活、游戏等活动中，通过创设或改变某种条件，引起儿童心理的变化的研究方法是（　　）。

A. 观察法　　　　　　　B. 自然实验法
C. 测验法　　　　　　　D. 实验室实验法

5. 作品分析法

作品分析法是通过分析儿童的活动作品，如作业、绘画等来判断儿童的能力水平、心理活动情况的方法，也是儿童心理学常用的研究方法。例如：我们看到图1-2中的这个沙盘作品，从中同学们能获得哪些信息？

综上所述，学习与研究的方法还有很多，学习有法，学无定法，贵在得法，这就需要在学习的过程中，根据自己的情况不断思考，不断总结，最终实现学以致用的目的。

图1-2　8岁儿童的沙盘作品

第二节　学前儿童心理的发生

在地球上,人类跑得没有豹子快,到了大海里面更是比不上鱼儿,但为什么能够"主宰"地球呢?通过前面的学习我们知道,这都得益于人具有复杂的心理活动。那么,这些复杂的心理活动是从哪儿来的呢?

一、 人脑是产生心理活动的物质器官

(一)人脑的结构

人脑是产生心理活动的物质器官,心理活动是人脑的机能,人脑是一个结构极其复杂的器官,是神经系统的重要组成部分,主要由大脑、小脑、间脑、脑干组成。大脑(见图1-3)是脑的主要部分,被称为高级神经中枢。人的大脑是人体中最微妙的智能器官,重约1.3千克,大约由100多亿个神经细胞所组成。分为左右两个大脑半球,两部分由神经纤维构成的胼胝体相连,使两半球的神经传导得以互通。表面覆盖着灰质,叫大脑皮层,皮层分为四个部分,即额叶、顶叶、颞叶和枕叶。额叶是大脑皮层中发育最高级的部分,是人类发育的主要标志,位于大脑的前部,主要负责人类有目的、有计划的思维活动,还与个体的需求和情感相关。颞叶位于外侧裂下方,负责处理听觉信息,也与记忆和情感有关。枕叶是大脑皮层的一部分结构,位于头颅最末端的位置,主要功能是处理视觉信息。顶叶位于额叶、枕叶和颞叶之间,是处理各种感觉信息的中枢,同时也和语言、记忆等功能有关。大脑以下的部分是低级神经中枢,掌管了呼吸、心跳、血压、脉搏等活动,维护人类最基本的生物活动。脑和脊髓共同组成了中枢神经系统,负责接收全身各处的传入信息,经它整合加工后传出或储存在中枢神经系统内,成为学习、记忆活动的神经基础。可见,人类的思维活动也是中枢神经系统的主要功能,通过传递、储存和加工信息,产生各种心理活动,支配与控制个体的全部行为。

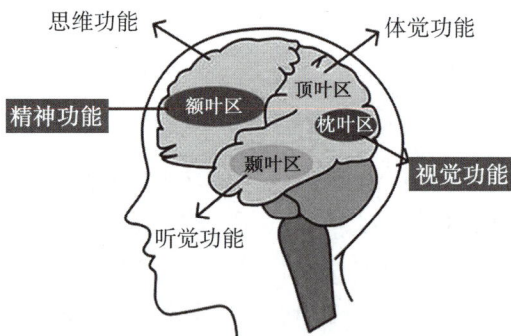

图1-3　大脑的结构

(二)人脑的机能

人脑的机能是产生复杂的心理活动,具体表现在以下两个方面。

1. 信息处理

人脑的主要机能是对信息进行接收、贮存、加工整理和发布。身体的各个感觉器官,把外界的信息通过神经系统传递到大脑,在大脑中进行贮存、加工、整理,当需要的时候,这些信息又从大脑中提取出来并发布出去。人脑就是通过信息的发布和传递,调控着身体的各个器官,并使各个器官的活动与外界环境保持平衡。

视频欣赏

人脑漫游

2. 产生反射

反射是机体对外界刺激做出的应答活动,是神经系统的基本活动方式。无论简单的还是复杂的心理活动,从产生的方式上来看都是反射的结果,反射又分为无条件反射和条件反射两类。人类出生后就具有的反射是无条件反射,是与生俱来、不学而能的。如正常情况下,儿童出生后就能够寻找母亲的乳头,能够吸吮和吞咽;眼睛受到了强光的刺激,瞳孔就会收缩等。无条件反射虽然是与生俱来的、低级的心理活动,却为新生儿的存活提供了保障。因为个体出生后的环境与胎儿在母体内的生活环境存在着巨大差异,要想存活下来,就必须适应千变万化的外界环境,独立维持个体的生命活动,所以无条件反射是新生儿存活的前提和基础。常见的无条件反射有以下八种。

① 眨眼反射:当物体或气流刺激眼睫毛、眼皮或眼角时,新生儿会做出眨眼动作,这是防御的本能活动。

② 觅食反射:用手指轻轻触碰新生儿的面颊,新生儿会把头转向手指并把口张开寻找食物。

③ 吮吸反射:如果用奶头、手指或其他物体触碰新生儿的嘴唇,新生儿会立即做出吸吮的动作,这是一种食物性的无条件反射,即吃奶的本能。

④ 怀抱反射:当新生儿被抱起时,他们会本能地紧紧靠贴着抱着他的人。

⑤ 抓握反射:用手指或笔杆等物体按压新生儿的掌心,他会用手指紧握笔杆不放。

⑥ 迈步反射:扶着新生儿的两肋,把他的脚放在平面上,他就会做出迈步的动作。

⑦ 游泳反射:让新生儿俯卧,托住他的肚子,他就会抬头、伸腿;如果让他俯伏在水里,他就会本能地抬起头,做出协调的游泳动作。

⑧ 巴宾斯基反射:用手指从新生儿脚跟部轻轻向前划他的足掌外侧,新生儿的拇趾就会背屈,其余的四趾就会呈扇形张开。

虽然无条件反射为新生儿的生存提供了保障,但是它是一种先天的、比较低级的反射活动,是难以进一步适应复杂多变的外界生存环境的,儿童的心理素质更难以进一步提高和发展。这就需要产生条件反射,条件反射是在无条件反射的基础上,无条件反射与无关刺激多次结合形成的新的反射,它是在后天环境中通过学习获得的新的反射。

俄国生理学家巴甫洛夫提出了条件反射理论。狗在吃食的时候会分泌唾液,这是无条件反射,单纯摇铃狗不分泌唾液。巴甫洛夫在随后的实验中,把作为条件刺激的铃声和给狗喂食结合起来,给狗喂食的同时摇铃,狗就会分泌唾液,经过一段时间的训练,撤掉了食物,每当摇铃的时候,狗就会分泌唾液,使狗的分泌唾液和铃声建立起了联系。这种由铃声刺激引起的唾液分泌的现象就是条件反射,是由无关刺激与无条件反射多次结合后形成的新的反射。

条件反射可分为第一信号系统的反射和第二信号系统的反射。第一信号系统的反射是以具体事物为条件刺激建立的条件反射,由各种视觉的、听觉的、触觉的、嗅觉的、味觉的具体信号引起,如吃到食物要分泌唾液,是人和动物共有的。第二信号系统的反射是以词语为条件刺激建立的条件反射,如我们熟悉的成语"望梅止渴",即使没有看到梅子,只是听到了"梅子"这个的词语就能够分泌出唾液。借助词语,就可以摆脱具体刺激物的局限性,可以更多地了解自己未曾经历和未曾认识的事物,形成心理活动的有意性和自觉性,这是人类所特有的反射。第一信号系统和第二信号系统密切联系、协同活动。

条件反射的出现,标志着心理活动的发生。人的一切活动,无论是简单的还是复杂的都是条件反射的结果。例如:幼儿教师常常利用不同旋律的音乐来开展不同活动,乐声与活动多次结合后,小朋友听到什么乐声就知道该做什么事了,这样就建立起了乐声与小朋友行动之间的联系,就是条件反射。条件反射的出现是儿童心理活动萌芽的标志,所以,为了更好地促进儿童适应外界复杂的环境,就要根据儿童的发育特点进行培育,帮助他们尽早建立条件反射,促进其身心更好的发展。

二、 环境是心理活动产生的客观源泉

虽然人脑是产生心理活动的物质器官,但人脑不能自发地产生心理活动,只有在客观事物的作用下,人脑才会产生心理现象。也就是说,人的心理活动不是从人脑中,而是通过人脑从现实世界中得来的,所以心理活动是人脑对客观环境的反映,环境是心理活动产生的源泉。

无论什么样的心理活动,它们都有自己的反映对象,反映内容都来自客观现实。无论是简单的还是复杂的,虚幻的还是真实的,心理活动都不是人脑固有或自发产生的,都是客观现实中的事物及其特性、关系作用于人的各种器官,反映到人脑中而产生的。就其内容来说,都可以在客观世界中找到它们的根源。所以,没有任何一种心理活动的内容不来源于客观现实。天生眼盲的人,心理活动中就不会有色彩斑斓的世界;同理,天生耳聋的人也不会懂得音乐的美妙。因此,心理活动是人脑在与客观环境的相互作用下产生的,内容具有客观性。我们都听说过印度"狼孩"卡玛拉的故事:据推测,卡玛拉是在半岁左右时被母狼带到洞里去的,被人发现时大约8岁了。当时她不会讲话,用四肢行走,她舔吃流食,吃扔在地上的肉,害怕强光,夜间视觉敏锐,每天深夜嚎叫,怕火怕水,白天蜷伏于墙角,以臀部着地睡觉,即使天气寒冷,她也撕掉衣服,脱掉鞋子。总之,她不具有人的正常心理活动和行为。卡玛拉虽是人类的后代,具备产生人的心理活动的物质前提——大脑,但因为失去了与人类环境相互作用的机会,所以没有产生人的正常心理。

三、 人的心理活动具有主观能动性

当我们站在镜子面前,镜子里会出现自己的影像,这是一种反映,但这种反映是简单的、直接的、机械的,心理则是人脑对客观现实主观、能动的反映。主观能动的反映是指人脑对现实的反映,受个体态度和经验的影响,从而带有主体特点。不同的个体由于自身的遗传素质、知识经验、教育水平、职业活动、个性等方面的不同特点,会在反映客观现实时,带有自己的特点。即使同样一件事也会引起人们的不同反映,这就是所谓的"仁者见仁,智者见智"。因此,虽然心理活动的源泉是客观的,但它的表现形式却是主观的,个人对客观现实的反映受到个人经验和心理特点的影响,使心理活动带有个体特色。因此,人对客观现实的反映,既不像镜子反映物象那样机械、刻板,也不像动物适应环境那样消极被动,而是一种积极能动的反映。

第三节　学前儿童心理的发展

如前所述,儿童发展心理学是研究学前儿童心理现象发生、发展及其变化规律的科学。

一、 儿童发展

（一）儿童的界定

联合国《儿童权利公约》把0—18岁的人定义为"儿童",我国《未成年人保护法》等法律也规定儿童期是0—18岁,并认为每一位儿童既是一个独立的个体,又是家庭和社会的分子。所以,我们把0—18岁年龄阶段的独立个体称为"儿童"。在整个儿童期内又可以分为这样7个年龄阶段:0—1个月称为新生儿期;1—12个月称为婴儿期;1—3岁称为幼儿前期;3—6岁称为幼儿期;6—12岁称为少年期或学龄初期;12—15岁称为青春期;15—18岁称为青年初期。其中,我们把0—6岁的儿童称为"学前儿童"。

（二）发展的含义

儿童发展是指儿童在成长的过程中,生理和心理两方面有规律地进行量变与质变的过程。生理发展也称发育,是指儿童机体的正常生长和发育,包括形态的增长和功能的成熟。生理发展是心理发展的前提和基础,心理发展是指儿童的认识过程、情感过程、意志过程和个性的发展。对学前儿童来说,身体发展与心理发展之间是密切相关、相互影响的,儿童年龄越小,其身体发展和心理发展之间的相互影响就越大,0—6 个月的婴儿发展速度最快。

思政园地

习近平总书记说:"发展是人类社会的永恒主题。共享发展是建设美好世界的重要路径。"什么是儿童发展?我们又该怎样对待儿童的发展呢?

二、 儿童心理发展的基本趋势和规律

无论是生理还是心理,儿童在发展过程中都会体现出一定的趋势和规律。

（一）儿童心理发展的基本趋势

1. 心理活动从简单到复杂

刚出生的儿童心理活动是比较简单的,基本上与动物相似,所具备的也只是低级的、生物性的活动,如吃喝、排泄等。随着年龄的增长,各种心理活动在与环境相互作用的过程中逐渐发展起来,逐步产生了复杂的人类心理活动,如言语、思维等,并且从最初的不完备发展到完备,从不分化逐渐向分化发展。

2. 心理活动从被动到主动

最初儿童的心理活动是受生理需求制约的,如饿了、拉了、尿了就要哭闹,表现出比较强的被动性特点。随着儿童年龄的增长,这些生理性制约逐渐减弱,能够进行一定程度的自制。比如,即使饿了,也能在妈妈的要求下等待与客人一起吃饭,主动约束和控制能力逐步提高。

3. 心理活动从无意到有意

儿童年龄越小,其心理活动的无意性就越强。因为在他们的心目中,还不能把心理活动与具体的目的联系起来。随着儿童知识经验的不断丰富,其心理活动水平逐步提高,懂得了活动是有一定目的的,心理活动的有意性逐渐发展起来。

4. 心理活动从不稳定到稳定

受生理成熟水平的限制,儿童期心理活动的发展是不成熟的,各种心理活动的表现也不稳定,非常容易受外界环境和自身状况的影响。常常因为一件小事便哭起来没完没了,抑或刚才还在号啕大哭,转脸便破涕为笑了。我们常常用"孩儿面,六月天"来形容儿童多变的情绪活动。

人的心理活动是世界上最为复杂的现象之一,儿童的心理活动虽然变化很大,但也不是没有规律可循,在其发展的过程中会表现出一定的规律和特点。

（二）儿童心理发展的基本规律和特点

1. 儿童身心发展的方向性和顺序性

从出生到成人,人的身心发展是一个由低级到高级,由量变到质变的连续过程,具有一定的发展方向

和顺序。如身体动作就是按照"从上部到下部""从大肌肉到小肌肉"的顺序发展的：先会抬头，然后才能坐、爬、站和走；先发展的是大肌肉、大动作，后发展小肌肉、小动作。发展的方向和顺序是不可违背的。

2. 儿童身心发展的阶段性和连续性

人的一生，都要经历新生儿期、婴儿期、幼儿期、少年期、青年期和成年期等阶段。每个阶段表现出的典型、本质的身心发展特征，称为年龄特征，这就是阶段性。年龄阶段一般是不能跨越的，各阶段之间也是相互联系、互相衔接的，前一个阶段是后一阶段的基础，后一个阶段是前一阶段的延伸，也体现连续性的特点。同时，在一定的年龄阶段内，心理活动保持相对的稳定性，量变积累到一定程度就会向高一级的年龄阶段发展，又表现出一定的可变性。所以，阶段性和连续性也可以称为稳定性和可变性。

3. 儿童身心发展的不平衡性

尽管儿童身心发展都是按照一定的顺序由低向高进行的，但是发展的速度和成熟的水平是不完全相同的，具有不平衡性。这种不平衡性表现在两个方面：一是同一心理活动的发展在不同时期发展速度是不相同的。例如，儿童的智力在出生后前 4 年发展速度最快，以后逐渐变缓慢。二是不同的心理活动发展的不平衡性，有的心理活动在较早时期就能达到较高水平，有些心理活动则要成熟得晚些。例如，儿童的言语表达能力在儿童前期就已发展得很好了，而逻辑思维能力则要到青年初期才能逐步发展起来，这就是儿童身心发展的不平衡性。具体表现出以下三个时期。

（1）关键期

关键期是指儿童心理发展最敏感、速度最快的时期。关键期的概念是由奥地利的心理学家劳伦兹提出来的。如 8—9 个月是婴儿分辨大小关系的关键期，7—10 个月是婴儿爬行动作学习的关键期，3 岁左右是幼儿言语发展的关键期，0—4 岁是婴幼儿智力发展的关键期。错过了关键期，儿童心理发展就会受到一定程度的影响。

（2）危机期

危机期是指儿童在发展的过程中容易出现问题的时期，如 3 岁左右、七八岁、青春期等时期。

（3）转折期

转折期是指儿童心理发展从一个阶段向另一个阶段转折的时期，如从婴儿期进入幼儿期，从学前期进入少年期等。但是转折不一定就存在危机，所以不能把转折期等同于危机期。

4. 儿童身心发展的个别差异性

即使是同一年龄阶段的儿童，由于遗传素质、环境影响和教育条件的差异，他们身心发展的速度、水平和表现类型往往各不相同，表现出个别差异性。

在发展的速度上：有的儿童心理活动发展得比较早，发展的速度比较快，很早就达到了一定的水平；有的则发展得比较晚、比较慢。如言语表达能力，有的儿童 3 岁就能够流畅地表达自己的意愿了，而有的要到 5 岁后才能够实现。

在发展的水平上：有的儿童智商较高，能够达到 130 以上；也总有一些儿童比较弱，低于正常水平。

在发展的类型上：有的儿童善于唱歌、跳舞，有的则喜欢阅读、绘画等。

在不同的性别上：儿童期女孩言语表达一般好于男孩，而男孩一般动作发展得较好，抽象思维能力好于女孩。

真题链接

（2014 年下半年真题）3 岁儿童常常表现出各种反抗行为或执拗现象，这是儿童心理发展中的（　　）现象。

A. 敏感期   B. 危机期

C. 转折期   D. 关键期

参考答案

三、儿童心理发展的年龄特征

年龄特征是指儿童心理发展过程中各个年龄阶段所表现出的典型的、本质的心理特征。

（一）新生儿期(0—1个月)

从出生到满月,这个阶段称为新生儿期,新生儿的主要任务是适应母体外的新生活,他们主要依靠无条件反射维持最基本的生存活动。随着成长,在成人的帮助下、在无条件反射的基础之上,形成条件反射、出现心理活动、逐渐适应更加复杂的外界环境。新生儿出生时就已经具有多方面的原始感觉,比如:新生儿出生后听觉系统就已经发生作用,对不同的声音会产生不同的反应;用手碰到新生儿的嘴唇,就会引起新生儿的触觉反应;新生儿洗澡的时候,对温度的反应也比较敏感。

（二）婴儿期(1—12个月)

1. 感觉的发展

满月以后,婴儿的各种感觉能力都有了一定的发展,尤其是视觉和听觉迅速发展。如婴儿的眼睛更加灵活了,可以用眼睛追随成人的运动;对声音的反应也比以前更加积极了,会用眼睛寻找声源,实现了视听协调;4—5个月开始出现手眼协调,眼睛的视线能够配合手的运动,即能抓住看到的东西,这是手眼协调的标志。

2. 动作的发展

（1）手的动作

半岁之前,婴儿学会了手眼协调。半岁以后,手的动作进一步灵活,大拇指和其他四指的动作能够分开,五指分工逐渐发展,特别喜欢把东西扔来扔去,重复连锁动作。

（2）动作发展的规律

除了手的动作外,婴儿期内还逐渐学会了抬头、翻身、坐、爬、站、走等动作,这些动作的发展都遵循一定的规律。

大小规律:婴儿的动作是从大肌肉动作发展到小肌肉动作。儿童首先学会的是臂和腿的活动幅度较大的粗大动作,之后逐渐学会手和脚的,特别是手指的精细动作。

意向规律:婴儿的动作是从无意动作向有意动作发展的,动作发展的方向越来越受意识活动的支配,动作发展的趋势也服从由无意向有意发展。

整分规律:婴儿的动作是从身体整体动作发展到局部准确、专门化的动作。儿童最初的动作是全身性的、笼统的、弥散性的,如哭的时候会全身乱动,以后动作逐渐分化,向着局部化的、准确化的和专门化的方向发展。

首尾规律:婴儿的动作发展是从上部动作到下部动作。儿童最先学会的是抬头,然后学会翻身、坐、爬、站和走。

近远规律:婴儿的动作是从中央部分的动作向边缘部分的动作发展的。儿童最早出现的是头的动作和躯干的动作,然后是双臂和腿的动作,这种发展趋势是靠近头部和躯体中心的动作先发展,然后是远离身体中心部位动作的发展。

3. 社会性的发展

哭是婴儿最初的社会性交往的表现,这是早期的社会性交往的需要。从3个月开始,婴儿就会用哭来获得成人的注意。5—6个月时开始认生,表现出依恋的情绪,是儿童认知发展和社会性发展过程中的重大变化。随着年龄的增长依恋程度加强,出现了分离焦虑。

4. 言语开始萌芽

从满月开始,婴儿就能够发出类似"m-ma"的声音。随着年龄的增长,婴儿发出的音节逐渐清晰,同时语音的知觉和语词理解能力也逐渐提高。

真题链接

1. (2012年下半年真题)婴儿喜欢将东西扔在地上,成人拾起来给他后,他又扔到地上,如此反复乐此不疲,这一现象说明婴儿喜欢(　　　)。

　A. 手的动作　　　　　　　　　　　B. 重复连锁动作

　C. 抓握动作　　　　　　　　　　　D. 玩东西

2. (2013年上半年真题)婴儿手眼协调的标志性动作是(　　　)。

　A. 无意触摸到东西　　　　　　　　B. 伸手拿到看见的东西

　C. 握住手里的东西　　　　　　　　D. 玩弄手指

参考答案

(三) 幼儿前期(1—3岁)

1—3岁也称先学前期或先幼儿期,这一时期儿童学会了走路,开始说话,出现了思维、想象等人类特有的心理活动,各种心理活动也逐渐齐全。因此,1—3岁是儿童心理发展的重要转折期,是真正形成人类心理特点的时期。

1. 动作的发展

满1周岁的儿童,在成人的帮助下开始学会走路。十三四个月时,儿童能够独立行走。但是由于头重脚轻,走路还不够稳定,容易跌倒。通过反复练习和身体各部位的协调,儿童逐渐能够保持平衡,使走路速度加快。2岁左右,儿童还学会了跑跳、上下台阶、单足站立、跨越简单的障碍、弯腰捡地上的东西等。

儿童双手动作是在成人的指导下,通过练习不断提高的,儿童1岁后能够准确拿各种东西,1岁半时儿童手的动作进一步发展,能够按照物体的功能使用工具。比如:能用手里的笔画画,能用小勺子吃饭。儿童双手动作的发展提高了儿童独立生活的能力。在成人的指导下,能够学会自己吃饭、穿衣、洗手、收拾玩具。同时,双手动作的发展也促进了儿童动作协调性的发展,增强了动作的敏捷性、准确性,对儿童心理发展具有积极的影响,为儿童进入幼儿园、学习复杂的活动做好了准备。

2. 思维的萌芽

思维是高级认识活动,是智力的核心。2岁左右,儿童出现了最初的概括和推理思维,能够区分性别和年龄,如称呼年龄大的男性为"爷爷"、年龄大的女性为"奶奶",称呼比自己大的男孩儿为"哥哥"、女孩儿为"姐姐"。儿童出现的这种典型的认识活动就是人类的思维。但这时期的思维形式是具体的、直观的,思维是伴随着活动进行的,离不开对动作的感知和实际操作,具有直观行动性,是人类思维的低级形式。

3. 言语的形成

1岁前是儿童语言发生的准备阶段。1周岁的儿童大多只能说出几个词语,处于对成人的语言被动理解阶段,能按照成人的要求做出反应。随着与成人交往的日益加强,一岁半后能够用简单的句子表达自己的想法。2岁后可以掌握几百个单词,并喜欢模仿成人说话。3岁后初步掌握了运用语言表达自己思想的能力。所以,幼儿前期是初步掌握本民族语言的时期。

4. 自我意识的萌芽

1岁之前,儿童不能把自己与周围的客观事物进行区分。两岁半左右,儿童知道了自己和他人的区别:在成人的引导下,逐渐学会使用代词,从原来说"宝宝要喝水",发展到学会说"我要喝水"。掌握代名词"我"是自我意识萌芽的重要标志,是儿童独立意识发展的体现,是儿童心理发展中重要的一步,也是2—3岁儿童心理发展成就的集中表现。

真题链接

(2010年上半年真题)2—3岁儿童心理发展的成就集中表现在(　　)。

A. 手眼协调的出现　　　　　　　　B. 独立性的出现

C. 坚持的出现　　　　　　　　　　D. 分离焦虑的出现

参考答案

(四)幼儿期(3—6岁)

3—6岁是儿童进入幼儿园学习的时期,所以称为幼儿期。这一时期,随着儿童生活范围的扩大,心理活动发生了很大变化,下文按照小、中、大班三个年龄阶段分别介绍。

1. 小班(3—4岁)

3—4岁是幼儿初期,也是儿童生活的转折期,心理活动具有如下特点:

(1)活动范围扩大

随着年龄的增长,儿童体质进一步增强,各部分的组织结构和功能也不断完善,双手的协调能力逐步提高,为更好地参与各种活动奠定了基础。儿童生活的范围从家庭逐步扩大到幼儿园,交往能力得到了提高,对各方面的发展起到了促进作用。

(2)行动具有强烈的情绪性

情绪性强是整个幼儿期的年龄特点,年龄越小的孩子越突出。这是因为儿童的活动受情绪支配,不受理智支配,高兴的时候什么都行,不高兴的时候什么也听不进去;刚才还大哭小叫,转眼就会破涕为笑,情绪的变化较大。各种活动也受无意识支配,控制能力较差。同时还保留着对亲人和家庭的依赖,刚入幼儿园时,哭闹现象比较严重,不参加活动,出现比较强烈的分离焦虑,入园适应困难。

(3)认识活动依靠行动

小班幼儿的认识活动具有明显的直观性、行动性的特点,保留着幼儿前期的典型思维特征,认识活动依靠动作进行,不会事先进行计划,不能在行动之外进行思考,只能在行动中思考。因此,成人提出的问题要明确具体,注意从正面进行,切忌说反话。如对小朋友说:"再哭,妈妈就不来接你啦!"孩子往往会哭得更厉害。

(4)爱模仿

3—4岁幼儿学习的主要方式是模仿。周围人,特别是教师、父母、同伴的言谈、举止、表情等都是他们模仿的对象。由于他们的独立性比较差,模仿的多是表面现象,不能够辨别真假、好坏。因此,家庭和幼儿园应多为儿童提供正面的模仿对象。同时,教师和成人也要注意自己的言谈举止,为儿童树立良好的榜样。

真题链接

(2017年上半年真题)刚入幼儿园的幼儿常常哭闹不停,出现不愉快的情绪,这说明幼儿表现出了(　　)。

A. 回避型依恋　　　　　　　　　　B. 抗拒性格

C. 分离焦虑　　　　　　　　　　　D. 黏液气质

参考答案

2. 中班(4—5岁)

4—5岁是幼儿园中班孩子的年龄,也称幼儿中期,这时期幼儿心理发展更为迅速,主要表现在以下四个方面。

(1)活泼好动

中班幼儿随着心理活动的进一步成熟,特别是神经系统的发展,兴奋和抑制过程都有较大的提高。同时,经过一年的集体生活,对幼儿园的环境比较熟悉,也习惯了各种生活制度,不像以前那样胆小了,敢于对周围的环境大胆探索,所以表现出动作灵活、活泼好动的特点。

(2)认识活动带有具体形象性

具体形象思维是整个幼儿期思维的基本特点,中班幼儿的这个特点表现得最为突出。主要指他们在整个思维过程中对事物的理解依靠具体的实物和形象来进行,离开了实物和形象,思维就无法进行,特别是常常根据自己的生活经验来理解成人的语言。如能够理解2个苹果加上3个苹果是5个苹果,但是往往不能理解2+3=5。为了让幼儿明白学习的内容,教师就必须了解儿童的认识水平和已有经验,避免使用过于抽象的语言。同时,注意帮助儿童掌握更多新的词汇,促进思维向更高水平发展。

真题链接

(2016年上半年真题)一名4岁幼儿听到老师说"一滴水不起眼儿",结果他理解成了"一滴水肚脐眼"。这一现象说明幼儿( )。

参考答案

A. 听觉辨别能力弱　　　　　　　B. 想象力非常丰富

C. 语言理解凭自己的具体经验　　D. 理解语言具有随意性

---

(3)开始接受任务

小班幼儿是按照自己的兴趣接受任务的,4岁以后,随着思维的概括性和心理活动有意性的发展,儿童能够理解任务的含义,对所承担的任务有了初步的责任感。在执行任务的过程中,对自己和他人完成任务的质量也有了一定的要求,执行任务的目的性、方向性和控制性都有了一定程度的提高。

(4)能够自己组织游戏,并初步具有规则意识

中班幼儿由于心理控制能力的增强,对自己的行为有了一定的控制,能够遵守日常生活的基本规则,如发言时要举手,上课不能随便离开座位等。规则意识的建立,有助于儿童合作意识和社会性的发展,特别是对儿童游戏水平的提高有重要影响。虽然游戏是幼儿的主要活动方式,但幼儿初期需要教师的指导,游戏的内容简单。4岁左右是幼儿游戏快速发展的时期,游戏的情节丰富化,内容多样化,在玩儿的过程中也会自己分工、安排角色,结成同伴关系,标志着儿童的人际关系开始发生重大变化。

3. 大班(5—6岁)

5—6岁是幼儿园大班的年龄,也称幼儿晚期,是幼儿心理进一步巩固和发展的时期,主要表现在以下四个方面。

(1)好学、好问

好学、好问是幼儿求知欲强的表现,好奇心强是幼儿共同的心理特点。但是,大班幼儿的好奇心不再满足于对事物直接感知和外部特征的认识,开始关注事物的内部联系,表现在对事物的积极探索上,如总是刨根问底。也常常有一些破坏性的活动,如把沙发里面的东西全都掏了出来,想看看沙发中到底装了什么东西坐上去那么软。作为家长和教师,要了解儿童的特点,耐心地讲解,满足他们探索的愿望,而不是简单粗暴地干涉。

（2）抽象概括能力开始发展

大班幼儿的思维虽然仍具有具体形象性,但是开始出现抽象逻辑思维的萌芽,如可以对日常生活中的水果、蔬菜、交通工具等进行分类。所以,在各种活动中要进行简单的科学启蒙,引导他们去发现事物间的内在联系,引导他们的智力活动向更高层次发展。

（3）开始掌握认知规律和方法

大班幼儿在观察、注意、记忆、思维、想象等方面都有了一些认识的方法,初步掌握了调控自己心理活动的方法。如为了更好地集中注意力,儿童可以边指边读;解决问题时会事先想好怎么做,然后再按照自己的想法做,使自己的活动具有计划性。这种初步的认知方法,为他们进入小学接受系统化的学习奠定了基础。

（4）个性初步形成

大班幼儿对人、对事有了比较稳定的态度,体现出个人的兴趣爱好。如有的孩子喜欢唱歌、跳舞,有的孩子则喜欢看书、绘画等。对人也表现出了相对稳定的行为方式,如有的孩子勇敢、大方,有的孩子胆小、孤僻等。这一时期是儿童个性初步形成的时期,个性仍然具有较大的可塑性,家庭和幼儿园要根据儿童的个性特点因材施教,促进儿童健康发展。

第四节　影响学前儿童心理发展的因素

个体不仅是自然的物质实体,也体现着人类社会的多种关系,是社会生活的产物,所以影响儿童心理发展的因素有很多。下文中,主要概括为主观因素和客观因素两大类。

一、客观因素

客观因素是指不依赖人的意识、不以人的意志为转移的因素,包括生物因素和社会因素。

（一）生物因素

生物因素包括遗传因素和生理成熟。

1. 遗传因素

遗传是指把上一代或几代长期形成的生物特征,传递给下一代的生物现象。这些生物特征包括生理结构、身高体重、感觉器官、神经类型的特点等。

（1）遗传是儿童心理发展的生物前提

没有正常的遗传素质儿童的心理就不能得到正常发展。例如,无脑畸形儿生来不具有正常的脑髓,因而不能产生思维,最多只能有一些最低级的感觉;某些先天性色盲、听障儿童,无法成为画家和歌唱家。再如,祖辈的某些优秀的或不良的生物特征,也会传递给下一代。心理学家综合了30多项研究发现,人的智力中,大约50%是由遗传因素决定的。德国心理学家调查了2 675名父母和他们10 071个子女的智力,发现了表1-1呈现的规律。可以看出,遗传素质是儿童心理发展的重要条件。

表1-1　不同智力组合的双亲和子女智力的关系

父母智力组合	子女智力优秀	子女智力一般	子女智力低下
优＋优	71.5%	25.4%	3.0%
优＋劣	33.4%	42.8%	23.7%
一般＋一般	18.6%	66.9%	14.5%
劣＋劣	5.4%	34.4%	60.1%

（2）遗传奠定了儿童个体差异的基础

普通儿童都具有人类共同的遗传素质，并在此基础上形成人类共同的心理活动。但是，每个儿童又是与众不同的，这是因为儿童在遗传的过程中又体现出了独特的个体差异，如身体结构、活动机能、神经活动类型的特点等，这些不同又为儿童发展的个体差异奠定了基础。例如，尽管有些双胞胎外表极为相似，但是在遗传上还是有一些区别的，所以，双胞胎的相似只不过是相对的相似。

2. 生理成熟

（1）生理成熟为儿童的心理发展提供物质前提

生理成熟对儿童心理发展的具体作用是使心理活动的出现和发展处于准备状态，如果在某种生理机构和机能达到一定成熟时，适当给予刺激，就会出现相应的心理活动。如果机体没有成熟到一定的程度，即使给予再多的刺激和训练，也难以取得预期的效果。即使遗传素质完全正常的儿童，如果身体的各部分器官及其机能不发展到一定的程度，其某些心理活动也不可能出现或得到发展。例如，新生儿出生后虽然视觉器官正常，但是视力并未完全发育；虽然会被面孔、光亮或运动的物体所吸引，但视觉还无法集中在某一事物上，3周后，才可能出现视觉的集中。这说明个体的心理和生理发展，还依赖于生理的成熟程度。儿童出生后身体的各部分器官和机能迅速发展，促进了其心理活动水平的不断提高。

（2）成熟的程序制约着儿童心理发展的顺序

幼儿的生理发育和成熟是有一定顺序或规律的，影响或制约着儿童心理发展的顺序。例如，儿童身体外部形态生长发育的顺序是从头到脚；头部发育最早，其次是躯干、上肢，然后是下肢；先学会抬头、翻身，最后才会走。儿童内部机能的发展顺序最早是神经系统，骨骼肌肉系统次之，最后才是生殖系统。心理活动发展的顺序则是先发生感觉、知觉、记忆，然后出现想象、思维等活动，最后才能够形成个性。

（3）生理成熟是个体差异的生理基础

儿童的心理和生理在成熟的时间、速度、水平等方面存在个体差异，这些差异影响并制约着儿童心理的发展。一般情况下，女孩的成熟早于男孩，在感知、观察和言语表达等方面都较早表现出优势。

（二）社会因素

环境和教育是影响儿童心理发展的社会因素。环境是儿童心理发展的客观源泉，儿童的心理是在与环境相互作用的过程中得到发展的。环境包括家庭环境和社会环境。离开了人类的社会生活环境，就不可能有人的心理，更谈不上心理的丰富与发展。

1. 家庭是儿童健康成长的基石

家庭是社会的细胞，是社会的基本单位，是儿童生活的第一个环境和成长的摇篮。儿童时期是人生中最重要的时期，这一时期良好的心理发展将是人终生心理健康成长的基石。联合国颁发的《儿童生存、保护和发展世界宣言》中明确指出："家庭对于培养和保护从婴儿到青春期的儿童负有主要责任。家庭对儿童所产生的作用，是其他环境所无法替代的。"家庭对儿童心理发展方向与水平有着决定性的影响。一个儿童的知识、经验、思想、品德、兴趣、爱好和特殊才能的形成与发展，与其所处的家庭环境有直接关系。我国教育家谢觉哉曾经引用古人的话，"与善人居，如入芝兰之室，久而不闻其香；与不善人居，如入鲍鱼之肆，久而不闻其臭"。家庭对儿童的影响，就是在这种潜移默化的状态下进行的。

家庭的自然结构影响儿童心理健康的发展。家庭的自然结构是指家庭成员在血缘关系和婚姻关系的基础上形成的社会单位，包括：

核心家庭——由夫妻及其未成年子女组成；

主干家庭——由夫妻、夫妻的父母或者直系长辈以及未成年子女组成；

联合家庭——由核心家庭或主干家庭加上其他旁系亲属组成；

单亲家庭——由父母单独一方与未成年子女组成的家庭。

由于儿童还比较稚嫩，需要完整与和谐的家庭环境，享受成人的呵护，享有父爱和母爱，这是儿童心理健康发展所必需的，也是儿童应该拥有的基本权利。而家庭成员的缺失往往不利于儿童心理的健康发展。

英国心理学家调查了许多不同类型的家庭后发现,在品德不良的学生中,有 58% 来自单亲家庭。美国的一项调查也表明,在犯罪少年中有二分之一到三分之二是来自单亲家庭。我国的学者对中国 28 个省、自治区、市小学一至五年级的 729 名离异家庭的儿童和 825 名完整家庭的儿童进行过比较研究,发现离异家庭的儿童表现出更多的焦虑、自卑、孤僻、冷漠、畏缩、敌对等消极情绪。可见,不健全的家庭结构对儿童心理发展产生的影响是不可估计的。

家庭具有能够防止儿童遭受社会压力的作用,即保护的机能。家庭可以防止社会的各种不良因素侵袭,使儿童生活在家庭中有安全感。另外,留守儿童由于父母进城务工,孩子从小缺乏爱抚和亲子间的情感交流,在人身安全、学习品质、道德行为、心理发展等方面都出现了不同程度的问题,成为目前教育中亟待解决的社会问题。

家庭经济条件对儿童心理发展也具有重要影响。许多研究都发现,父母在社会中的经济水平与儿童行为问题出现的概率呈负相关:父母所受的教育程度越高,经济条件越好,儿童行为出现问题的概率越低;反之,父母受教育程度越低,经济条件越差,儿童行为问题出现的概率越高。究其主要原因,还是由于不好的家庭经济条件,使儿童过早地感受到了生存的压力,同时由于缺乏良好的生活环境和教育,从而影响了儿童心理的健康发展。

家庭教育是通过一定的方式进行的,在影响儿童心理发展的各种家庭因素中,教育方式是最重要的。如父母教养方式比较粗暴、专制,孩子的性格就会表现得消极、反抗或顺从,而被溺爱、娇惯的孩子就会表现得任性、幼稚。由此可见,父母的教养方式对儿童的人格发展、心理健康有十分重要的影响。

家庭氛围是家庭中各成员之间的相互关系及所营造出的生活情境,对家庭成员的生理和心理健康发展都起着重要作用。不和谐的家庭氛围要比残缺家庭的氛围对儿童心理发展产生的消极影响更大,尤其是父母长期的分歧、争吵、敌对等不良情绪,会使儿童产生严重的焦虑、困惑、多疑等消极的心理状态,形成不良个性特征,影响一生的发展。可见,建立和谐、整洁、有序、完整的家庭环境是保障儿童心理健康成长的重要途径。

2. 社会是儿童心理健康发展的重要环境

（1）社会环境使遗传所提供的可能性变为现实

社会的物质环境制约着儿童心理发展的水平和速度,也是儿童个性差异产生的重要条件。如一项农村与城市儿童发展的比较研究发现,农村儿童的运算水平普遍落后于城市儿童 2—3 年。再如,在社会认知方面,对于城市儿童常见的"公交车上给老人让座"这一社会现象,农村儿童感到很茫然。同时,社会生活的现状,如战争、动乱、严重的自然灾害和社会经济制度的重大变革等,都可以直接或间接地对儿童的心理行为发展产生影响。例如,在非洲 90% 的儿童得不到学龄前教育,小学适龄儿童的失学人数在 2012 年达到 3 000 万,失学率高达 25%;大量学生在校学习后依然不认识简单的单词,无法进行基础的加减运算,这种社会状况对儿童心理发展的影响是显而易见的。

（2）社会生活条件是制约儿童心理发展的重要因素

尽管儿童是在家庭中成长的,但家庭是社会最基本的细胞,也势必会受到社会文化的浸染。当代社会,现代媒体已经成为主要的传播媒介,无疑对儿童的认知学习、娱乐休息、品质形成和行为方式等方面都会产生重大的影响,这些现代媒体在带来积极作用的同时也产生了许多负面作用,这就是所谓的"双刃剑"。美国研究发现,不足 7 岁的儿童玩电脑游戏会影响大脑的正常发育。同时,随着儿童越来越多地沉迷于电脑游戏、手机游戏、电视节目等室内娱乐活动,他们越来越远离大自然。而且大量研究表明,现代媒体中大量的暴力、凶杀、色情等情节和场面也使儿童、青少年的攻击行为明显增多。可见,不良的大众传播内容,已经成为妨碍儿童及青少年心理行为健康发展和提升犯罪率的重大社会问题。

学习思考

2016年2月15日,陕西省汉中市西乡县人民医院接诊了一个被电锯锯伤的小女孩,小女孩的鼻翼和右脸都有很深的伤口。经过了解知道,当时女孩的妈妈在屋里做饭,小女孩和10岁的姐姐在院子里玩耍,姐姐从家里翻出了一把电锯,就学着《熊出没》中光头强的做法,向妹妹脸上锯了过去。由于是电锯锯伤,伤口不仅不整齐,还有缺损,虽经过清创缝合,但伤口仍坑坑洼洼的,即使将来愈合了,也会留下很深的伤疤。因此,家长平时应该多给孩子提醒,引导孩子辨别和应对动画片中的危险镜头。同时,社会也要加强对电视、网络等媒体的管理力度,严禁具有暴力、色情等不良情节的内容播放,避免影响下一代的健康成长。

为什么会出现这种情况?请谈谈你的想法。

3. 教育对儿童的心理具有主导作用

《幼儿园教育指导纲要(试行)》(以下简称《纲要》)指出:"幼儿园是幼儿生活和学习的重要场所,对儿童的心理发展起着主导作用。"

（1）幼儿园教育是有目的、有计划、有系统的教育

《纲要》中指出,幼儿园教育是基础教育的重要组成部分,是我国学校教育和终身教育的奠基阶段,幼儿园教育应当贯彻国家的教育方针,坚持保育与教育相结合的原则,对幼儿实施体、智、德、美诸方面全面发展的教育。《指南》中也指出,幼儿园教育要以为幼儿的后继学习和终身发展奠定良好基础为目的,以促进幼儿体、智、德、美各方面协调发展为核心。因此,幼儿园的教育是在教育行政部门的管理下,有目的、有计划地按照一定的步骤和环节开展的,每个幼儿园都要遵循国家的教育目的,同时也要有自己的培养目标。每个学年、每个学期、每个月、每周、每节课都必须有明确的活动目标,是有目的、有计划、有系统的活动。

（2）幼儿园教育是按照儿童身心发展规律和年龄特点进行的教育

《纲要》指出:"幼儿园教育应尊重幼儿的人格和权利,尊重幼儿身心发展的规律和学习特点,以游戏为基本活动,保教并重,关注个别差异,促进每个幼儿富有个性的发展。"在《纲要》的指导下,《指南》把幼儿的学习与发展划分为健康、语言、社会、科学、艺术五大领域,根据3—4岁、4—5岁、5—6岁三个年龄阶段的特点开展活动,充分尊重了儿童的年龄特征和身心发展规律。

思政园地

1978年,75位诺贝尔奖获得者在巴黎聚会。人们对于诺贝尔奖获得者非常崇敬,有位记者问其中的一位:"在您的一生中,您认为最重要的东西是在哪所大学、哪所实验室里学到的呢?"

这位白发苍苍的诺贝尔奖获得者平静地回答:"是在幼儿园。"记者感到非常惊奇,又问道:"为什么是在幼儿园呢?您认为您在幼儿园里学到了什么呢?"诺贝尔奖获得者微笑着回答:"在幼儿园里,我学会了很多很多。比如,把自己的东西分一半给小伙伴们;不是自己的东西不要拿;东西要放整齐;饭前要洗手;午饭后要休息;做了错事要表示歉意;学习要多思考,要仔细观察大自然。我认为,我学到的全部东西就是这些。"所有在场的人对这位诺贝尔奖获得者的回答给予热烈的掌声。

二、 主观因素

儿童的心理活动除了受到诸多客观因素的制约外,也受个体主观因素的影响。影响儿童心理发展的主观因素是儿童自身的内部因素,客观因素是外部因素。在儿童心理发展中,外因的作用是重要的,它是心理发展所不可缺少的条件。但是,外部因素要通过内部因素才能起作用,外因的作用无论有多大,毕竟只是一种外在的条件,如果它不通过心理发展的内因,不对心理发展的内在关系施加影响,就不可能起作用。所以,儿童年龄越大,主观因素对其心理发展的作用就越明显。

(一) 儿童自身的内部矛盾是推动心理发展的根本原因

儿童心理发展的内部矛盾就是儿童在与客观环境相互作用过程中,由于外界环境和教育不断地向他们提出新的要求,由此所引起的新的需要,与旧的心理水平或心理状态之间产生不一致、不平衡,这是儿童心理发展的根本动力。当儿童原有的心理水平不适应新的需要的时候,这种矛盾就推动儿童进行一系列的探索活动,满足新的需要,从而打破原有的水平,如此循环往复,使儿童的心理活动逐渐向前发展。例如,儿童在动作发展过程中,学会了"坐"以后,视野扩大了,有许多东西进入了他的视线。但是,由于行动不能自如,有些想要的东西拿不到,这就构成了"原有的发展水平与新的需要"之间的矛盾,因而促使儿童努力学习"爬"的动作。7—8个月时,儿童最终掌握"爬"的动作后,其身心发展进入了新的阶段。教育的任务就是根据儿童已有的心理发展水平或状态,提出恰当的要求,激发儿童新的需要,使儿童产生内在矛盾,从而促进其心理的发展。

学习思考

郎朗练琴的故事[①]

"钢琴王子"克莱德曼的中国巡演刚一结束,等待索要签名的人就排成了长龙。一对并不引人注意的父子排在队伍前头,克莱德曼习惯性地拿起签字笔,客气地问他们想签到哪里。

不料,这位父亲竟然说:"我们不要签名。"

此言一出,克莱德曼一愣。

"我有一个不情之请,"这位父亲说,"我想让我的孩子握一下您的手。"周围的人更加不解了,纷纷上前看个究竟。

这位父亲向克莱德曼深鞠一躬:"您是我非常尊敬的钢琴大师。"然后把儿子拽到身前,摸着他的头说:"这孩子对钢琴很有悟性,打小就苦心练琴。这两年,他接连获奖,每次比赛总是拿第一。"克莱德曼眼里流露出赞许之意,示意他说下去。"他有些飘飘然了,觉得自己很了不起。尤其是最近,他到处炫耀琴技,根本没心思练琴。我今天一是为仰慕大师风采而来,二是想让孩子明白一个道理,怎样才算真正的钢琴家。"

克莱德曼当然不会错过这个发掘天才的良机。他把自己那双与钢琴打了半辈子交道的大手伸到孩子面前,微笑着说:"来吧,孩子,你是好样的。"

看着那双手,孩子的小手迟疑地伸上前去。和克莱德曼的十指接触的瞬间,他似乎被克莱德曼指头上厚厚的老茧电到了一般,猛地一缩。那双小手就这样久久地悬在空中,孩子明亮的双眼痴痴地望着对方,嘴里不停地念叨着:"钢琴家,钢琴家……"

[①] 本文由 sez4ianv7 授权(果壳网)发表。

此后,这个在钢琴方面天资极高的少年又开始苦练琴技,终于获得巨大的成功。这个孩子就是郎朗!

请思考:促使郎朗成功的因素有哪些?

(二) 儿童自身的各种心理因素是相互影响、相互作用的

儿童的心理发展是一个复杂的活动过程,既受客观环境的制约,也受自身发展水平的影响。儿童的心理活动包含心理过程和个性心理两大类,既有认识活动、情感活动、意志活动,还包括了复杂的个性心理活动,如兴趣、需要、气质、能力、性格和非智力因素等,这些心理活动彼此之间不是独立的,而是相互影响、相互作用的,通过相互联系共同构成一个人独特的精神面貌。儿童的情绪和情感过程是在认识过程中体现出来的,又影响着认识的进一步发展,在这个过程中意志活动又起着调节作用。例如,儿童在学习跳舞的过程中,产生了喜欢和不喜欢的情绪反应:喜欢跳舞的小朋友,即使在跳舞的过程中很辛苦,也能克服困难,坚持下去,努力跳得更好;而不喜欢的小朋友则比较容易放弃,或者在家长的督促下即使坚持下去,也要付出较多的个人努力。再如,即使是天资不聪明的儿童也可以通过后天的努力进行弥补,这就是通常所说的"勤能补拙",体现的是性格对能力发展的影响。

学习小结

心理学是研究心理现象发生、发展及其发展规律的科学,儿童心理学是研究儿童心理现象发生、发展及其发展规律的科学。心理现象包括心理过程和个性心理两大类。心理过程是指心理活动发生、发展的基本过程,也就是人的心理活动对客观现实的反映过程,包括认识过程、情感过程和意志过程。个性心理是反映人的精神面貌的心理活动,包括三大系统:个性倾向性系统、自我意识系统和个性心理特征系统。

学习儿童心理的目的:更好地把握儿童的心理发展特点;幼儿教育工作的顺利开展;更好地提高个人素质;提高民族素质。

学好儿童心理学要牢固掌握基本理论;把理论与实践相结合;充分阅读课外学习资料;掌握科学的学习方法。

观察法:借助感官或仪器,有目的、有计划地观察儿童在日常生活、学习及游戏中的表现的方法。

实验法:在实际生活或实验室中,创设或改变某些条件,以引起儿童某些心理活动,并进行研究的方法。实验法是学习和研究儿童心理的重要方法,分为实验室实验法和自然实验法。

问卷法:通过编写、发放、回收调查问卷,搜集儿童信息材料进行研究的方法。

测验法:根据一定的测验项目或量表来了解儿童心理发展水平的方法。

作品分析法:通过分析儿童的作品,如作业、绘画等来判断儿童的能力水平、心理活动情况的方法。

心理的发生包括三个方面的内容:心理活动是人脑的机能;心理活动是人脑对客观环境的反映;人的心理具有主观能动性。

0—18 岁的独立个体称为儿童,在整个儿童期内又可以分为这样几个年龄阶段:0—1 个月称为新生儿期;1—12 个月称为婴儿期;1—3 岁称为幼儿前期;3—6 岁称为幼儿期;6—12 岁称为少年期或学龄初期;12—15 岁称为青春期;15—18 岁称为青年初期。其中,0—6 岁这个年龄阶段的儿童称为学前儿童。

婴幼儿发展是指婴幼儿在成长的过程中,生理和心理两方面有规律地进行量变与质变的过程。

儿童心理发展的基本趋势:心理活动从简单到复杂;从被动到主动;从无意到有意;从不稳定到稳定。

儿童身心发展的特点和规律包括:定向性和顺序性;阶段性和连续性;不平衡性和个别差异性。

关键期指儿童心理发展最敏感、速度最快的时期。

危机期指儿童在发展的过程中容易出问题的时期。

转折期指儿童心理发展从一个阶段向另一个阶段转折的时期。

年龄特征指儿童心理发展过程中各个年龄阶段所表现出的典型的、本质的心理特征。

从出生到满月,这个阶段称为新生儿期。新生儿主要任务是适应母体外的新生活,他们主要依靠无条件反射维持最基本的生存活动。随着成长,在成人的帮助下、在无条件反射的基础之上,形成条件反射,出现心理活动,逐渐适应更加复杂的外界环境。

婴儿期(1—12个月)的主要特征有:感觉的发展;动作的发展;社会性的发展;言语开始萌芽。

幼儿前期(1—3岁)的主要特征有:动作的发展;思维的萌芽;言语的形成;自我意识的萌芽。

幼儿期(3—6岁)的主要特征有:

小班(3—4岁):活动范围扩大;行动具有强烈的情绪性;认识活动依靠行动;爱模仿。

中班(4—5岁):活泼好动;认识活动带有具体形象性;开始接受任务;能够自己组织游戏,并初步具有规则意识。

大班(5—6岁):好学、好问;抽象概括能力开始发展;开始掌握认知规律和方法;个性初步形成。

影响儿童心理发展的因素有主观和客观两方面。客观因素:遗传是儿童心理发展的生物前提;生理成熟为儿童心理发展提供了动力;环境为儿童心理发展提供了现实性;幼儿园教育对儿童的心理发展起着主导作用。

主观因素:儿童的自身因素是心理发展的根本原因;儿童自身的内部矛盾是推动心理活动发展的根本动力;儿童自身的各种心理因素是相互影响、相互作用的。

聚焦国考

一、单项选择题(每题 3 分,共计 30 分)

1. 心理学的研究对象是(   )。
   A. 心理现象　　　　B. 社会现象　　　　C. 生理现象　　　　D. 物质现象

2. 心理学研究最基本的方法是(   )。
   A. 实验法　　　　　B. 观察法　　　　　C. 问卷法　　　　　D. 访谈法

3. 儿童心理发展最敏感、最迅速的时期是(   )。
   A. 转折期　　　　　B. 危机期　　　　　C. 关键期　　　　　D. 发生期

4. 学前儿童是指(   )。
   A. 0—1 岁的儿童　　B. 1—3 岁的儿童　　C. 0—6 岁的儿童　　D. 3—6 岁的儿童

5. 望梅止渴是(   )。
   A. 条件反射　　　　B. 无条件反射　　　C. 反映　　　　　　D. 观察

6. 儿童心理发展的生物前提是(   )。
   A. 遗传　　　　　　B. 成熟　　　　　　C. 教育　　　　　　D. 环境

7. 儿童心理发展的根本动力是(   )。
   A. 遗传　　　　　　　　　　　　　　　B. 儿童自身的内部需要
   C. 环境　　　　　　　　　　　　　　　D. 教育

8. 活泼好动是哪个年龄阶段的特点?(   )
   A. 大班　　　　　　B. 小班　　　　　　C. 中班　　　　　　D. 婴儿期

9. 天道酬勤强调的是影响人心理活动的(   )。
   A. 主观因素　　　　B. 客观因素　　　　C. 教育因素　　　　D. 遗传因素

10. 通过分析儿童的活动作品,如作业、绘画等来判断儿童的能力水平、心理活动情况的方法是(   )。
   A. 问卷法　　　　　B. 观察法　　　　　C. 实验法　　　　　D. 作品分析法

二、简答题(每题 4 分,共计 20 分)

1. 简述儿童动作发展的基本规律。
2. 小班儿童的年龄特征是什么?
3. 列举常见的无条件反射。
4. 简述儿童心理学常见的研究方法。
5. 大班儿童的心理发展为儿童入小学做好了哪些准备?

三、论述题(每题 10 分,共计 20 分)

1. 条件反射的作用是什么?
2. 影响儿童心理发展的因素有哪些?

四、材料分析题(每题 15 分,共计 30 分)

1. 明明的爷爷奶奶、爸爸妈妈都是高级知识分子,有人说:"这孩子遗传了这么好的素质,以后一定发展得很好。"也有人说:"那可不一定,还得看后天的发展。"

请根据所学理论谈谈看法。

2. 宝宝已经 10 个月了,仍穿着尿不湿,不会表达要大小便。阿姨说该对他进行蹲便盆训练了;姥姥说训练啥,到时候自然就会了。

请用相关知识进行分析。

第二章

基本理论——学习的基石

本章学点

1. 情感：激发热爱学习心理学基本理论的思想感情，树立唯物辩证心理观和世界观，正确认识各种理论流派的优点和不足。

2. 认知：了解儿童心理发展的基本理论流派，掌握各流派的代表人物、基本观点及其影响。

3. 技能：能够对各流派的观点进行评价，尝试运用各流派的基本理论分析儿童常见的心理现象。

思政园地

陈鹤琴（图 2-1）是我国著名儿童教育家、儿童心理学家，中国现代幼儿教育的奠基人。1919 年他放弃国外优渥的生活，回到祖国。1920 年 12 月 26 日，29 岁的年轻教授陈鹤琴初为人父，长子陈一鸣出生了。陈鹤琴出神地看着这个幼小的"精灵"，兴奋不已，他当场决定：把儿子作为自己工作研究的"试验品"，用文字和照片记录他出生后的每点细微变化。他花了 808 天的时间，系统地观察和记录了儿子的成长过程，写出了《儿童心理之研究》，这是我国儿童心理发展史上第一本专著，奠定了中国儿童心理学和儿童教育学的第一块基石。他创办了中国首个幼教试验基地——

图 2-1　陈鹤琴

南京鼓楼幼稚园，提出了"活教育"理论，建立中国现代儿童教育理论体系。他把一生都奉献给了中国的学前教育。（视频观看链接 https://www.bilibili.com/video/av370986083/?p=3）

请思考：今天，我们要向陈鹤琴学习什么？

知识导图

基本理论——学习的基石

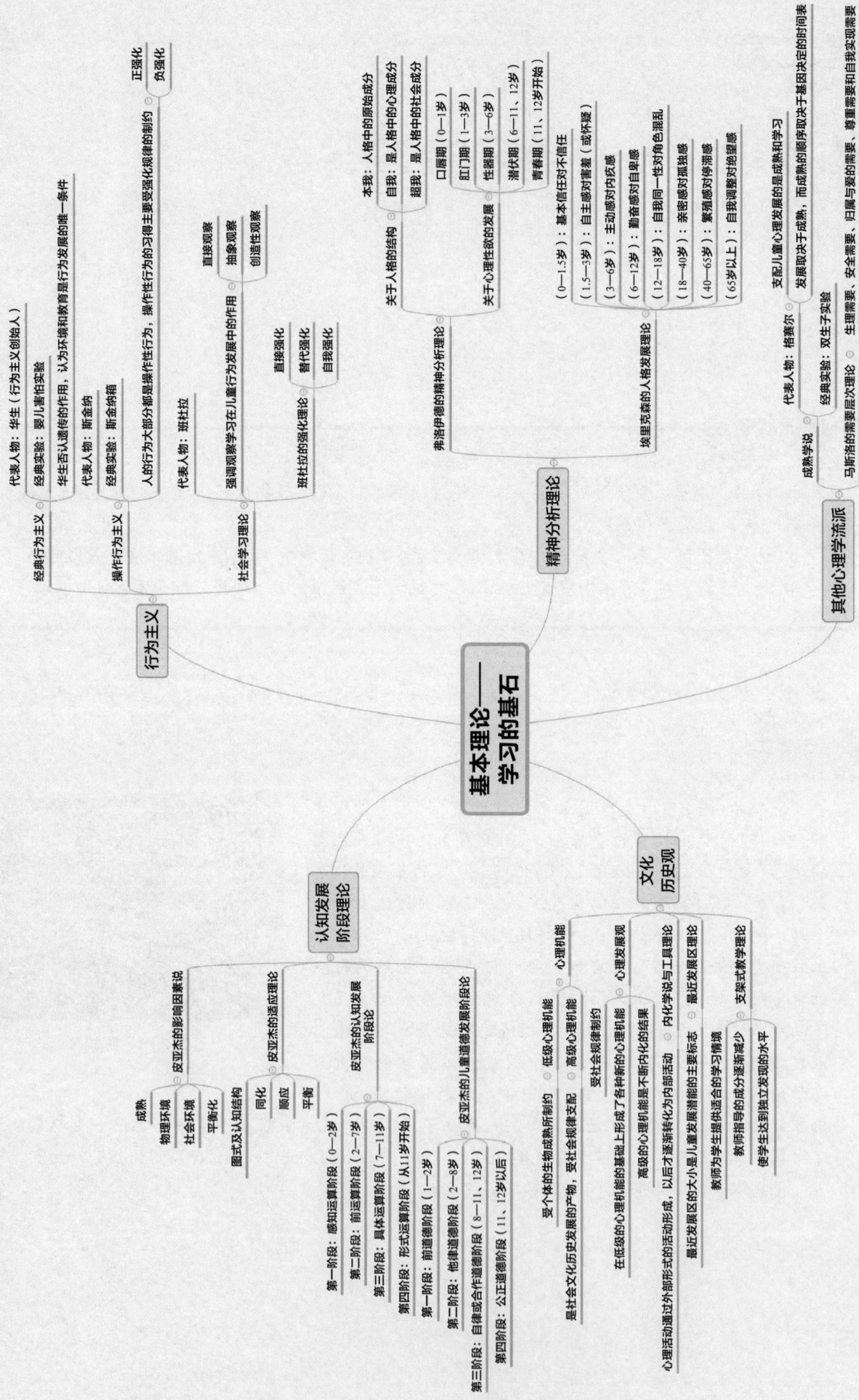

行为主义

经典行为主义
- 代表人物：华生（行为主义创始人）
- 经典实验：婴儿害怕实验
- 华生否认遗传的作用，认为环境和教育是儿童行为发展的唯一条件

操作行为主义
- 代表人物：斯金纳
- 经典实验：斯金纳箱
- 人的行为大部分都是操作性行为，操作性行为的习得主要受强化规律的制约
  - 正强化
  - 负强化

社会学习理论
- 代表人物：班杜拉
- 强调观察学习在儿童行为发展中的作用
  - 直接观察
  - 抽象观察
  - 创造性观察
- 班杜拉的强化理论
  - 直接强化
  - 替代强化
  - 自我强化

精神分析理论

弗洛伊德的精神分析理论
- 关于人格的结构
  - 本我：人格中的原始成分
  - 自我：是人格中的心理成分
  - 超我：是人格中的社会成分
- 关于心理性欲的发展
  - 口唇期（0—1岁）
  - 肛门期（1—3岁）
  - 性器期（3—6岁）
  - 潜伏期（6—11、12岁）
  - 青春期（11、12岁开始）

埃里克森的人格发展理论
- （0—1.5岁）：基本信任对不信任
- （1.5—3岁）：自主感对羞耻（或怀疑）
- （3—6岁）：主动感对内疚感
- （6—12岁）：勤奋感对自卑感
- （12—18岁）：自我同一性对角色混乱
- （18—40岁）：亲密感对孤独感
- （40—65岁）：繁殖感对停滞感
- （65岁以上）：自我调整对绝望感

其他心理学流派

成熟学说
- 代表人物：格赛尔
- 经典实验：双生子实验
- 支配儿童心理发展的是成熟和学习

马斯洛的需要层次理论
- 发展取决于成熟，而成熟的顺序取决于基因决定的时间表
- 生理需要、安全需要、归属与爱的需要、尊重需要和自我实现需要

认知发展阶段理论

皮亚杰的影响因素说
- 成熟
- 物理环境
- 社会环境
- 平衡化

皮亚杰的适应理论
- 图式及认知结构
- 同化
- 顺应
- 平衡

皮亚杰的认知发展阶段理论
- 第一阶段：感知运算阶段（0—2岁）
- 第二阶段：前运算阶段（2—7岁）
- 第三阶段：具体运算阶段（7—11岁）
- 第四阶段：形式运算阶段（从11岁开始）

皮亚杰的儿童道德发展阶段论
- 第一阶段：前道德阶段（1—2岁）
- 第二阶段：他律道德阶段（2—8岁）
- 第三阶段：自律或合作道德阶段（8—11、12岁）
- 第四阶段：公正道德阶段（11、12岁以后）

文化历史观

心理机能
- 低级心理机能
  - 受个体的生物成熟所制约
  - 是社会文化历史发展的产物，受社会规律支配
- 高级心理机能
  - 受社会规律制约
  - 在低级的心理机能的基础上形成了各种新的心理机能的结果

心理发展观
- 高级的心理机能是不断内化的结果
  - 心理活动通过外部形式的活动，以后才逐渐转化为内部活动
- 内化学说与工具理论

最近发展区理论
- 最近发展区的大小是儿童发展潜能的主要学习标志
- 教师指导的成分提供适合的学习情境

支架式教学理论
- 使学生达到独立发现的水平

牛顿说："之所以我比别人看得更远,是因为我站在了巨人的肩膀上。"我们今天之所以能够学习许多儿童心理学的知识,也是因为我们站在巨人的肩膀上。正是这些心理学的巨人,奠定了我们这门课程学习的基石。

第一节 认知发展阶段理论

皮亚杰,瑞士人,近代最著名的儿童心理学家之一,发生认识论的创始人,以对儿童思维和智力的研究闻名于世。

一、皮亚杰的影响因素说

皮亚杰认为发展是个体与环境在相互作用过程中建构的,是先天遗传和后天环境相互影响的结果。所以,影响儿童心理发展的因素是成熟、物理环境、社会环境和平衡。

成熟是机体的成长,特别是神经系统和内分泌系统的成熟。

物理环境主要是指儿童通过与外界环境的接触而获得的知识、经验。如获得的关于大小、轻重、软硬、颜色的认识,是主客体在反复相互作用的基础上建立起来的。

社会环境是指个体在与社会环境相互作用的过程中获得的经验,如人际交往、规则的掌握和使用等。

平衡化是对成熟、物理环境和社会环境三个因素的调节,是认知发展的内在动力,是影响儿童心理发展各因素中最重要的、决定性的因素。

二、皮亚杰的适应理论

皮亚杰认为儿童的行为是主体对客体的主动适应,适应是儿童心理发展的真正原因。他用图式、同化、顺应和平衡来阐述他的适应理论和建构学说。

1. 图式及认知结构

图式是对客体信息进行整理、归类、改造和创造,以使主体有效适应环境的过程,也就是建构的过程。认知结构的建构是通过同化和顺应两种方式进行的。

2. 同化

同化是主体把环境中的信息纳入并整合到自己已有的认知结构的过程,同化过程是主体过滤、改造外界刺激的过程。通过同化,加强并丰富了原有的认知结构,并使图式实现量变。

3. 顺应

顺应是当主体的图式不能适应客体要求时,要通过改变原有图式或创造新的图式,以适应环境需要的过程,顺应使图式得到质变。

4. 平衡

平衡是主体发展的心理动力。皮亚杰认为,儿童一生下来就是环境的主动探索者,他们通过对客体的操作,积极地建构新知识,通过同化和顺应的相互作用,达到符合环境要求的平衡状态,主体与环境的平衡是适应的实质。思维的本质就是适应,儿童心理的发展过程就是儿童通过心理或行为图式,在环境影响下不断同化、顺应,实现平衡,从而使心理活动不断由低级向高级发展。

三、皮亚杰的认知发展阶段论

1. 第一阶段:感知运动阶段(0—2岁)

这个阶段是指儿童依靠感觉和身体动作来认识和适应外界环境的阶段,是智力活动发展的萌芽阶段。

从 9—12 个月开始，婴儿最大的发展是从分不清主客体，完全以自己的身体和动作为中心，发展到形成"客体永久性"的概念（也有表述为"观念"）。客体永久性指儿童理解了物体是作为独立实体而存在的。

真题链接

（2014 年上半年真题）在婴儿表现出明显的分离焦虑现象时，表明婴儿已获得（　　）。

A. 条件反射观念　　　　　　　　　　B. 母亲观念

C. 积极情绪观念　　　　　　　　　　D. 客体永久性观念

参考答案

---

2. 第二阶段：前运算阶段（2—7 岁）

随着儿童语言能力的迅速发展，他们能将感知动作内化为表象，建立了符号功能，可凭借符号和表象进行思维，从而使思维有了质的飞跃。这一阶段儿童认知发展的主要特征表现为以下三个方面。

（1）具体性、形象性

儿童依靠表象而不是抽象的概念进行思维，思维具有具体、形象的特点，不能进行抽象的思维活动。

（2）不可逆性、不灵活

儿童还没有形成守恒的概念，思维不灵活。不守恒指对客观事物的认识受事物的外在形态制约。

（3）以自我为中心

以自我为中心指儿童不能从对方的观点考虑问题，以为每个人看到的世界如他自己所看到的一样。由于自己是具有生命特征的，所以认为外界一切事物都是有生命的，体现出泛灵论的特点。如儿童在绘画的时候，把绘画的对象都赋予人的特征，这也是思维具有自我中心性的体现。

知识拓展

皮亚杰的守恒实验和三山实验

首先给儿童呈现两杯等量的水（杯子的形状一样），然后当着儿童的面，把这两杯水分别倒入一个又高又瘦的容器和另一个又矮又胖的杯子里，问儿童哪一个杯子的水多（或一样多）（图 2-2）。实验结论：六七岁以下的儿童仅根据杯子里水的高度判断水的多少而不考虑杯子口径的大小，而六七岁以上的儿童对这个问题一般都能作出正确的回答。

图 2-2　守恒实验

Piaget's Mountain Task

图 2-3　三山实验

三山实验（图 2-3）：在一个立体沙丘模型上错落摆放了三座山丘，首先让儿童从前、后、左、右四个不同方位观察这座模型，然后让儿童看四张从前、后、左、右四个方位所拍摄的沙丘的照片，让儿童指出和自己坐在不同方位的另外一人（实验者或娃娃）所看到的沙丘与哪张照片一样。实验结论：前运算阶段的儿童无一例外地认为别人在另一个角度看到的沙丘和自己所站的角度看到的沙丘是一样的！

3. 第三阶段：具体运算阶段(7—11 岁)

在这个阶段内，儿童的认知结构由前运算阶段的表象图式演化为运算图式。具体运算思维具有守恒性、去自我中心性和可逆性的特点。皮亚杰认为，该时期的儿童心理操作着眼于抽象概念，开始具有逻辑思维和运算能力，但仍离不开具体形象的支持。

4. 第四阶段：形式运算阶段(从 11 岁开始)

这个时期，儿童思维发展到抽象逻辑推理水平。思维形式可以摆脱具体内容的束缚、摆脱现实的影响，可以对假设命题做出富有逻辑性、创造性的反映。同时儿童也可以进行"假设—演绎"推理，思维更具系统性和灵活性。

四、 皮亚杰的儿童道德发展阶段论

知识拓展

皮亚杰的对偶故事法

实验方法：皮亚杰用两个故事进行实验。

故事 1：一个叫约翰的小男孩为了帮妈妈洗碗，不小心碰到了门背后的一把椅子，椅子上有一个放着 15 个杯子的托盘。约翰并不知道门背后有这些东西，结果 15 个杯子都撞碎了。

故事 2：有一个叫亨利的小男孩，一天，他母亲外出了，他想从碗橱里拿出一些果酱。他爬到一把椅子上，并伸手去拿。由于放果酱的地方太高，他的手臂够不着。在试图取果酱时，他碰倒了一个杯子，结果杯子掉下来打碎了。

提出问题：这两个小孩哪个过错大，为什么？

实验结论：2—8 岁的儿童在面对对偶故事时，认为约翰的过错更大，因为他打碎了 15 个杯子。8—11 岁的儿童则认为亨利的过错大，因为他是因贪吃而打碎了杯子。

皮亚杰根据对偶故事法，把儿童的道德发展分成四个阶段。

1. 第一阶段：前道德阶段(1—2 岁)

儿童处于感觉运动时期，婴儿行为多与生理本能的满足有关，无规则意识，因而谈不上道德观念的发展。

2. 第二阶段：他律道德阶段(2—8 岁)

儿童主要表现出以服从成人为主要特征的他律道德，是以他律的、绝对的规则及对权威的绝对服从和崇拜为特征。他们了解规则对行为的作用，但不了解其意义，因此常以表面的、实际的结果来判断行为的好坏。

3. 第三阶段：自律或合作道德阶段(8—11、12 岁)

这个阶段，儿童思维已达到了具有可逆性的具体运算的水平，有了自律的萌芽，不再以"服从"为特征，而是以"平等"的观念逐渐代替了前一阶段服从成人或权威的支配。

4. 第四阶段：公正道德阶段(11、12 岁以后)

这时期儿童的思维广度、深度及灵活性都有了质的飞跃，此时他们才真正到了自律阶段。这一阶段的儿童开始出现了利他主义，会将规则同整个社会和人类利益联系起来，形成具有人类关心和同情心的深层品质。

皮亚杰以智力为研究对象，开创了认知理论研究的先例，也为认知发展心理学的建立奠定了基础。他既强调遗传的作用，也注意到后天活动的功能，认为教育与教学应当以儿童心理学发展的特点为依据，这种解释对儿童的成长和学习具有重要意义。

真题链接

1. (2014年下半年真题)按照皮亚杰的观点,2—7岁儿童的思维处于(   )。

A. 具体运算阶段　　　　B. 形式运算阶段　　　　C. 感知运动阶段　　　　D. 前运算阶段

2. (2017年上半年真题)午餐时餐具不小心掉到地上,看到这一幕的亮亮对老师说:"盘子受伤了。"她难过得哭了,这说明亮亮的思维特点是(   )。

A. 自我中心　　　　　　B. 泛灵论　　　　　　　C. 不可逆　　　　　　　D. 不守恒

3. (2015年上半年真题)材料分析1:一天晚上,莉莉和妈妈散步时,有下列对话:

妈妈:月亮是在动还是不动?

莉莉:我们动它就动。

妈妈:是什么使它动起来的呢?

莉莉:是我们。

妈妈:我们怎么使它动起来的呢?

莉莉:我们走路的时候它自己就走了。

材料分析2:在幼儿园教学区域活动中,老师给莉莉出示两排一样多的纽扣,莉莉认为一一对应排列的两排一样多,当老师把下面一排聚拢时,她就认为两排不一样多了。

问题:(1)莉莉的行为表明她处于思维发展的什么阶段?举例说明这个阶段思维的主要特点及表现。

(2)幼儿这种思维特征对幼儿园教师的保教活动有什么启示?

参考答案

第二节　文化历史观

维果茨基是苏联卓越的心理学家,是社会文化历史学派的创始人。他提出"文化历史发展理论",探讨了发展的实质以及教学与认知发展的关系,并提出了"最近发展区"观点,其思想对儿童心理发展领域产生了重要影响。

一、关于心理机能

维果茨基认为人的心理机能分为低级心理机能和高级心理机能两类。低级的心理机能包括感觉、知觉、不随意注意、形象记忆、直观的动作思维与情绪冲动等,它受个体的生物成熟所制约。高级的心理机能包括观察、随意记忆、词语逻辑记忆、抽象思维和高级情感等,它是社会文化历史发展的产物,是受社会规律支配,通过对语言符号的掌握和运用使儿童心理机能不断内化的结果。

二、关于心理发展观

维果茨基认为心理的发展是指:一个人从出生到成年在环境与教育影响下,在低级的心理机能的基础上,逐渐向高级心理机能转化的过程。

1. 心理发展的原因

儿童心理发展受社会规律制约。儿童在与成人交往过程中通过掌握语言、符号,在低级的心理机能的基础上形成了各种新的心理机能;高级心理机能是不断内化的结果。

2. 维果茨基对心理发展本质的观点

心理活动的随意机能：心理活动受意志的支配而具有随意性。心理活动的抽象-概括机能：由于抽象逻辑思维的参与而高级化，各种心理机能之间的关系不断地变化、组合，形成间接的、以符号或词为中介的心理结构。心理活动的个性化：心理活动在与外界相互作用的过程中体现出个性化的特点。

三、 内化学说与工具理论

维果茨基认为，高级的、社会历史的心理活动，首先是通过外部形式的活动形成的，以后才逐渐转化为内部活动，在头脑中进行。在外部动作向内部智力活动转化的过程中，语言符号系统起了至关重要的作用，尤其是外部语言符号作为"工具"，使得心理发展由外向内进行。

四、 关于最近发展区理论

维果茨基认为，儿童有两种心理发展水平：一种是现有的发展水平，另一种是潜在的发展水平。要达到教育的最佳状态，我们需要了解儿童学习的潜能，即儿童在得到适当的帮助后所能够达到的水平。两种发展水平之间的差距称为"最近发展区"，最近发展区的大小是儿童发展潜能高低的主要标志。因此，维果茨基主张"教学不应指望于儿童发展的昨天，而应当走在儿童发展的前面"，应"创造"儿童的发展。从发展的观点看，儿童学习任何内容时，都存在一个最佳年龄。忽视儿童的学习最佳期，就很难发挥教学的最大作用，对儿童认知发展造成不利的影响。

五、 支架式教学理论

基于最近发展区理论，维果茨基提出了支架式教学，这种教学方式的要点在于：一是，教师为学生提供适合的学习情境，指导学生发展；二是，教师指导的成分逐渐减少，最终使学生达到独立发现的水平，将监控学习和探索的责任由教师向学生转移。

真题链接

（2016年上半年真题）教师在拟定教育活动目标时，以幼儿现有发展水平与可以达到的水平之间的差距为依据，这种做法体现的是（   ）。

参考答案

A. 维果茨基的最近发展区理论　　B. 班杜拉的观察学习理论
C. 皮亚杰的认知发展阶段论　　D. 布鲁纳的发现教学法

第三节　行为主义

一、 经典行为主义

经典行为主义的代表人物是华生，他是美国心理学家，行为主义的创始人。华生认为，心理的本质就是行为，人类出生时只有几个反射（如打喷嚏、膝跳反射）和情绪反应（如惧、爱、怒等），所有行为都是通过条件反射建立的学习过程。行为是可以预测和控制的,已知刺激能预测反应,已知反应能推断出刺激,这就是"刺激-反应(S-R)理论"。华生否认遗传的作用,他从刺激-反应的公式出发,认为环境和教育是行为发展的唯一条件,因此学习的本质是刺激与反应之间的联系。华生曾说过:"给我一打健康的、发育良好的婴儿和符合我要求的抚育他们的环境,我保证能把他们随便哪一个都训练成为我想要的任何类型的专家、医生、律师、巨商,甚至乞丐和小偷,不论他的才智、嗜好、倾向、能力、秉性以及种族。"

知识拓展

婴儿害怕实验

华生做的经典实验是婴儿害怕实验。华生运用条件反射理论所做的婴儿害怕实验,为心理发展的行为决定论作了最有力的说明。小男孩艾伯特 11 个月时与小白鼠玩了 3 天,后来,当艾伯特开始伸手去触摸小白鼠时,脑后突然响起了钢条的敲击声。艾伯特受到了惊吓,但没有哭。第二次,当他的手刚触摸到小白鼠时,钢条又被敲响,他猛然跳起,向前摔倒,开始哭泣。如此反复多次,以后当小白鼠单独出现时,艾伯特会表现出极度恐惧,转过身去,躲避小白鼠。在这个实验里,小白鼠成为剧烈声响的替代刺激,引发了艾伯特的条件反应。华生解释说,任何行为(包括情绪),不论是积极的还是消极的,都可以通过条件反射习得。艾伯特虽然起初形成的条件反射是对小白鼠的恐惧,但以后则泛化到多种毛皮动物,并表现出对毛皮上衣和圣诞老人的胡子也产生恐惧。

与洛克的"白板说"一样,华生也把婴儿看作是一块白板,可以被各种经验填满。所以,他坚信儿童没有任何先天倾向,"他们要发展成什么样子完全取决于他们所处的养育环境,取决于父母和其他重要人物对待他们的方式"。

华生强调环境和教育在儿童身心发展中的重大作用,在儿童教育上提出了许多有益的、值得借鉴的建议,但是片面夸大了环境和教育在个体心理发展中的作用,忽视了促进个体心理发展的内部因素,忽视了个体的主动性、能动性和创造性,否定了遗传的作用,是偏激和片面的。

二、 操作行为主义

操作行为主义的代表人物是斯金纳。斯金纳继承了华生行为主义理论的基本信条,与华生的刺激-反应论的不同点在于斯金纳认为:人和动物的行为有两类——应答性行为和操作性行为。应答是由特定刺激所引起的,是经典条件作用的研究对象。操作性行为则不与任何特定刺激相联系,是有机体自发做出的随意反应,是操作性条件作用的研究对象。人的行为大部分都是操作性行为,操作性行为的习得主要受强化规律的制约。

强化分为正强化和负强化,正强化是由于一个或几个刺激的加入而增强了一个操作性行为发生的概率。负强化是由于一个或几个刺激的排除,而加强了某个操作行为发生的概率。无论是正强化还是负强化,其结果都是增加行为反应的概率。

强化理论广泛运用在教育、教学和管理领域。例如:表扬孩子的友善行为,当他讲礼貌的时候给予小红花,使孩子的行为更加友善,这是正强化;当孩子的行为不友善、不讲礼貌的时候没有打骂他,使孩子的行为变得友善、讲礼貌,这是负强化。

斯金纳的"强化"理论也是驯兽师的必修课,广泛运用于动物训练领域。无论是温顺的小狗,还是凶猛的兽王,为了得到主人的食物奖励,都不得不甘于驱使,并按照指令做出各种各样讨人喜欢的行为。

知识拓展

斯 金 纳 箱

　　斯金纳的经典实验是在他设计的一种动物实验仪器，即著名的斯金纳箱（图2-4）中进行的。箱内放进一只白鼠，并设一杠杆或按键，箱子的构造尽可能排除一切外部刺激。动物在箱内可自由活动，当它压杠杆时，就会有一团食物掉进箱子下方的盘中，动物就能吃到食物。

　　结果：小白鼠自发学会了按下按钮获得食物。

　　另一个实验是，将一只小白鼠放入一个有按钮的箱中，每次小白鼠不按下按钮，则箱子通电。

　　结果：小白鼠学会了按按钮逃避惩罚。

　　通过实验研究，斯金纳认为人和动物一样，都会重复导致积极结果的动作，消除导致消极结果的动作。

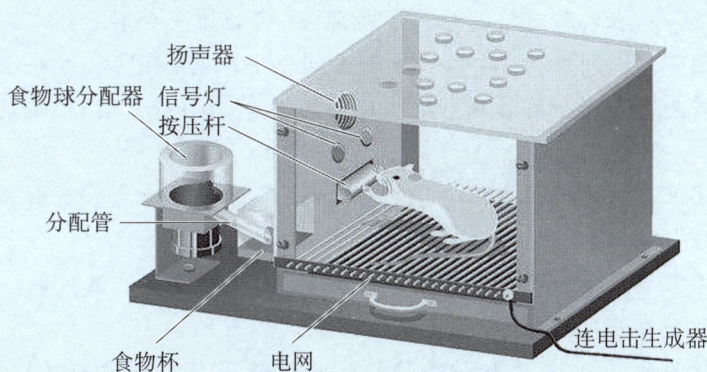

图2-4　斯金纳箱

　　与华生一样，斯金纳也相信我们每个人的行为模式与环境密切相关。比如，一个男孩看到同伴友善的行为得到表扬，自己也变得更加友善，这是正强化；看到同伴不友善的行为不受欢迎，而变得友善，这是负强化。在斯金纳看来，环境和教育塑造了习惯反应，而习惯反应构筑了人格，使我们每个人都成了独一无二的个体。因此，强化是塑造人类行为的基础，及时强化有利于某种行为的巩固和发展。但是，在教育过程中要注意尽量避免强化幼儿的不恰当行为，当幼儿表现出良好行为时给予及时强化，用良好行为替代不恰当的行为。

三、社会学习理论

　　社会学习理论的代表人物是美国心理学家班杜拉。与华生和斯金纳一样，班杜拉也是行为主义者，但他更强调行为的社会因素，着重研究人的行为与学习的关系。在他看来，儿童是睁着眼睛、张着耳朵在观察和模仿那些有意、无意的反应。因此，他强调观察学习在儿童行为发展中的作用。

1. 观察学习及其分类

　　观察学习又称替代学习，是指一个人通过对他人行为进行观察而获得某些新的行为反应，或者矫正了原有的行为反应的过程。在这个过程中，学习者作为观察者并没有外显的操作。班杜拉认为，所有的学习现象都可以在替代的基础上发生，都可以通过观察他人的行为结果而学习，并把观察学习分为三类。

　　（1）直接观察

　　直接观察学习，是对示范行为的简单模仿，是幼儿的主要学习方式。

（2）抽象观察

抽象观察学习是指观察者从对他人行为的观察中获得一定行为规则或原理，从而根据这些规则或原理表现出类似的行为。如儿童因为看了父母对爷爷奶奶的敬老行为，以后就可能在家庭或社会中对其他老人表现出类似的友善行为。

（3）创造性观察

创造性观察学习是指观察者把各个不同榜样的行为特点进行新的组合，从而形成一种全新的行为方式的学习过程。

知识拓展

班杜拉的"波波玩偶"

"波波玩偶"是班杜拉所做的经典实验（图2-5），班杜拉让斯坦福大学幼儿园中年龄介于3—6岁的72名幼儿参与实验，在实验前将其分为了对照组、实验组一和实验组二，每组为24人。分组后每个儿童都被分别带到一间房间，其中一个角落包含小玩具和图片，另一个角落包含波波玩偶和一些工具。儿童首先待在一个角落独自玩小玩具或图片。10分钟后，他们将进入三种不同的实验情境。

实验组一：24名儿童观看一位成人对"波波玩偶"实行暴力行为——用锤子敲以及把玩偶抛到空中，嘴里发出"砰""嘭"的声音。

实验组二：24名儿童观看一位成人安静地摆弄玩具，完全忽视波波玩偶。

对照组：24名儿童在房间中时，成人完全不出现。

在观看了榜样行为后，班杜拉为参与实验的儿童设置了与视频中一样的情境，并观察他们所表现出来的行为。实验结果发现：观看暴力行为的实验组一中的儿童，模仿性暴力行为的水平远远高于观看非暴力行为的实验组二以及对照组。

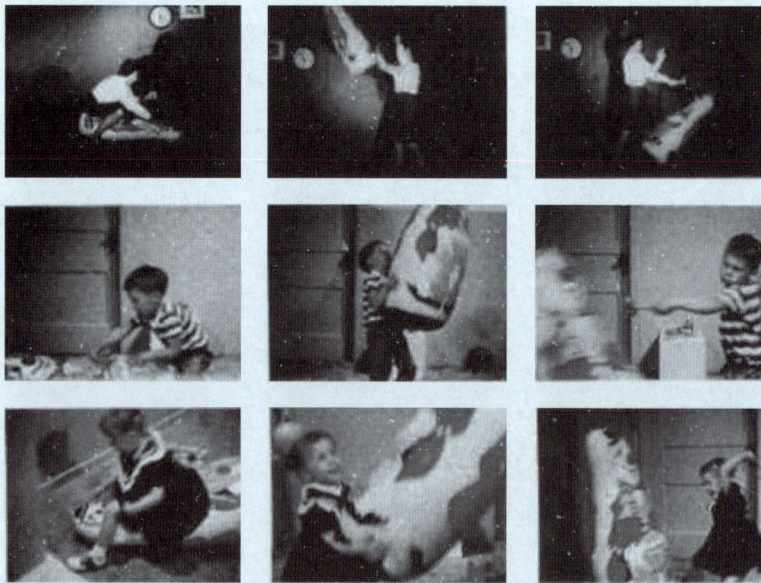

图2-5 "波波玩偶"实验

2. 观察学习的过程

班杜拉认为，新行为学习是一个复杂的认识过程，要经历注意、保持、动作再现和动机四个具体环节。

① 注意过程是观察者注意并观察榜样情景的过程；

② 保持过程是观察者记住从榜样那里了解的行为，并以表象和言语的形式把它们记忆在头脑里的过程；

③ 再现过程是观察者把头脑中有关榜样的情景转化为外显行为的过程；

④ 动机过程是观察者因为表现了观察到的行为而受到表扬和激励的过程。

3. 强化理论

班杜拉也强调强化，但是他的强化理论更具有社会意义，他把强化分为三类。

（1）直接强化

直接强化是观察者因为表现出观察到的行为而受到强化。例如，幼儿园的小朋友因为表现好得到了一朵小红花，激发了这位小朋友继续表现好的动机。

（2）替代强化

学习者通过观察他人行为所带来的奖励性结果，受到强化。例如，小朋友看到同伴因为讲礼貌受到表扬，就会产生同样的行为。

（3）自我强化

自我强化是观察者根据自己设定的标准来评价自己的行为。儿童在发展过程中，通过观察学习获得了自我评价的标准和自我评价的能力。当他认为自己或榜样的行为符合这个标准时就给予肯定的评价，不符合标准时就给予否定的评价，这样儿童就能够对自己的行为进行自我调节。儿童是在自我调节的作用下逐渐改变自己的行为，形成自己的观念和个性的。

真题链接

（2015年下半年真题）班杜拉的社会认知理论认为（　　）。

A. 儿童通过观察和模仿身边人的行为学会分享
B. 操作性条件反射是儿童学会分享最重要的学习方式
C. 儿童能够学会分享，是因为儿童天性本善
D. 儿童学会分享，是因为成人采取了有效的奖励措施

参考答案

第四节　精神分析理论

一、弗洛伊德的精神分析理论

弗洛伊德是奥地利心理学家，8岁熟读莎士比亚作品，是位才华横溢的人物。他创立了精神分析学派，是精神分析第一人。

1. 关于人格的结构

弗洛伊德把人格分为本我、自我和超我三个部分。

（1）本我

弗洛伊德认为本我是人格中最原始的部分，受快乐原则支配，是人格中的原始成分。新生儿所有的活动都是本能的、原始的无条件反射，如随时随地大小便，饿了就马上想吃奶，吃不到就会大声哭叫。

（2）自我

弗洛伊德认为自我遵循现实原则，是人格中的心理成分，需要使本我适应现实的需要，进行调节或控制本我的欲望。

(3) 超我

超我受道德支配,是人格中的社会成分,也是人格的最高境界,代表了一个人追求成功及人生价值,实现至善至美的愿望。

弗洛伊德认为人格中的三个"我",分别代表三种不同的力量,只有三个"我"和睦相处,保持平衡,人的心理活动才会健康发展。如果三个"我"不能很好统一,就会出现人格的障碍。

2. 关于心理性欲的发展

弗洛伊德认为,存在于潜意识中的性本能是个体心理发展的基本动力,心理的发展就是"心理性欲的发展"。即使是儿童也有对性的渴望,他根据儿童在不同阶段的活动能力,把儿童心理的发展分为五个阶段。

(1) 口唇期(0—1岁)

此时婴儿的口唇是主要产生快感的区域,婴儿主要从口腔部位的刺激中获得快感,所以,这个阶段的婴儿会把手指或能抓到的几乎所有的东西塞到嘴里去吸吮、啃咬。如果口腔期的需要没有得到满足,儿童就会出现口欲滞留的现象,长大以后,会进行过度补偿。事实上,弗洛伊德雪茄不离口,如果这个理论正确的话,那他也许是一位口欲滞留的患者,并最终也因为这种口腔的需要长期吸烟,患上口腔癌并去世。

(2) 肛门期(1—3岁)

弗洛伊德认为在这个阶段,婴儿的快感主要来源于肛门部位,儿童在排便过程中会感到轻松与快感。所以,父母对儿童大小便的训练不宜过早、过严。

(3) 性器期(3—6岁)

弗洛伊德认为在这一时期的儿童开始注意两性之间的差别,对生殖器感兴趣,表现出男孩"恋母",女孩"恋父"的性别取向。这一时期的能量固着将会导致男孩成人后好冲动、竞争意识强等表现;女孩则倾向于表现出纯真的行为表现。

(4) 潜伏期(6—11岁)

弗洛伊德认为进入潜伏期的儿童,性欲的发展处于停滞状态。儿童的关注点从自己的身体转移到外界的各种活动,将精力投放到学习、交往、游戏等活动中。

(5) 青春期(11、12岁开始)

弗洛伊德认为进入青春期之后,随着性器官的成熟,青少年开始表现出强烈的性欲,对异性非常感兴趣。至此,个体性心理发展趋于成熟。

弗洛伊德的精神分析理论自问世以来一直颇受争议,他强调潜意识、性本能和情感在人心理发展中所起的作用,提出儿童的早期经验对人格发展的影响,促进了关于儿童早期经验及儿童期心理卫生问题的研究,值得借鉴。但他过于夸大潜意识的意义,过度夸大了原始性欲的作用,陷入泛性论的泥沼,使得理论缺乏实证依据,也是不可取的。

二、 埃里克森的人格发展理论

埃里克森是美国精神分析医生,美国现代最有名望的精神分析家,也是弗洛伊德女儿的学生。他将弗洛伊德的观点和人类学相融合,认为人格的发展包括机体成熟、自我成长、社会关系建立三个不可分割的过程。他认为儿童发展阶段并不终止于青春期,提出了八个心理发展阶段。

1. (0—1.5岁)基本信任对不信任

这个阶段是婴儿基本信任和不信任的心理冲突期,埃里克森认为,具有信任感的儿童敢于希望,富于理想,具有强烈的未来定向。反之则不敢希望,时时担忧自己的需要得不到满足。所以,成人要给予婴儿充分的关切、照顾和爱抚,主要发展任务就是培养儿童对周围世界,尤其是对社会环境的基本态度,建立信任感。

2. (1.5—3岁)自主感对害羞(或怀疑)

在自主感与害羞(或怀疑)的冲突期,儿童掌握了大量的技能,如爬、走、说话等。开始"有意志"地决定做什么或不做什么。出现与父母的冲突,也就是第一个反抗期。一方面父母必须控制儿童行为使之符合社会规范,另一方面儿童开始了自主感,他们坚持自己进食、自己穿衣服等,孩子会反复用"我""不"来反抗外界控制。如果父母对儿童的保护或惩罚不当,儿童就会产生怀疑,并感到害羞。因此,这阶段的主要任务是培养儿童的自主感。

3. (3—6岁)主动感对内疚感

在这一时期如果幼儿表现出的主动探究行为受到鼓励,幼儿就会形成主动性,为他将来成为一个有责任感、有创造力的人奠定了基础。如果成人讥笑幼儿的独创行为和想象力,那么幼儿就会逐渐失去自信心,使他们更倾向于生活在别人为他们安排好的狭窄圈子里,缺乏自己开创幸福生活的主动性。所以,该阶段的主要任务是培养儿童的主动感。

4. (6—12岁)勤奋感对自卑感

这一阶段的儿童都应在学校接受教育。如果他们能顺利地完成课程学习,就会获得勤奋感,使他们对今后独立生活和工作充满信心。反之,就会产生自卑。当儿童的勤奋感大于自卑感时,他们就会获得有"能力"的品质。埃里克森说:"能力是不受儿童自卑感削弱的,完成任务所需要的是自由操作的熟练技能和智慧。"如果学习不够努力,或多次遭到挫折,儿童就容易形成自卑,所以,这个阶段的主要任务是培养儿童的勤奋感。

5. (12—18岁)自我同一性对角色混乱

这一阶段会出现自我同一性和角色混乱的冲突,一方面青少年本能冲动的高涨会带来问题,另一方面,新的社会要求和社会冲突会使青少年感到困扰和混乱。埃里克森说:"如果一个儿童感到他所处的环境剥夺了他在未来发展中获得自我同一性的种种可能性,他就将以令人吃惊的力量抵抗社会环境。"所以,这个阶段的主要任务是培养儿童的自我同一性。

6. (18—40岁)亲密感对孤独感

亲密和孤独的冲突就是希望把自己的同一性与他人的同一性融为一体,只有这样才能在恋爱中建立真正亲密无间的关系,从而获得亲密感,否则将产生孤独感。所以,这个阶段的主要任务是培养亲密感。

7. (40—65岁)繁殖感对停滞感

繁殖感和停滞感的冲突是一个人顺利地度过了自我同一性时期,以后的岁月中将过上幸福充实的生活,他将生儿育女,关心后代的繁殖和养育,具有生育感。在这一时期,人们不仅要养育孩子,同时要承担社会工作,这是人对下一代的关心和创造力最旺盛的时期,将获得关心和创造力的品质,反之就会人格贫乏和停滞。

8. (65岁以上)自我调整对绝望感

自我调整与绝望感的冲突是由于体力、心力和健康每况愈下,要求人们必须做出相应的调整,承认现实,接受现实。如果自我调整效果好,将获得豁达智慧的品质,否则就会陷入绝望的境地。

真题链接

(2014年上半年真题)照料者对婴儿的需求应给予及时回应,根据埃里克森的观点,在生命中第一年的婴儿面临的基本冲突是(　　)。

参考答案

A. 主动对内疚

B. 基本信任对不信任

C. 自我统一对角色混乱

D. 自主性对害羞

第五节　其他心理学流派

一、成熟学说

成熟学说也称成熟势力说，代表人物是美国心理学家格赛尔。

（一）成熟是推动儿童心理发展的动力

格赛尔认为，学习本身并不能推动儿童的发展，成熟是儿童发展的重要条件，决定机体发展的方向和模式。如果没有真正的成熟，即使进行了学习，也不会有真正的变化。因此，他认为儿童的学习取决于生理上的成熟，成熟是儿童心理发展的根本动力。他的主要观点来自其所做的经典实验——"双生子爬楼梯"。

知识拓展

双生子爬楼梯

格赛尔对一对同卵双胞胎进行研究，让他们练习爬楼梯（图 2-6）。其中一个（代号为 T）在他出生后的第 48 周开始练习，每天练习 10 分钟。另外一个（代号为 C）在他出生后的第 53 周开始接受同样的训练。两个孩子都练习到他们满 55 周的时候，T 练了 8 周，C 只练了 2 周，也达到了 T 的熟练水平。这说明儿童在成熟之前，处于学习的准备状态。所谓准备，是指由不成熟到成熟的生理机制的变化过程，只要准备好了，学习就会发生。因此，决定学习最终效果的因素是成熟。在发展的进程中，个体还表现出极强的自我调节能力。

成熟学说，对当下的学前教育有什么意义？

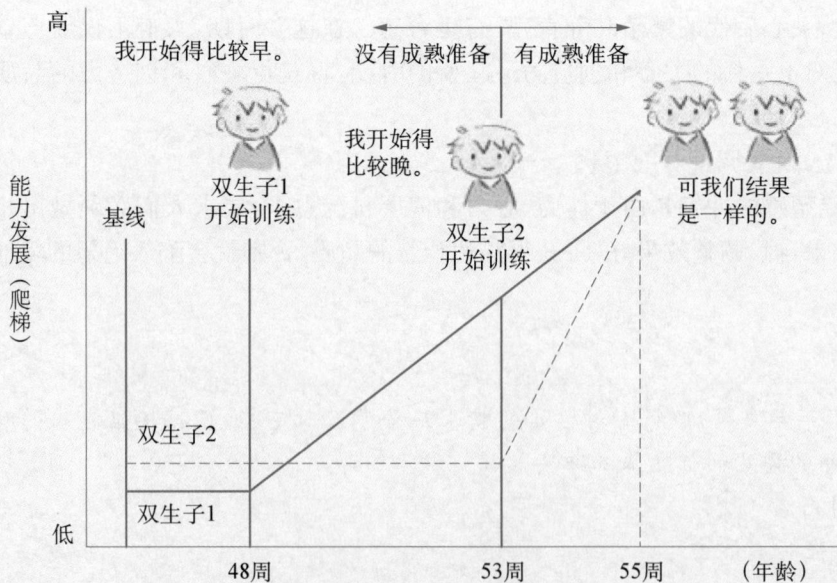

图 2-6　双生子爬楼梯实验

（二）成熟的顺序取决于基因决定的时间

格赛尔认为父母和教师应该遵循儿童成长的规律(图2-7),应根据儿童自身的规律去养育他们。如果急功近利,往往会导致儿童成年后产生一系列的心理问题。他说:"不要总是想着下一步应该发展什么了,而应让儿童充分体会每一阶段的乐趣,尊重儿童的实际水平。"在儿童还没有成熟的时候,要学会耐心地等待。

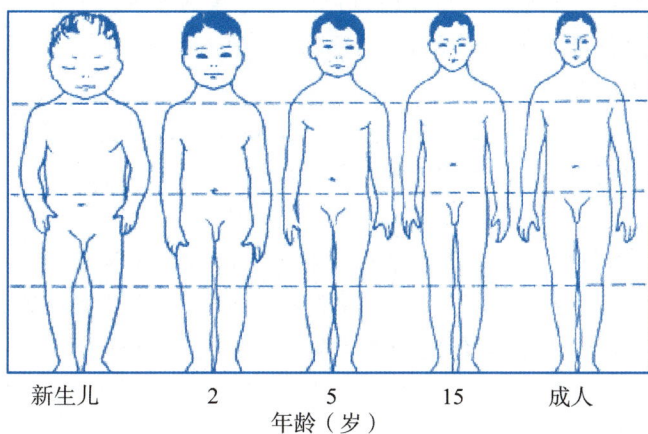

新生儿　　　2　　　5　　　15　　　成人

年龄（岁）

图2-7　儿童成熟顺序

成熟学说肯定成熟对儿童心理发展的重要作用,强调了儿童心理发展的关键期的作用,认为教育要尊重儿童的实际水平,不要违背儿童发展的自然规律。但它过分夸大了儿童生理成熟所起的作用,忽视了教育的主导作用。

二、 马斯洛的需要层次理论

马斯洛是美国著名社会心理学家,第三代心理学的开创者,提出了人本主义心理学的观点。他把人的需要分成生理需要、安全需要、归属与爱的需要、尊重需要和自我实现需要五个层次。

生理需要是级别最低的需要,如对食物、水、空气、性欲、健康的需要等。

安全需要也属于低级别的需求,包括对人身安全、生活稳定以及免遭痛苦、威胁或疾病等的需要。

归属与爱的需要属于较高层次的需求,如对友谊、爱情以及隶属关系的需要。

尊重需要也属于较高层次的需求,如对成就、名声、地位和晋升机会的需要等。

自我实现需要是最高层次的需求,包括对真、善、美至高人生境界获得的需要,如自我实现、发挥潜能等。

需要各层次之间密切联系,像阶梯一样从低级到高级逐级递升,只有满足了低层次需要之后,才会出现高层次需要。

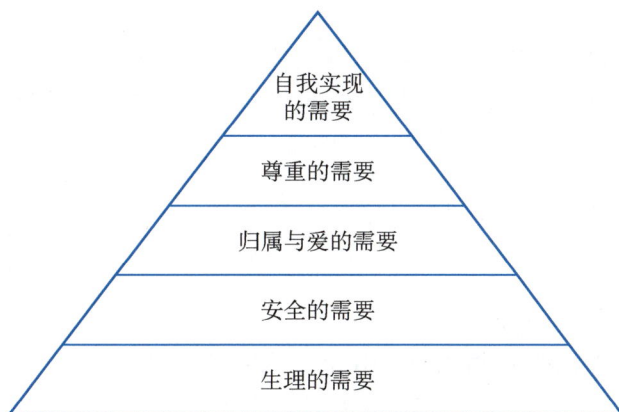

图2-8　马斯洛需要层次

学习小结

一、认知发展论

影响因素说:影响儿童心理发展的因素是成熟、物理环境、社会环境和平衡。

皮亚杰用图式、同化、顺应和平衡来阐述他的适应理论和建构学说。

皮亚杰的认知发展阶段论:感知运动阶段(0—2岁);前运算阶段(2—7岁);具体运算阶段(7—11岁);形式运算阶段(从11岁开始)。

皮亚杰的儿童道德发展阶段论:前道德阶段(1—2岁);他律道德阶段(2—8岁);自律或合作道德阶段(8—11、12岁);公正道德阶段(11、12岁以后)。

二、文化历史观

关于心理机能:人的心理机能分为低级心理机能和高级心理机能两类。

关于心理发展观:受社会规律制约;儿童在与成人交往过程中通过掌握语言、符号,在低级的心理机能的基础上形成了各种新的心理机能;高级的心理机能是不断内化的结果。

内化学说与工具理论:高级的、社会历史的心理活动,首先是通过外部形式的活动形成的,以后才逐渐转化为内部活动,在头脑中进行。

关于最近发展区理论:儿童有两种心理发展水平,一种是现有的发展水平,另一种是潜在的发展水平。

三、行为主义

经典行为主义代表人物华生认为,心理的本质就是行为。

操作行为主义的代表人物是斯金纳,认为行为有两类——应答性行为和操作性行为,操作性行为的习得主要受强化规律的制约,强化分为正强化和负强化。

社会学习理论的代表人物是美国心理学家班杜拉。他强调观察学习在儿童行为发展中的作用。把观察学习分为三类:直接观察、抽象观察、创造性观察。

观察学习的过程要经历注意、保持、动作再现和动机四个具体环节。

他把强化分为三类:直接强化、替代强化、自我强化。

四、精神分析理论

弗洛伊德创立了精神分析学派,他把人格分为本我、自我和超我三个部分。

弗洛伊德认为,存在于潜意识中的性本能是个体心理发展的基本动力,把儿童心理的发展分为五个阶段:口唇期(0—1岁);肛门期(1—3岁);性器期(3—6岁);潜伏期(6—11岁);青春期(11、12岁开始)。

埃里克森的人格发展理论,认为儿童发展阶段并不终止于青春期,提出了八个心理发展阶段:(0—1.5岁)基本信任对不信任;(1.5—3岁)自主感对害羞(或怀疑);(3—6岁)主动感对内疚感;(6—12岁)勤奋感对自卑感;(12—18岁)自我同一性对角色混乱;(18—40岁)亲密感对孤独感;(40—65岁)繁殖感对停滞感;(65岁以上)自我调整对绝望感。

五、其他心理学流派

成熟学说的代表人物是美国心理学家格赛尔,他认为支配儿童心理发展的是成熟和学习。

马斯洛的需要层次理论把人的需要分成生理需要、安全需要、归属与爱的需要、尊重需要和自我实现需要五个层次。

聚焦国考

参考答案

一、单项选择题(每题3分,共计30分)

1. 按照接皮亚杰的理论来划分,幼儿处于思维发展的( )。
   A. 感知运动阶段　　B. 形式运算阶段　　C. 具体运算阶段　　D. 前运算阶段

2. 斯金纳操作条件反射理论的核心是( )。
    A. 动机　　　　　　　B. 练习　　　　　　　C. 强化　　　　　　　D. 及时反馈

3. 学习者根据一定的评价标准进行自我评价和自我监督来强化相应学习的行为属于( )。
    A. 直接强化　　　　　B. 间接强化　　　　　C. 自我强化　　　　　D. 替代性强化

4. 埃里克森把人的一生发展分为( )阶段。
    A. 8个　　　　　　　　B. 6个　　　　　　　　C. 5个　　　　　　　　D. 4个

5. 幼儿时期处于埃里克森人格发展阶段论的( )。
    A. 自主对羞怯　　　　B. 主动对内疚　　　　C. 勤奋对自卑　　　　D. 亲密对孤独

6. 美国心理学家格塞尔进行了双生子爬楼梯实验,结果说明在儿童心理发展过程中( )作用显著。
    A. 遗传素质　　　　　B. 家庭教育　　　　　C. 文化环境　　　　　D. 生理成熟

7. 儿童心理发展潜能的主要标志是( )。
    A. 最近发展区的大小　　　　　　　　　　B. 潜伏期的长短
    C. 最佳期的性质　　　　　　　　　　　　D. 敏感期的特点

8. 精神分析学派的代表人物是( )。
    A. 弗洛伊德　　　　　B. 埃里克森　　　　　C. 华生　　　　　　　D. 斯金纳

9. 婴儿认生是出于( )的需要。
    A. 生理　　　　　　　B. 安全　　　　　　　C. 尊重　　　　　　　D. 爱

10. 华生认为,心理的本质就是( )。
    A. 成熟　　　　　　　B. 性欲　　　　　　　C. 观察　　　　　　　D. 行为

二、简答题(每题5分,共计20分)

1. 简述皮亚杰认知发展的四个阶段。
2. 简述最近发展区的基本理论。
3. 简述观察学习的过程。
4. 简述弗洛伊德儿童心理发展的阶段。

三、论述题(每题10分,共计20分)

1. 举例说明马斯洛的需要层次发展理论。
2. 谈谈你对成熟学说的认识。

四、材料分析题(每题15分,共计30分)

1. 4岁的坦坦问妈妈:"为什么锂电池会爆炸?"妈妈还没想好怎样回答,坦坦接着又说:"那张电池和王电池为什么不爆炸呢?"

请用皮亚杰的观点分析坦坦的认知特点。

2. 华生曾说过:"给我一打健康的、发育良好的婴儿和符合我要求的抚育他们的环境,我保证能把他们随便哪一个都训练成为我想要的任何类型的专家、医生、律师、巨商,甚至乞丐和小偷,不论他的才智、嗜好、倾向、能力、秉性以及种族。"

谈谈你对此观点的认识。

第三章

注意——心灵的窗户

本章学点

1. 情感：正确对待儿童的分心现象，养成关注儿童听课状态的习惯。

2. 认知：了解注意的概念、特点及外部表现；理解并区分注意的种类及其影响因素；掌握学前儿童注意发展的基本规律。

3. 技能：根据不同年龄阶段儿童的注意特点，组织开展教育活动。

思政园地

"吾读渊明诗，喜其有生趣。时鸟变声喜，良苗怀新穗。吾读杜甫诗，喜其体裁备。干戈离乱中，忧国忧民泪……"这是陈毅元帅在1960年冬写的一首名为《吾读》的诗。诗中寥寥数行，便将陶渊明、杜甫等人的诗词风格与特点生动地勾画了出来，足见陈毅写诗与吟诵的功力。

陈毅元帅一生酷爱读书，时常废寝忘食，达到入神入迷的程度。少年时，他到亲戚家发现了一本自己想看的书，于是便兴致勃勃地读了起来，边读还边用毛笔做记录。亲戚几次催他吃饭，他都没有把书放下。于是，亲戚只好把准备的糍粑和糖端到书桌上给他。谁知陈毅只顾读书，竟用手拿着糍粑伸到砚台里，蘸上墨汁往嘴里送。亲友们见他满嘴是墨，忍不住捧腹大笑。陈毅看到自己错把墨汁当成糖，诙谐地说："喝点墨水没关系，我正觉得肚子里墨水太少了！"

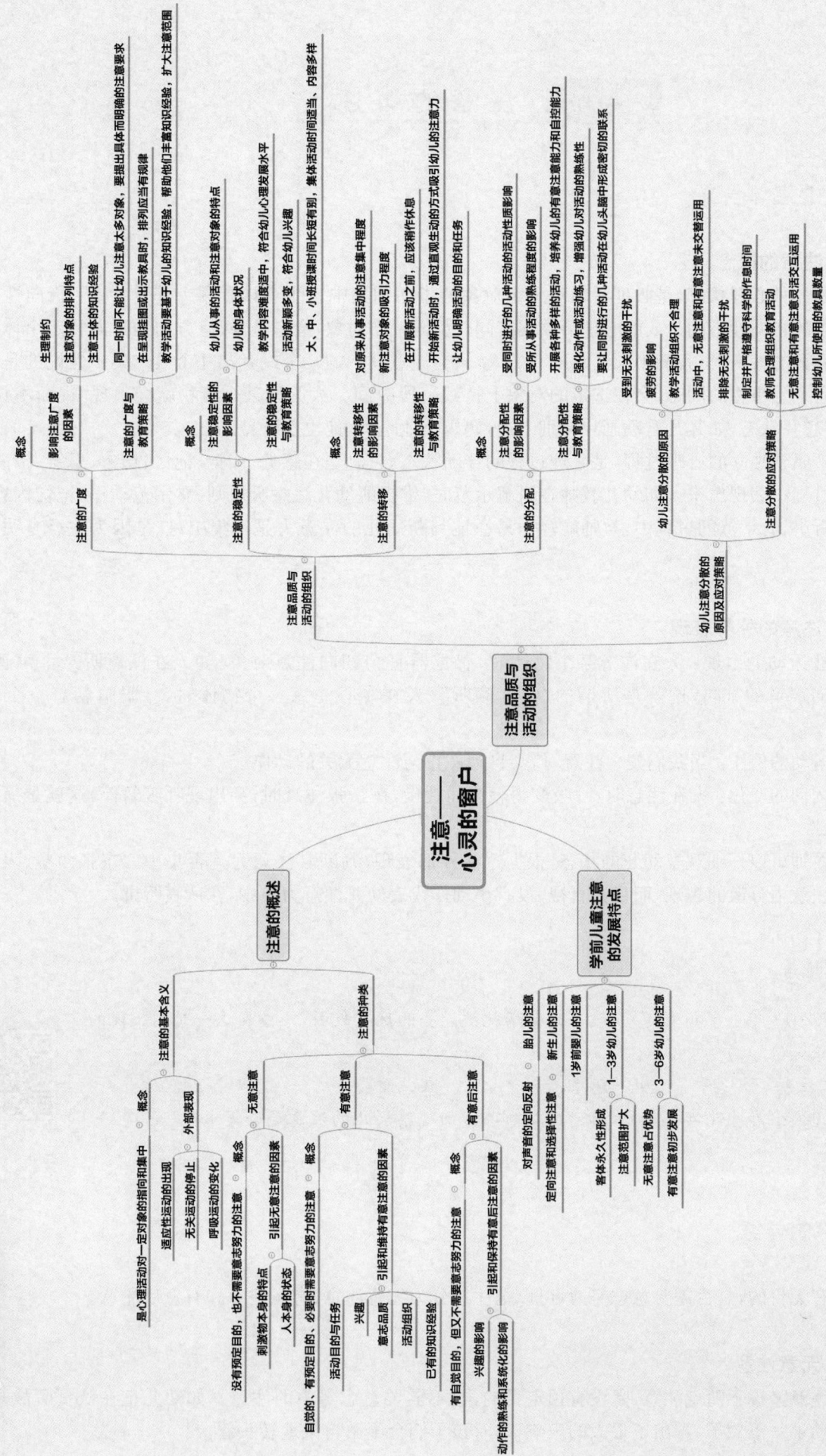

知识导图

注意——心灵的窗户

注意的概述

注意的基本含义
- 概念：是心理活动对一定对象的指向和集中
- 外部表现
  - 适应性活动的出现
  - 无关活动的停止
  - 呼吸运动的变化

注意的种类
- 无意注意
  - 概念：没有预定目的，也不需要意志努力的注意
  - 引起无意注意的因素
    - 刺激物本身的特点
    - 人本身的状态
- 有意注意
  - 概念：有自觉目的，必要时需要意志努力的注意
  - 引起和维持有意注意的因素
    - 活动目的与任务
    - 兴趣
    - 意志品质
    - 活动组织
    - 已有的知识经验
- 有意后注意
  - 概念：有自觉目的，但又不需要意志努力的注意
  - 引起和保持有意后注意的因素
    - 动作的熟练和系统化的影响
    - 兴趣的影响

注意品质与活动的组织

注意的广度
- 概念
- 影响注意广度的因素
  - 生理制约
  - 注意对象的排列特点
  - 注意主体的知识经验
- 注意的广度与教育策略
  - 同一时间不能让幼儿注意太多对象，要组出具体而明确的注意要求
  - 在呈现挂图或出示教具时，排列应当有规律
  - 教学活动要基于幼儿的知识经验，帮助他们丰富知识经验，扩大注意范围

注意的稳定性
- 概念
- 注意稳定性的影响因素
  - 幼儿从事的活动和注意对象的特点
  - 幼儿的身体状况
- 注意的稳定性与教育策略
  - 教学内容难度适中、符合幼儿心理发展水平
  - 活动新颖多变，符合幼儿兴趣
  - 大、中、小班授课时间适当，集体活动时间短

注意的转移
- 概念
- 注意转移性的影响因素
  - 对原来从事活动的注意集中程度
  - 新注意对象的吸引力程度
- 注意的转移性与教育策略
  - 在开展新活动之前，应该稍作休息
  - 开展新活动时，通过直观生动的方式吸引幼儿的注意力
  - 让幼儿明确活动的目的和任务

注意的分配
- 概念
- 注意分配性的影响因素
  - 受同时进行的几种活动的熟练程度的影响
  - 受所从事活动的性质影响
- 注意分配与教育策略
  - 开展各种趣味性活动，培养幼儿的有意注意能力和自控能力
  - 强化动作或活动的熟练性，增强幼儿对活动的熟练性
  - 要让同时进行的几种活动在幼儿头脑中形成密切的联系

幼儿注意分散的原因及应对策略
- 幼儿注意分散的原因
  - 受到无关刺激的影响
  - 疲劳的影响
  - 教学活动组织不合理
  - 活动中，无意注意和有意注意未交替运用
- 注意分散的应对策略
  - 排除无关刺激的干扰
  - 制定并严格遵守科学的作息时间
  - 教师应合理组织教育活动
  - 无意注意和有意注意交互运用
  - 控制幼儿所使用的教具数量

学前儿童注意的发展特点

- 胎儿的注意
  - 对声音的定向反射
  - 定向注意和选择性注意
- 新生儿的注意
  - 定向性注意
- 1岁前婴儿的注意
  - 客体永久性形成
  - 注意范围扩大
- 1—3岁幼儿的注意
  - 无意注意占优势
- 3—6岁幼儿的注意
  - 有意注意初步发展

第一节　注意的概述

一、注意的基本含义

（一）注意的概念

注意是一种心理状态,是心理活动对一定对象的指向和集中。注意具有两个基本特点:指向性和集中性。注意的指向性指的是人的心理活动不能同时指向一切对象,会有选择、有方向地指向特定个体。比如在人山人海的大街上,我们不会注意所有的人,只会注意其中的某个或者某几个人。集中性说的是心理活动在指向某一事物的同时,会在选定的对象上持续一段时间。太关注某个事物就会出现"视而不见,充耳不闻"的忘我状态,如凡凡看动画片特别入迷,妈妈喊他吃饭,他也没听见。

注意不属于独立的心理过程,是心理过程的伴随状态,它总是在感觉、知觉、记忆、想象、思维、情感、意志等心理过程中表现出来。如幼儿教师在讲解示范时,常提醒幼儿注意听规则、看示范动作、记忆内容、思考等。在听讲、看示范的过程中,教师能轻而易举地判断幼儿的注意力是否集中,这是因为注意有明显的外部表现。

（二）注意的外部表现

适应性运动的出现:人在注意某个物体时,感觉器官会朝向注意对象,如人在注意听某个声音时,耳朵会转向声音的方向,这就是所谓的"侧耳倾听",人在专心注意一个物体时,会眼睛朝着一个方向"呆视"。

无关运动的停止:当我们集中注意时,会自动停止与注意无关的动作。

呼吸运动的变化:人在注意时,呼吸变得轻微而缓慢,在紧张注意时,会出现呼吸暂停,这就是所谓的"屏气凝息"。

幼儿教师可以仔细观察幼儿的状态,根据这些外部表现,判断其注意力是否集中。东张西望、表情呆滞通常是注意力分散的表现,而目光直视、没有小动作代表幼儿注意力集中,在认真听讲。

> **真题链接**
>
> 1.(2012年上半年真题)儿童一进商场就被漂亮的玩具吸引,儿童在这一时刻出现的心理现象是(　　)。
>
> A. 注意　　　　B. 想象　　　　C. 需要　　　　D. 思维
>
> 2.(2019年上半年真题)教师可以从哪些方面观察幼儿的注意是否集中?
>
> 参考答案

二、注意的分类

根据有无目的,是否需要意志努力,可以把注意分为无意注意、有意注意和有意后注意。

（一）无意注意

无意注意又称不随意注意,是没有预定目的,也不需要意志努力的注意。如幼儿正在认真听故事,突然佳佳挪动了一下凳子,发出了很大的声响,这时孩子们会不由自主地转头看。

无意注意是自然发生的,但并不是无缘无故产生的,引起无意注意的因素主要有两个:一是刺激物本身的特点,二是人本身的状态。

1. 刺激物本身的特点

① 刺激的强度。强烈的光线、刺耳的声响、浓烈的气味,都容易引起我们的无意注意。刺激的强度有相对强度(如安静的活动室中,小声说话的两名幼儿)和绝对强度(如幼儿正在认真听老师朗诵诗歌,突然门外传来一声巨响)之分。

② 刺激的新异性。新异刺激不只是没有见过的事物,还包括熟悉对象间的奇特组合,如奇装异服。

③ 刺激物的运动变化。与静止的刺激物相比,处于运动状态的刺激物更容易引起我们的无意注意,如教师出示课件时,课件中拍动翅膀的小鸟会引起幼儿注意。

④ 刺激物的对比性。当出现的刺激物在颜色、形状、大小或持续时间等方面差别明显或对比鲜明时,容易引起我们的无意注意,如教室中穿彩色衣服的同学特别容易引起老师的注意。

2. 人本身的状态

无意注意虽然主要是由外界刺激引起,但也取决于人本身的状态。

① 人的需要和兴趣。跟我们的需要或兴趣相符合的事物,更容易引起无意注意,如乐乐特别喜欢洋娃娃,每次去超市经过洋娃娃展架旁边都会驻足观看。

② 人的情绪和情感。心情好时,人们容易注意身边事物的发展与变化。而在情绪欠佳时,无心注意周围的一切。

③ 有机体的状态。当我们极度疲倦时,无法注意周围的事物。如感冒发烧时,很难集中注意力认真听讲。

④ 人的知识经验。无意注意还受到个人已有知识经验的影响。如看到房子建筑师会关注房子的构造,美术家会关注房子的形状和艺术美。

(二)有意注意

有意注意又称随意注意,是自觉的、有预定目的、必要时需要意志努力的注意。如晚自习复习时,同桌与他人聊天,我们会不自觉地听他们在聊什么。而当我们意识到复习必须专心时,就会调整自己的行为,排除周围干扰,聚精会神地继续复习,这就是有意注意。

引起和保持有意注意的因素主要包含以下五个。

1. 清楚的活动目的与任务

有意注意是有预定目的的注意,因而对活动目的、任务内容理解得越清楚、越深刻,完成任务的愿望就越强烈,越有利于维持有意注意对活动任务的保持。如让幼儿阅读绘本前,教师先提出问题,然后让幼儿带着问题阅读绘本,这样幼儿的注意力更容易集中和持久。

2. 浓厚的间接兴趣

兴趣分为直接兴趣和间接兴趣,直接兴趣是对事物或活动本身感兴趣,这是引起无意注意的重要条件,而间接兴趣是对活动结果感兴趣,这样有助于维持有意注意。间接兴趣越浓厚,就越能集中注意。如有的同学不太喜欢钢琴,但是他知道钢琴练习好了,可以参加各种比赛,为自己争得荣誉,所以在钢琴课上他会经常提醒自己保持注意。

3. 坚强的意志品质

在有意注意过程中,经常会出现各种干扰,因此需要坚强的意志力来维持。每个人都会遇到干扰,意志坚强的人,会想方设法排除干扰,保持注意,如下午上课时,有的同学能克服打瞌睡、知识枯燥等的困扰,提醒自己时刻保持注意力集中;相反,意志薄弱的人,难以抵抗各种干扰,有意注意难以保持,如上课时有的同学控制不住自己,总是玩手机、聊天,这样会影响听课的质量。

思政园地

毛泽东一生酷爱读书,在湖南读书期间,他特意到最喧闹的地方去读书,每天故意让自己坐在闹市口看书。哪里最吵他就去哪里,如长沙成章街头的菜市场,他每天都坐在那看书。毛泽东这种"闹中取静"的学习方式为他本来就很简陋的读书环境制造了更多的干扰因素,但也锻炼了他钢铁般的意志,磨砺了他坚毅的性格,同时培养了他学习的习惯。这样求知的精神延续了他的一生,即便在他的晚年,身体很不好的情况下,毛泽东都坚持每天读书。

请思考:毛泽东闹市读书,对你有何启示?

4. 活动组织的合理性

对活动的精心组织,如把智力活动与实际操作、技能练习联系起来,可以防止因单调而产生疲劳、分心,有助于有意注意的保持。如在认识左右的活动中,教师设计了捉迷藏和帮母鸡捡蛋的游戏操作活动,这样的教学组织形式有利于幼儿注意的保持。

5. 个人已有的知识经验

当注意的内容符合或接近个体已有的知识经验时,更容易引起有意注意,反之就很难维持下去。如有的人军事理论掌握得少,听相关的军事讲座时,感觉不知所云,很难长时间保持有意注意。

(三) 有意后注意

有意后注意,又叫随意后注意,是有自觉目的但又不需要意志努力的注意。例如,初学开车时技术不熟练,需要意志努力的参与,这时的注意是有意注意。此后,随着技术的熟练,开车时不需要意志努力的参与,这时的注意就是有意后注意。引起和保持有意后注意的因素主要包含以下两个。

1. 兴趣的影响

人在从事某种活动的过程中,会对活动产生浓厚的兴趣,兴趣有助于随意后注意的形成和保持。例如,初学心理学你可能对此不感兴趣,只是为了拿到学分,随着学习的深入,对心理学产生了兴趣,此时凭兴趣可自然地将注意力集中到学习上。因此,培养有意后注意的关键在于发展对活动的兴趣。

2. 动作的熟练和系统化的影响

比如刚开始弹钢琴时,需要时刻盯着琴键和琴谱,随着技术的熟练,不用看琴键和谱子,也能轻松弹奏。

无意注意、有意注意、有意后注意,这三种注意虽有不同,但又不能截然分开。心理学研究表明,只凭无意注意去学习或活动,虽然轻松,但会使学习或活动杂乱无章,难以形成完整的知识结构,一旦受到其他因素的干扰,学习或活动就不能顺利开展。而如果只凭有意注意去学习或活动,时间长了会感到枯燥,出现精神紧张,导致活动效率降低。所以,有意注意要与无意注意协调配合,有意后注意也不能脱离无意注意或有意注意。

三、 注意的功能

(一) 选择功能

注意的选择功能,使儿童的心理活动有选择地指向符合自身需要或当前活动任务的对象,排除或避开无关刺激的干扰,获取更多信息。

（二）保持功能

外界刺激作用于大脑后，需要经过注意得以保持，否则就会很快消失。注意的保持功能使儿童的心理活动稳定在注意对象上，直到实现活动目的为止。

（三）调节和监督功能

注意的调节和监督功能，使儿童能够及时发觉环境的变化，调整自身的行为以更好地适应周围环境的变化。

第二节 学前儿童注意的发展特点

一、胎儿的注意发展

胎儿的注意发展表现在对声音的定向反射上，这些声音有来源于母亲的呼吸、心跳、胃肠蠕动等内部声音和体外的声音。大量的研究证明：胎儿在母亲体内，能够对不同分贝的刺激做出不同的反射，如听到快节奏音乐，会使劲踢脚；听到舒缓节奏的音乐，会安静下来。

二、新生儿的注意发展

儿童出生后就表现出一些注意现象，随着生长发育，注意也在不断发展。新生儿注意的发展主要表现在以下两方面。

（一）本能的定向反射性注意

新生儿有一种无条件反射，比如大的声音会使正在吃奶的新生儿吮吸暂停，这是新生儿的定向反射性注意，这种注意是本能的无条件反射，也是无意注意的最初形态。

（二）选择性注意的萌芽

研究表明，新生儿对外界刺激有一定的选择性反应。也就是说，新生儿对不同的对象有不同的偏爱，新生儿的注意选择表现出如下偏好：

① 偏好简单鲜明的图案：范兹通过实验发现，新生儿喜欢简单的、包含成分相对少些以及线条较粗的图案。

② 偏好人脸：范兹研究发现，刚出生的婴儿会对人脸或类似面孔的物体表现出明显的视觉偏好。

三、1岁前婴儿的注意发展

随着婴儿神经系统的不断发育，3个月的婴儿已能保持较长时间的清醒，这使得婴儿的注意范围逐渐增大，1岁前婴儿注意的发展，主要表现在注意选择性的发展上。范兹通过视觉偏爱法，发现1—3个月婴儿偏好复杂的刺激物，曲线以及不规则、密度大的轮廓和对称的图形。3—6个月的婴儿，已经开始运用经验进行注意。6个月以后，随着动作的发展，婴儿注意的事物增加，注意的选择范围也随之扩大。

四、1—3岁幼儿的注意发展

随着语言、表象、记忆等认知能力迅速发展，1—3岁的幼儿注意迅速发展。

(一) 客体永久性形成

4个月之前,当物体从视野中消失,婴儿不会去追视寻找。8—12个月的婴儿能通过一些线索找寻到物体,但当物体连续移动时,无法正确寻找。15个月以后,不管物体的位置如何移动和变换,婴儿始终能找到物体,这标志着客体永久性的形成。

(二) 注意的范围不断扩大

此时的婴儿不仅注意具体的事物,而且开始注意成人发出的言语,如倾听或转头寻找妈妈说话的声音。一岁半以后的儿童,开始能够集中注意摆弄玩具、听儿歌、翻阅故事书等。

真题链接

(2023年上半年真题)10个月大的贝贝的妈妈把玩具塞进了盒子,他会打开盒子把玩具找出来,这说明贝贝的认知具备了( )。

参考答案

A. 守恒性　　　　　　　　　　B. 间接性

C. 可逆性　　　　　　　　　　D. 客体永久性

五、 3—6 岁幼儿的注意发展

幼儿在3岁前,其注意形式基本上属于无意注意,3—6岁幼儿注意的发展特点是无意注意占优势,有意注意开始逐步发展。

(一) 幼儿的无意注意占优势

进入幼儿园后,幼儿的无意注意取得了进一步的发展,幼儿无意注意具有以下特点。

1. 刺激物的物理特点是引起无意注意的主要因素

在整个幼儿期,声音强烈、颜色鲜艳、形象生动夸张、突然出现或者变化的刺激物,易引起幼儿的无意注意。如在活动过程中,桌椅挪动的声音、五颜六色的玩具,这些都容易引起幼儿的无意注意。

2. 与幼儿兴趣、需要和经验相吻合的刺激物,逐渐成为引起无意注意的原因

随着幼儿生活经验的积累、丰富,他们对周围事物的兴趣和需要逐渐增强,当周围事物符合自己的兴趣和需要时,就容易引起幼儿的无意注意。如康康特别喜欢老师播放音乐的优盘,无论是什么时间,只要看见优盘,他就会迫不及待地凑上去,摆弄一番。

3. 无意注意随年龄增长不断稳定和深入

对小班幼儿来说,新异、强烈、多变的事物容易引起他们的注意,注意稳定性差,容易转移;中班幼儿无意注意的范围更广,对于自己感兴趣的活动能保持较长时间的注意,且集中程度高;大班幼儿无意注意进一步发展,注意的不仅仅是事物的表面,开始指向事物的内在联系。

(二) 幼儿的有意注意初步发展

幼儿的有意注意水平低、稳定性差,处于发展的初级阶段,有意注意的维持需要成人的组织和引导,表现出以下特点。

1. 有意注意时间受大脑发育水平的影响

有意注意由额叶控制,大约7岁时,我们的额叶才能发育成熟,受大脑发育水平的影响,幼儿的有意注意仍然处于低级阶段。一般来说,3—4岁幼儿有意注意集中时间为3—5分钟;4—5岁幼儿有意注意集中的时间为 10 分钟左右;5—6 岁幼儿有意注意集中时间可为 20 分钟左右。

2. 幼儿的有意注意需要成人的引导和帮助

幼儿的有意注意水平低,容易受到外界的干扰,需要成人的引导。首先,教师要帮助幼儿明确活动目的和任务,实验证明,幼儿对活动的目的越明确,注意越容易维持。如老师在自然角放了一颗大蒜,开始孩子们都来围观,几天以后无人问津,这时老师给孩子们布置了一个任务:了解什么时候大蒜发芽。这下自然角又开始人头攒动。其次,教师通过提出问题保持幼儿的有意注意。例如,带幼儿参观超市时,五颜六色的商品一下子吸引了幼儿的注意,这时幼儿的注意是无意的、不自觉的,老师可以向幼儿提问:"宝贝们,你们看,货架上都有什么?""给水果蔬菜称重时,售货员是怎么做的?"这些问题的设置,可以引导幼儿有目的地去看、去听,保证幼儿的有意注意。最后,教师要教给幼儿维持有意注意的方法。如可以教给儿童用手指进行指读的方法,来保持看书的注意力。

3. 幼儿的有意注意依赖于活动的开展

在幼儿园实习时,很多同学都知道:如果让幼儿只是听老师讲述,他们一会就坐不住了;如果让他们边听边练,动动手动动脚,注意保持的时间就长些。因此,可以组织幼儿开展一些有趣的游戏活动,通过游戏维持幼儿的有意注意。如在学习认识方位时,教师让几个幼儿扮演熊大、熊二、吉吉,让他们藏身在房子、大树这些道具后,请其他幼儿找到某个动物,并说出其所在的位置,看谁找得又快又准。

真题链接

1.(2014 年上半年真题)小班集体教学活动一般都安排 15 分钟左右,是因为幼儿有意注意时间一般是(　　)。

A. 20—25 分钟　　　　　　　　　　B. 3—5 分钟

C. 15—18 分钟　　　　　　　　　　D. 10—11 分钟

2.(2021 年下半年真题)幼儿期注意的发展特点是(　　)。

A. 无意注意占优势,有意注意逐渐发展　　B. 有意注意占优势,无意注意逐渐发展

C. 无意注意逐渐发展,有意注意未出现　　D. 有意注意逐渐发展,无意注意未出现

参考答案

第三节　学前儿童注意的品质与活动的组织

一、注意的品质与幼儿的活动组织

注意的品质的好坏是评价注意力高低的重要标准,注意的品质包含注意的广度、注意的稳定性、注意的转移性和注意的分配性。

(一)注意的广度与活动组织

注意的广度,又称注意的范围,指同一瞬间所把握的对象的数量。同一时间所把握对象的数量越多,注意的广度越好,反之注意的广度越差。与成人相比,幼儿的注意广度较窄,一般能辨认 2—4 个。

1. 注意广度的影响因素

(1)生理制约

研究注意广度,一般用速示器将数字、图形、词或字母等刺激材料,在很短的时间内呈现出来。结果表明,成人一般能注意到 4—6 个彼此之间没有联系的墨点,幼儿最多能把握 4 个。

（2）注意对象的排列特点

实验研究表明，注意对象的排列规律会影响幼儿的注意广度。图3-1中左、右图展示了不同数量的圆点。不难看出，在右边图的呈现方式下判断起来更容易。可见注意对象排列得有规律时，注意的广度越大，而排列没有规律时注意广度就相对小些。

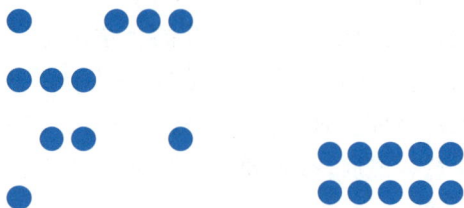

图 3-1　圆点不同的呈现方式

（3）注意主体的知识经验

注意者的知识经验越丰富，注意的广度越大。如初学语文时，我们只能逐字逐句、一行一行地阅读课文，随着对语文的熟练掌握，我们阅读时能一目十行。

2. 注意的广度与教育策略

随着幼儿的生理发展和知识经验的增长，注意广度逐渐增加，但与成人相比，幼儿的注意广度较小，在组织教学时要采取如下措施：

第一，同一时间不能让幼儿注意太多对象，要提出具体而明确的注意要求；

第二，在呈现挂图或出示教具时，排列应当有规律；

第三，教学活动要基于幼儿的知识经验，帮助他们丰富知识经验，扩大注意范围。

学习思考

　　小一班的田老师想让孩子们知道我们的日常生活中有很多的手势语言，于是她给孩子们播放了绘本故事《会说话的手》，故事依次向幼儿展示了11个常见手势，播放完毕以后，教师进行提问："小朋友们，刚才在绘本故事中你看到了哪些手势？"乐乐边做竖起大拇指的动作，边说："我看到了'你真棒'。"青青边举起一个拳头，边说："我看到了'加油'。"接下来的好几个小朋友都提到了"你真棒""加油"，没有一个孩子能说出其他的9个手势动作。

案例中，田老师的提问具体、明确，但是短时间内给幼儿呈现了11个手势动作，忽略了幼儿注意广度比较窄的特点，所以幼儿很难将全部的手势动作展示出来。

（二）注意的稳定性与活动组织

注意保持在某种活动或某一对象上时间的长短，被称为注意的稳定性。持续的时间越长，注意的稳定性越好；反之稳定性越差。幼儿难以持久、稳定地进行有意注意，因此他们注意的稳定性较差。

1. 注意稳定性的影响因素

（1）幼儿从事的活动和注意对象的特点

幼儿从事的活动越丰富，符合他们的兴趣，越有利于注意稳定性的持久。因此幼儿园经常以游戏的方式开展活动，以引起幼儿的兴趣。从注意对象上看，新颖、具体、生动的注意对象能让幼儿的注意集中时间长，单调、枯燥、乏味的对象使幼儿的注意集中时间短、易分散。

⌒⌒⌒⌒⌒⌒⌒⌒⌒⌒⌒⌒⌒⌒⌒⌒⌒⌒⌒⌒⌒⌒⌒⌒⌒⌒⌒⌒⌒⌒⌒⌒⌒⌒

学习思考

师：小朋友们，看着黑板，黑板上是什么呢？

幼：数字9的分解。

师：很好，我们上次课学了9的分解，小朋友们会了吗？

幼：会了！

师：真棒！那你们一起读一遍。9可以分成1和8，预备，起！

幼：9可以分成1和8，9可以分成2和7……

师：小朋友们很棒。刚才你们是看着黑板读，现在老师把黑板转过去，你们再背一背9的分解，好不好？

幼：好！

师：9可以分成1和8。预备，起！

幼：9可以分成1和8，9可以分成2和7，9可以分成3和6，9可以分成4和5，9可以分成5和6……

师：停！停！停！9可以分成4和5后面该怎么背了？涛涛，就是你领着大家乱背，声音又大，你给我小声点，其他小朋友别跟着他背！重新来一遍！9可以分成1和8，预备——起……

涛涛在李老师的责备及小朋友们的讥笑声中低下了头，其他小朋友附和着，一起背诵起来。

思考：你是否赞同老师的做法？为什么？如果是你，你会怎么办？

（2）幼儿的身体状况

幼儿的身体健康、精神饱满，其注意就容易稳定，幼儿生病、疲劳或者情绪状态不佳时，注意的维持时间就短。

⌒⌒⌒⌒⌒⌒⌒⌒⌒⌒⌒⌒⌒⌒⌒⌒⌒⌒⌒⌒⌒⌒⌒⌒⌒⌒⌒⌒⌒⌒⌒⌒⌒⌒

学习思考

小刘老师是幼儿园的一名实习教师，主班教师安排她给小班孩子们上一节舞蹈课。接到任务后，小刘老师认真备课，她将活动分成了3个部分：首先，教师通过小天鹅的图片引出教学主题；其次，教师示范小天鹅的基本舞姿，每隔15分钟休息一次；最后，教师播放音乐，带小朋友将舞蹈完整地跳一遍。虽然小刘老师做了精心准备，但效果不理想。

案例中，小刘老师在练习舞姿时，以成人的标准来要求幼儿，忽略了幼儿注意的维持时间比较短。同时，在教师示范、幼儿只能观看的情况下，教学活动单调枯燥、不符合幼儿兴趣，所以幼儿很难维持注意的稳定性。

2. 注意的稳定性与教育策略

注意的稳定性是幼儿进行活动的重要保障，但幼儿注意的稳定性，尤其是有意注意的稳定性比较差，但在良好的教育下，其有意注意可以保持良好。

① 教学内容难度适中，符合幼儿心理发展水平。如上述案例中教师在进行示范时，舞蹈动作不要太难。

② 活动新颖多变,符合幼儿兴趣。如上述案例中,老师只示范舞蹈的基本动作,这种教学方式单一枯燥,无法长时间吸引孩子的注意力。

③ 大、中、小班授课时间长短有别,集体活动时间适当、内容多样。

知识拓展

专注力是指在一段时间内,儿童专心于某项特定任务,能够按照活动目标与计划主动调控自身行为,并努力投入活动对象上时所具备的一种品质。专注力更加强调幼儿注意力集中于某一特定对象的稳定性与持续性。《指南》指出:幼儿认真专注、勇于探索、直面困难等属于幼儿积极的行为态度与良好的行为倾向,是终身受益的可贵品质。已有研究证实,幼儿注意持续的集中能力与大脑的快速发展期保持一致,出现在 7 岁之前。不仅影响幼儿在园的适应行为、执行功能和各项认知能力,而且对其小学阶段甚至成年之后的学业成就也具有显著的预测作用。因此,我们要重视幼儿专注力的培养。下面介绍 3 个常用的专注力培养的小游戏。

1. 教师发出指令,幼儿按照指令完成相应的任务,如"听到水果请拍手":牙刷、青蛙、葡萄、西红柿、黄瓜、苹果、梨、花生、电脑、火龙果、衣服、西瓜。

2. 数字画消训练。给出许多数字,请幼儿将其中的一个指定数字画掉。

请将数字3画掉

5	8	4	3	6	9	7	2
7	9	6	2	1	0	3	8
0	5	8	9	4	2	1	3
2	6	7	2	8	7	6	9

3. 舒尔特方格训练。成人将 1—25 的数字顺序打乱,填在表格里面,然后让幼儿以最快的速度从 1 数到 25,要边读边指出,成人进行计时。

舒尔特方格图

12	14	11	16	5
4	23	6	19	21
18	25	2	15	13
7	17	8	9	1
20	24	10	3	22

（三）注意的转移性与活动组织

根据新任务的要求,主动地把注意从一个对象转移到另一个对象上,被称为注意的转移性。注意力转移的速度体现着思维灵活性,受多种因素的影响。

1. 注意转移性的影响因素

（1）对原来从事活动的注意集中程度

个体对原有活动的兴趣越浓厚,注意力越集中,注意的转移就越困难。如幼儿在玩自己特别喜欢的玩具,这个时候让他从事其他的活动就很难。

（2）新注意对象的吸引力程度

如果新的活动对象符合注意主体的兴趣，或能满足其心理需要，那么注意力转移起来就比较容易。如教师教幼儿认识左右时，用了他们喜欢的喜羊羊、灰太狼作为操作的教具，孩子们兴趣高涨，注意力集中。

学习思考

今天"阳光体育"的活动内容是集体游戏"老狼老狼，几点了"，小二班的孩子们玩得兴高采烈，游戏结束后，高老师认为应该动静结合，于是立即开始学习诗歌《春姑娘》。因为是即兴学习，老师什么也没有准备，只能让幼儿一遍又一遍地朗诵诗歌，不一会儿孩子们就坐不住了，有互相打闹的，有眉飞色舞地聊天的，更有在教室爬来爬去的，任凭老师怎么维持纪律，孩子们也不喜欢听课，这是为什么？

如上所述"学习思考"中，原有的游戏活动更符合幼儿的兴趣，所以他们对原有活动的注意力更高，而后来的诗歌朗诵，即新的注意对象，枯燥乏味、形式单一，所以孩子们不能很快地将注意力转移到新的事物上。

2. 注意的转移性与教育策略

① 在开展新活动之前，应该稍作休息。如上述"学习思考"中，集体游戏活动结束后，教师应该安排幼儿休息，否则会引起疲劳。

② 开始新活动时，通过教具、视频、图片、谈话法等更为直观生动的方式吸引幼儿的注意力。比如在讲《春姑娘》前，教师可以让幼儿观看相关的图片或者教学视频。

③ 在活动中设置问题，让幼儿明确活动的目的和任务，维持幼儿的注意。

知识拓展

注意转移和注意分散不是一回事。注意转移是在有需要的时候，有目的地把注意从一个对象转向新的对象，是一种活动合理地被另一种活动所替代，属于注意的积极品质。注意分散是在注意需要稳定的时候，受无关刺激的干扰，无意地把注意力从一个对象转向新的注意对象，属于注意的消极品质。

（四）注意的分配性与活动组织

同一时间内，把注意集中到两种或几种不同的对象或活动上，称为注意的分配性。同一时间内兼顾的活动越多，注意的分配性越好。

1. 注意分配性的影响因素

① 受同时进行的几种活动的活动性质影响。同时进行的几种活动，如果是技能性的，注意容易分配（如边看电视边织毛衣）；但如果是智力性的，则难以同时进行（如左手画方右手画圆）。

② 受所从事活动的熟练程度的影响。如果同时进行的几种活动都比较熟练，那么注意分配起来就比较容易。

2. 注意分配性与教育策略

① 开展各种各样的活动，培养幼儿的有意注意能力和自控能力。

② 强化动作或活动练习，增强幼儿对活动的熟练性，这样做起来就不需要花费太多注意力和精力。

③ 要让同时进行的几种活动在幼儿头脑中形成密切的联系。

参考答案

真题链接

(2019年上半年真题)幼儿认真、完整地听完教师讲的故事,这一现象反映了幼儿注意的什么特征?(　　)

　　A. 注意的选择性　　　　　　　　B. 注意的广度

　　C. 注意的稳定性　　　　　　　　D. 注意的分配

二、 幼儿注意分散的原因及应对策略

学习思考

　　又到周一,小一班的好多幼儿入园以后都无精打采。上午的学习内容是10以内的加减。为了增加活动的趣味性,让幼儿易于理解,孙老师准备了五颜六色的方块,摆在了桌子上。原本安静的教室立马开始有了骚动,悠悠高兴地喊道:"孙老师,我也有这个方块,每天晚上我都会用它搭汽车轨道。"于是幼儿们开始热烈地讨论轨道的事情,孙老师见状,马上开始维持纪律,好不容易安静下来了,孙老师继续组织活动。拓展环节,孙老师让幼儿自己操作教具练习刚才示范的内容,这下乱成了一锅粥,有的孩子拿着木块搭建轨道车,有的孩子拿木块搭房子,孙老师制止了孩子们的行为,可是孩子们就像听不到一样,继续我行我素。孙老师很生气也很困惑:周一的活动怎么组织起来这么困难? 孩子们为什么总是分心? 如何才能吸引孩子们的注意力?

　　《指南》指出:幼儿期重要的学习品质是指在活动过程中表现出的积极态度和良好行为倾向,比如积极主动、认真专注、不怕困难等。这些学习品质对幼儿现实与长远的学习与发展有着重大影响。然而,注意分散是幼儿期普遍存在的现象。调查研究发现:我国有75%的幼儿存在注意力不集中的问题。注意分散是与注意的稳定相反的一种状态,是指幼儿的注意离开了当前应该指向的对象,而被另外一些与活动无关的刺激物吸引的现象,也称"分心"。

　　上述案例中的幼儿,在教学活动中为什么总是分心? 如何才能吸引幼儿的注意力呢? 下面将进行具体分析。

(一) 幼儿注意分散的原因

1. 受到无关刺激的干扰

　　由于幼儿仍然以无意注意为主,所以一切新奇、突然出现的无关刺激都特别容易吸引他们的注意力,引起注意的分散。在"学习思考"中,孙老师提供的教具颜色艳丽、新奇,造成了幼儿分心,除此以外,活动室的布置过于花哨,组织活动时所处的环境过于喧闹,教师的服装过于新奇,陌生人突然出现等,这些都会造成幼儿分心。

2. 疲劳的影响

　　幼儿神经系统未充分发育成熟,长时间的紧张或从事单调活动,便会产生疲劳。除此以外,作息时间不合理,同样会导致幼儿的注意力分散。"星期一现象"的产生就是由于周末很多家长都会带孩子外出游玩,或者孩子晚上睡觉较晚,使得孩子的作息时间被打乱,作息上的不合理导致幼儿的注意力不集中。

3. 教学活动组织不合理

　　在"学习思考"中,孙老师让幼儿操作练习,但没有提出具体的练习任务,导致幼儿注意力分散,这是教

学目标不明确造成的;孙老师教小班幼儿学习 10 以内的加减,超越了《指南》中对于数的运算的要求,这是教学内容过难造成的注意力分散;过早呈现教具,这是教学环节不合理造成的注意力分散。除了上述的教学目标不明确、教学内容过难、教学环节不合理外,活动过程枯燥也会引起幼儿的分心。我们将这些因素统称为教学活动组织不合理。

4. 活动中,无意注意和有意注意未交替运用

在组织教学活动时,运用新异刺激引起的是幼儿的无意注意,当新异刺激失去吸引力时,幼儿便不再注意。如果只调动有意注意,让儿童长时间地集中注意,也很易导致疲劳,引起注意分散。案例中,孙老师一味讲授,这需要幼儿调动有意注意,但幼儿的有意注意时间有限,此时又没有什么新异刺激来吸引幼儿,所以孩子们根本无心听讲。

(二) 注意分散的应对策略

1. 排除无关刺激的干扰

教学过程中无关刺激的干扰来自多方面,可以采取多种有针对性的措施,具体如图 3-2 所示。针对案例中的问题,孙老师可以提前将教具放在袋子里或者箱子中,使用时再取出来。

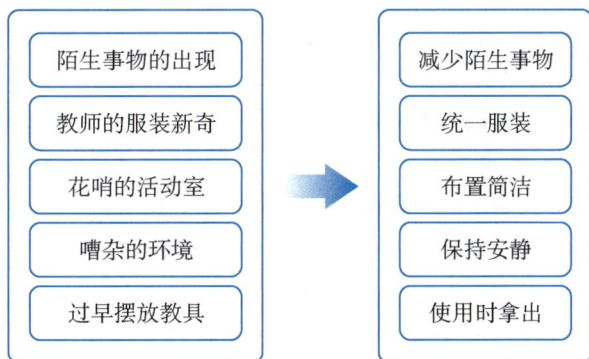

陌生事物的出现	减少陌生事物
教师的服装新奇	统一服装
花哨的活动室	布置简洁
嘈杂的环境	保持安静
过早摆放教具	使用时拿出

图 3-2　无关刺激的处理方法

2. 制定并严格遵守科学的作息时间

科学的作息制度,能让幼儿得到充分的休息,保证他们精力充沛,在活动时注意力集中。因此,幼儿家长要培养幼儿养成良好的作息习惯,保证节假日和工作日作息时间一致。针对案例中的问题,孙老师可以与家长及时沟通,保证幼儿周末合理休息。

3. 教师合理组织教育活动

教师在组织教育活动时,需要明确活动目的,合理选取教学内容。明确活动目的,就是要告诉幼儿练习的具体任务。案例中的孙老师,在进行操作练习时要告知幼儿具体任务。在选择教学内容时,要以幼儿的学习特点和年龄特点作为选取依据。案例中,孙老师可以参照《指南》制定教学内容,《指南》中对小班幼儿的要求是能够手口一致地点数、比较大小、按数取物。

4. 无意注意和有意注意灵活交互运用

在开展教学活动时,教师可以运用新颖、多变、强烈的教具吸引幼儿的无意注意,同时也应该提出具体明确的要求,使他们主动进行有意注意。两种方式应灵活地交互使用,保持幼儿的注意力。案例中,孙老师出示的五颜六色的木块,开始时是一种新异刺激,但当刺激失去吸引力时,幼儿的无意注意便无法维持下去,因此孙老师可以在练习时给出具体任务(如看谁完成得快),调动其有意注意。

5. 控制幼儿所使用的教具数量

同一时间内,教学活动中使用的教具过多,因好奇心的驱使,孩子的注意力容易分散,导致活动无法顺利开展。因此,在有教学需要时再将教具出示,不用时收起来,也有利于幼儿注意力的集中。

学习小结

注意是心理活动对一定对象的指向和集中,具有指向性和集中性两个基本特点。

注意是心理过程的伴随状态,不是独立的心理过程,离开注意,任何心理活动都无法进行。

注意有明显的外部表现:适应性运动的出现、无关运动的停止和呼吸运动的变化。

依据注意的目的性、是否需要意志努力,注意分为有意注意、无意注意和有意后注意。

无意注意,没有预定目的,不需要意志努力。无意注意的影响因素有2个:刺激物的特点(刺激物的强度、新异性、运动变化以及刺激物的对比性)和人自身的状态(需要和兴趣、情绪情感、机体状态、知识经验)。

有意注意,有预定目的,必要时需要意志努力。有意注意的影响因素有5个:清晰的活动目的与任务、浓厚的间接兴趣、坚强的意志品质、活动组织的合理性、已有知识经验。

有意后注意(也称随意后注意),有预定目的,不需要意志努力。有意后注意的影响因素有两个:兴趣、动作的熟练和系统化程度。

3—6岁幼儿注意的发展特点是:无意注意占优势,有意注意开始逐步发展。

幼儿无意注意的特点是:第一,刺激物的物理特点是引起无意注意的主要因素;第二,与幼儿兴趣、需要和经验相吻合的刺激物,逐渐成为引起无意注意的原因。

幼儿的有意注意水平低、稳定性差,表现出以下特点:第一,有意注意时间受大脑发育水平的影响,一般来说,3—4岁幼儿有意注意集中时间为3—5分钟;4—5岁为10分钟左右;5—6岁为20分钟左右,教师要控制好教学时间。第二,幼儿的有意注意需要成人的引导,教师要提出明确的活动要求,进行提问,教给幼儿维持有意注意的方法。第三,幼儿的有意注意依赖于活动,教师要将教学内容与游戏相结合。

注意品质的高低关系到幼儿的智力发展,要培养幼儿良好的注意品质,可从以下四方面入手:

① 幼儿注意广度窄,教师要提出明确要求,同一时间内不能出示太多注意对象;出示挂图或呈现教具时,应排列有序;教学活动要基于幼儿的知识经验,同时又要帮助幼儿扩展知识经验。

② 幼儿注意稳定性差,为此教学内容要难易恰当;教学方式新奇多变;小、中、大班授课时间长短有别。

③ 注意的转移性上,开展新活动前,安排幼儿短暂休息;开始新活动时,通过直观生动的方式吸引幼儿的注意力;在活动中设置问题。

④ 注意的分配性上,强化练习,增强幼儿对活动的熟练度,使同时进行的几种活动在幼儿头脑中形成密切的联系。

在教师组织教学活动的过程中,注意分散是常见情况,注意分散会影响学习质量,我们要查找原因,对症下药(如表3-1)。

表3-1 注意分散的常见原因及对策

常 见 原 因	对　策
无关刺激的干扰	排除无关刺激的干扰
疲劳	制定合理的作息时间并严格遵守
教学活动组织不合理	合理组织教育活动
有意注意和无意注意未交替运用	有意注意和无意注意交替运用

聚焦国考

一、单项选择题（每题 3 分，共计 30 分）

1. "一目十行"和"耳听八方"说的是（　　）。
   - A. 注意的集中与分配
   - B. 注意的稳定与范围
   - C. 注意的范围与分配
   - D. 注意的范围与集中

2. 幼儿园老师一边讲故事一边提问，还要观察幼儿的表现，它属于（　　）。
   - A. 注意的稳定性
   - B. 注意的选择性
   - C. 注意的分配
   - D. 注意的广度

3. "视而不见，听而不闻"体现了注意的（　　）。
   - A. 指向性
   - B. 集中性
   - C. 分配性
   - D. 分散

4. 幼儿正在听老师讲故事，突然进来一名家长，幼儿开始往门口张望，此时出现的注意是（　　）。
   - A. 无意注意
   - B. 有意注意
   - C. 有意后注意
   - D. 随意注意

5. 某幼儿不需要时刻关注自己的动作也能流畅地进行舞蹈表演，这时的注意是（　　）。
   - A. 无意注意
   - B. 有意注意
   - C. 有意后注意
   - D. 随意注意

6. 儿童注意的发展主要体现在（　　）的发展上。
   - A. 选择性
   - B. 集中性
   - C. 稳定性
   - D. 分配性

7. 3 岁前幼儿注意主要是（　　）。
   - A. 无意注意
   - B. 有意注意
   - C. 有意后注意
   - D. 随意注意

8. 注意分散是与（　　）相反的一种状态。
   - A. 注意稳定
   - B. 注意转移
   - C. 注意分配
   - D. 注意广度

9. 幼儿非常喜欢看《熊出没》，当他在商场看见熊大、熊二的大玩偶时，会立刻跑上去又摸又抱，这说明（　　）。
   - A. 刺激物的物理特性引起幼儿的无意注意
   - B. 与幼儿的需要关系密切的刺激物引起幼儿的无意注意
   - C. 在成人的组织和引导下，引起幼儿的有意注意
   - D. 利用活动引起幼儿的有意注意

10. 以下不属于影响幼儿注意广度的是（　　）。
    - A. 兴趣
    - B. 注意对象的特点
    - C. 知识经验
    - D. 活动任务的多少

二、简答题（每题 5 分，共计 20 分）

1. 简述引起幼儿无意注意的因素。
2. 列举注意的种类。
3. 简述引起幼儿有意后注意的因素。
4. 简述注意的品质。

三、论述题（每题 10 分，共计 20 分）

1. 如何培养幼儿良好的注意力？
2. 幼儿注意分散的原因与应对策略是什么？

四、材料分析题（每题 15 分，共计 30 分）

1. 亮亮 3 岁了，妈妈给亮亮讲故事，可是亮亮一会说外面有小猫在叫，一会说要玩皮球……总是不能专注地听下去。

结合幼儿注意发展的特点加以分析。

2. 周一是大班小朋友的绘本阅读时间，史老师发现很多孩子都无精打采，为了调动幼儿的积极性，史老师便带着孩子们做律动，孩子们跟着老师边唱边跳，高兴极了。律动结束后，史老师请小朋友回到自己的位子上，为了尽快完成教学内容，史老师不断地催促孩子们打开绘本的第 3 页，孩子们不情愿地打开书。当老师提出问题时，只有个别孩子回答，大部分小朋友都是在随意翻看，寻找书中自己感兴趣的部分与旁边的同伴分享。史老师见状，开始不停地维持纪律，可是孩子们就像听不到一样，继续我行我素。

请运用所学知识分析，这是怎么回事？

第四章

感知觉——发展的基础

本章学点

1. 情感：正确认识儿童感知觉发展过程中出现的各种问题，养成善于观察的习惯。

2. 认知：了解感知觉的概念、种类；理解不同类别感知觉的区别与联系；掌握学前儿童感知觉的发展特点。

3. 技能：根据不同年龄阶段儿童的感知觉规律，组织开展教学活动；根据儿童的观察特点，帮助其逐渐获得观察能力。

思政园地

蒙台梭利说："我们总是说要了解孩子，但说起来容易，做起来却非常困难。每个孩子，都是一张对成人的考卷，有时候我们在孩子面前，更显得一无所知，像个傻瓜。"儿童的成长有着其内在的精神驱动和规律，儿童的成长需要依靠他们自身不断地、有意识地、自主地、独立地与外界环境进行活动来获得。成人如果想促进儿童成长，最重要的是给他们创造一个充满爱的、安全的环境，尊重并理解孩子的行为，对他们的行为尽量做最少的限制和"指导"。儿童自然会知道自己想做什么，该如何做。正如蒙台梭利在《童年的秘密》中提到的那样：我听了，但可能忘记了；我看见了，就可能记住了；我做过了，便真正理解了。

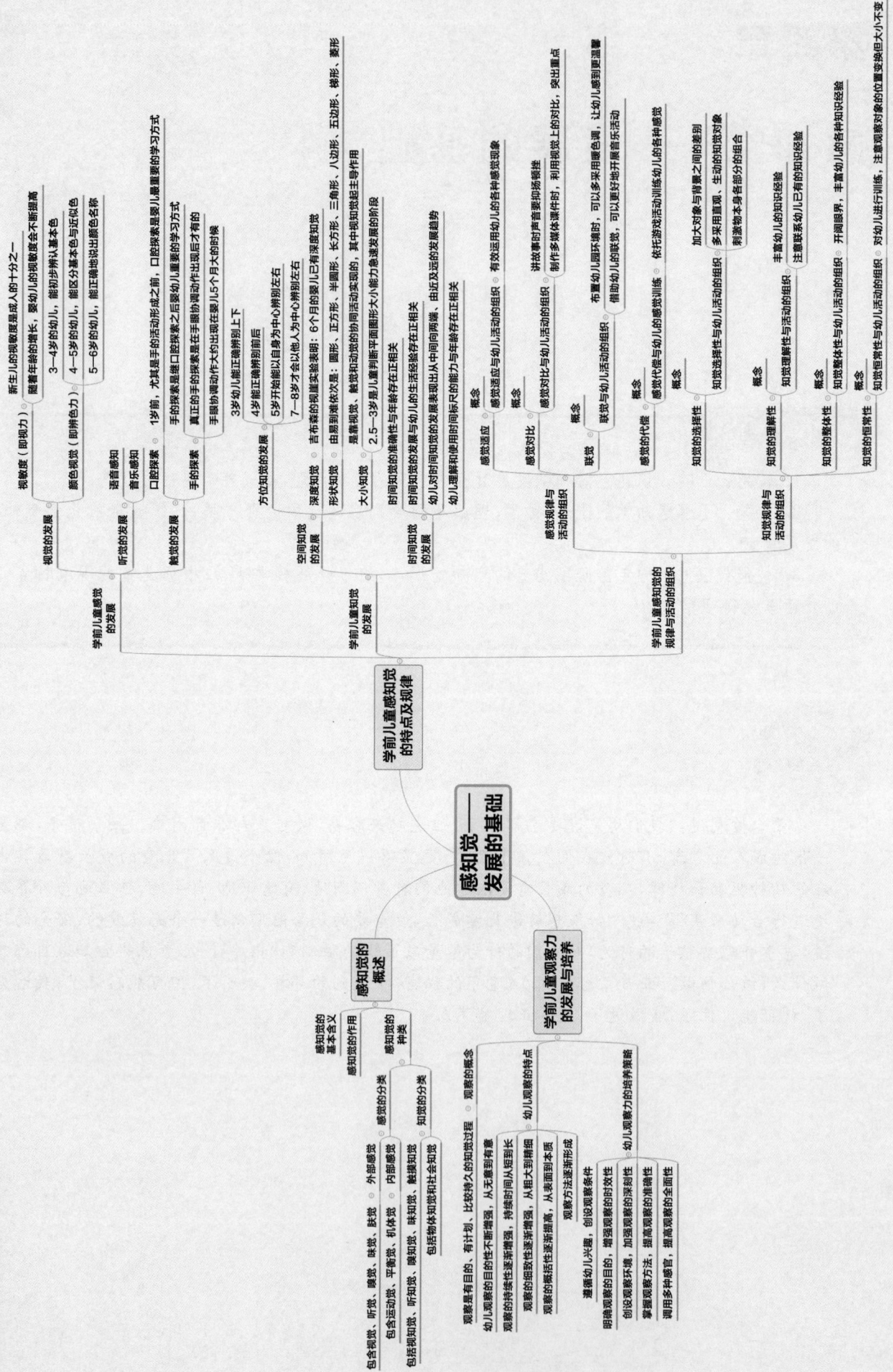

知识导图 EDU

感知觉——发展的基础

感知觉的概述

- 感知觉的基本含义
- 感知觉的作用
- 感知觉的种类
  - 感觉的分类
    - 外部感觉：包含视觉、听觉、味觉、嗅觉、肤觉
    - 内部感觉：包含运动觉、平衡觉、机体觉
  - 知觉的分类
    - 包括视知觉、听知觉、嗅知觉、味知觉、触摸知觉
    - 包括物体知觉和社会知觉

学前儿童感知觉的特点及规律

学前儿童感觉的发展

- 视觉的发展
  - 视敏度（即视力）
    - 新生儿的视敏度是成人的十分之一
    - 随着年龄的增长，婴幼儿的视敏度会不断提高
  - 颜色视觉（即辨色力）
    - 3—4岁的幼儿，能初步辨认基本色
    - 4—5岁的幼儿，能区分基本色与近似色
    - 5—6岁的幼儿，能正确地说出颜色名称
- 听觉的发展
  - 语音感知
  - 音乐感知
- 触觉的发展
  - 口腔探索
    - 1岁前，尤其是手的活动形成之前，口腔探索是婴幼儿重要的学习方式
    - 真正的手的探索是指口腔探索与手眼协调动作出现以后才有的
  - 手的探索
    - 手眼协调动作大约出现在婴儿5个月大的时候

学前儿童知觉的发展

- 空间知觉的发展
  - 方位知觉的发展
    - 3岁幼儿能辨别上下
    - 4岁能正确辨别前后
    - 5岁开始能以自身为中心辨别左右
    - 7—8岁才会以他人为中心的辨别左右
  - 形状知觉
    - 吉布森的视崖实验表明：6个月的婴儿已有深度知觉
    - 由易到难的视觉排列次是：圆形、正方形、半圆形、长方形、三角形、八边形、五边形、梯形、菱形
  - 大小知觉
    - 是需视觉、触觉和动觉的协同活动的局活动，其中视知觉起主导作用
    - 2.5—3岁是幼儿判断平面图形大小能力急速发展的阶段
- 时间知觉的发展
  - 时间知觉的准确性与生活经验与幼儿的年龄存在正相关
  - 幼儿对时间知觉的发展表现出从中间向两端，由近及远的发展趋势
  - 幼儿理解和使用时间标尺的能力与年龄存在正相关

学前儿童感知觉的规律与活动的组织

- 感觉适应
  - 概念
  - 感觉适应与幼儿活动的组织
    - 有效运用幼儿活动的组织
- 感觉对比
  - 概念
  - 感觉对比与幼儿活动的组织
    - 讲故事时的声音要抑扬顿挫
    - 制作多媒体课件时，利用视觉上的对比
- 联觉
  - 概念
  - 联觉与幼儿活动的组织
    - 布置幼儿居室环境时，可以多采用暖色调，让幼儿感到温暖
    - 借助幼儿的联觉，可以更好地开展音乐活动
- 感觉的代偿
  - 概念
  - 感觉代偿与幼儿活动的组织
    - 依托游戏活动训练幼儿已有的各种感觉
    - 借助幼儿的感觉训练
- 知觉的选择性
  - 概念
  - 知觉选择性与幼儿活动的组织
    - 加大对象与背景之间的差别
    - 多采用直观、生动的知觉对象
    - 刺激物本身要有各部分的组合
- 知觉的理解性
  - 概念
  - 知觉理解性与幼儿活动的组织
    - 丰富幼儿的知识经验
- 知觉的整体性
  - 概念
  - 知觉整体性与幼儿活动的组织
    - 开阔眼界，丰富幼儿的各种知识经验
    - 注意联系幼儿已有的知识经验
- 知觉的恒常性
  - 概念
  - 知觉恒常性与幼儿活动的组织
    - 对幼儿进行训练，注意观察对象的位置变换但大小不变

学前儿童观察力的发展与培养

- 观察的概念
  - 观察是有目的、有计划、比较持久的知觉过程
- 幼儿观察的特点
  - 幼儿观察的目的性不断增强，从无意到有意
  - 观察的持续性逐渐增长，持续时间从短到长
  - 观察的细致性逐渐增强，从粗略到精细
  - 观察的概括性逐渐增强，从表面到本质
  - 幼儿观察的概括性逐渐形成
- 幼儿观察力的培养策略
  - 明确观察的目的，增强幼儿观察的有效性
  - 创设观察环境，增加观察的深刻性
  - 掌握观察方法，提高观察的准确性
  - 调用多种感官，提高观察的全面性
  - 激发幼儿兴趣，创设观察条件

第一节　感知觉的概述

一、感知觉的基本含义

感知觉是感觉和知觉的统称，是两个不同的概念。感觉指的是人脑对直接作用于感觉器官的客观事物的个别属性的反映。如手能感觉到水的温度，舌头能品尝到食物的味道。

知觉指的是人脑对直接作用于感觉器官的客观事物的整体属性的反映。其实质是回答作用于感官的客观事物"是什么"。如我们面前有一种水果，可以通过感觉器官提供的淡黄色的、月牙形的等信息，判断出这种水果是香蕉。

感觉和知觉是两个不同的概念，两者的区别在于：一是，产生的来源不同。感觉是介于心理和生理之间的活动，它的产生主要来源于感觉器官的生理活动以及客观刺激的物理特性；知觉是在感觉的基础上对客观事物的各种属性进行综合和解释的心理活动过程，表现出人的知识经验和主观因素的参与。二是，反映的具体内容不同。感觉反映的是客观事物的个别属性，知觉反映的是客观事物的整体属性。

虽然感觉和知觉有区别，但是两者之间也有密切的联系：感觉是知觉的基础，为知觉提供必要的信息；知觉是对感觉信息整合后的综合反映，是感觉的结果，但它不是感觉的简单相加，还受到主体知识经验的影响。例如，没有见过香蕉的人，就算掌握了再多的感觉信息，都不知道它是什么。

二、感知觉的作用

感知觉是一切心理活动产生的基础，是幼儿认识世界的开端，具有非常重要的作用。

第一，感知觉是人生最早出现的认识过程，是其他心理现象产生的基础。相比于记忆、想象、思维等其他认知过程，感觉和知觉的出现时间较早，通过感知觉提供的信息，个体可以进行记忆、想象、思维，带来不同的情绪体验。

第二，感知觉是婴儿认识世界的基本手段。婴儿从出生一直到两周岁，会将物品放到嘴巴里咬合、咀嚼、吸吮，来感知物体的大小、软硬、冷热等，因此婴儿主要依靠感知觉提供的信息，形成对客观世界的认识。

第三，感知觉在幼儿的认知活动中仍占据主导地位。3—6岁的幼儿会借助形状、颜色、大小、声音等来认识客观事物。如在皮亚杰的守恒实验中，幼儿借助物体的长短、大小、水面的高低等直接感知到的具体形象来进行判断，这说明幼儿的思维受到感知觉的制约，同样幼儿的记忆也直接依赖于感知的具体材料，因此对直接感知过的形象的记忆比对语词记忆的效果好。

第四，感觉是正常心理活动得以维持的重要屏障。贝克斯顿、赫伦的感觉剥夺实验证明：个体的感觉被剥夺后，会出现幻觉、思维混乱，甚至会产生严重的心理障碍。

三、感知觉的种类

（一）感觉的分类

感觉除了反映客观事物的个别属性，也反映我们机体的状态，因此我们按照刺激来源的不同，把感觉分为外部感觉和内部感觉。外部感觉是由有机体以外的客观刺激引起，反映外界事物个别属性的感觉，包含视觉、听觉、嗅觉、味觉、肤觉；内部感觉是由有机体内部的客观刺激引起，反映机体自身状态的感觉，包含运动觉、平衡觉、机体觉。运动觉是反映身体各部位运动和位置的感觉，平衡觉是反映头部位置和身体平衡状态的感觉,机体觉是机体内部器官受到刺激时产生的感觉。

(二) 知觉的分类

按照不同的标准,知觉可以被划分为不同的类型。按照知觉时起主导作用的感受器不同,知觉包括视知觉、听知觉、嗅知觉、味知觉、触摸知觉等。按照知觉所反映的客观对象的不同,知觉包括物体知觉和社会知觉。当我们对客观对象产生不正确的、歪曲的知觉时,就会出现错觉,错觉可以发生在视觉方面,也可以发生在其他知觉方面。

1. 物体知觉

物体知觉指的是人对事物的知觉。在对事物进行知觉时,我们要借助事物的空间、时间、运动等特性进行感知,物体知觉包含空间知觉、时间知觉以及运动知觉。空间知觉反映的是物体的形状、大小、远近、方位(如上下、左右、前后)等;时间知觉反映的是物体的持续性、速度和顺序性;运动知觉反映的是物体的空间位移和位移的快慢。

2. 社会知觉

社会知觉指的是对人的知觉。主要包括对他人的知觉、对人际关系的知觉以及自我知觉。对他人的知觉指的是对他人外部形态和行为特征及心理活动的知觉。人际关系知觉指的是对人和人之间相互关系、彼此作用的知觉。自我知觉指的是自己对自己的行为和心理活动的知觉。

思政园地

在人际交往中,我们会不自觉,通过他人的外表、长相、语言等,对他人做出某种判断。如有的幼儿教师看到班级里外表可爱、漂亮的幼儿,会做出"聪明、能干"的判断,上课时愿意提问和表扬,而对于其貌不扬的幼儿,则很少提问和表扬。

你如何看待教师的这一行为?

第二节　学前儿童感知觉的特点及规律

一、学前儿童感觉的发展

(一) 视觉的发展

视觉是学前儿童获取信息的主要渠道,80％的信息是通过视觉传送给大脑的。婴幼儿对语言的接收和理解需要视觉形象作为支柱,因此视觉对于婴幼儿来说尤为重要。学前儿童视觉的发展主要表现在视敏度和颜色视觉上。

1. 学前儿童视敏度的发展

视敏度指的是精确辨别细微物体或者一定距离物体细小部分的能力,即视力。

新生儿的视觉系统还没有完全发育成熟,其视敏度是成人的十分之一。随着后期的生长发育,婴幼儿的视敏度会不断提高,5 到 6 个月时接近成人 1.0 的视力水平。

学前期幼儿的视力也处在不断的增长中。研究者使用视力测试图,测量幼儿视敏度的平均距离,研究结果发现:4—5 岁幼儿视敏度的平均距离为 2.1 米;5—6 岁幼儿视敏度的平均距离为 2.7 米;6—7 岁幼儿视敏度的平均距离为 3 米。

⚬⚬⚬⚬⚬⚬⚬⚬⚬⚬⚬⚬⚬⚬⚬⚬⚬⚬⚬⚬⚬⚬⚬⚬⚬⚬⚬⚬⚬

学习思考

中二班的宋老师正在给小朋友讲故事,说的是 5 岁的小女孩莉莉第一次单独去商店买牛奶,在讲故事时,宋老师播放了声图并茂的视频,孩子们听得津津有味,这时乐乐举起手来:"宋老师,图片上面写的什么字呀? 我一点也看不清!"宋老师来到乐乐身边一看:"呀! 屏幕上的字体好小,确实看不清。"

幼儿的视敏度除了受距离制约,还受兴趣的影响。研究表明:教师组织开展幼儿感兴趣的活动,可有效提高幼儿的视敏度,学前初期能提高 15%—20%,学前晚期能提高 30%。案例中宋老师开展的活动,符合幼儿兴趣,但没有考虑到其视敏度的发展现状,因此教师在为幼儿准备读物或者教具时,要避免使用画面或字体很小的图书;组织活动时,图片或者实物不要离幼儿太远,否则会影响幼儿的视力和教学效果。

2. 学前儿童颜色视觉的发展

颜色视觉,又称辨色力,说的是区别颜色细小差异的能力。

婴儿出生后第 3 个月,开始区分彩色和非彩色,但不稳定;第 4 个月开始,能稳定辨别彩色和非彩色。一般来说,孩子喜欢暖色,红色易引起婴儿兴奋。

幼儿期,颜色视觉的发展主要体现在区别颜色细小差别能力的继续发展上。与此同时,幼儿期将对颜色的辨别和掌握颜色的名称结合起来。

3—4 岁的幼儿,能初步辨认基本色,辨认混合色与近似色时存在困难,不能正确地说出颜色的名称。

4—5 岁的幼儿,能区分基本色与近似色,能正确地说出基本色的名称。

5—6 岁的幼儿,不仅能认识颜色,还能注意到颜色的明度和饱和度,辨认更多的混合色,能正确地说出更多的颜色名称。

幼儿认识物体时主要依靠颜色。6 岁后,才同时运用颜色和形状对物体进行比较。因此颜色的感知在幼儿期具有重大作用,教师要重视幼儿辨色能力的发展。

⚬⚬⚬⚬⚬⚬⚬⚬⚬⚬⚬⚬⚬⚬⚬⚬⚬⚬⚬⚬⚬⚬⚬⚬⚬⚬⚬⚬⚬

学习思考

在观摩示范课上,小班的朵朵老师带领小朋友们认识了红黄蓝三种颜色。在活动环节中,朵朵老师先让小朋友们看一看教室里有没有这三种颜色,然后利用自制的幻灯片,让小朋友们将相同颜色的玫瑰花和蝴蝶进行配对,看谁做得又对又快。活动中孩子们积极参与,玩得特别投入。

"学习思考"中的朵朵老师,将幼儿辨色能力的发展与游戏活动相结合,做到了寓教于乐,教学效果达到了预期。因此,在培养幼儿辨色能力时,教师要依据幼儿颜色视觉的发展现状设计相应的教学活动,并进行指导。

(二) 听觉的发展

听觉是人类获取信息的第二大渠道。幼儿通过听觉,不仅辨别周围事物发出的各种声音,认识周围环境、确定行为方向,也可以辨认周围人们所发出的语音,进而了解意义,促进言语发展。听觉的发展对幼儿智力的发展具有重要意义。

听觉器官在胎儿6—7个月时已基本成熟,所以胎儿能对母亲体内外的声音做出反应。新生儿有听觉偏好,喜欢听母亲的声音,并且在听到声音后会转头寻找声音的来源。可见儿童的听觉活动不是孤立的,听觉和视觉协调很早就发展起来了。

知识拓展

听觉感受性是耳朵对适宜刺激的感觉能力,也可以说是听觉的敏锐程度。听觉感受性包括绝对感受性和差别感受性。绝对感受性是指辨别最小声音的能力,差别感受性是分辨不同声音最小差别的能力。

幼儿听觉的发展主要表现在语音感知和音乐感知上。

1. 语音感知

语音感知表现在对语音知觉的敏感性和分辨能力的发展上。幼儿初期仅能感知词的声音,不能很好地辨别语音;幼儿中期能辨别语音上存在的微小差别;到了幼儿晚期,可以毫无困难地辨别本民族语言包含的各种语音。

知识拓展

"重听"是儿童听力存在的一种特殊情况,这种现象说的是某些幼儿对别人的话听得不清楚、不完整,但可以根据说话者的表情、嘴唇动作以及说话的情境,猜到说话的内容。当这种现象出现时,说明幼儿的听力存在缺陷,成人需要密切注意。

造成"重听"的原因有两个:一是幼儿的听觉器官(主要是耳朵)存在问题,二是幼儿注意力不集中。当发现孩子出现这些问题时,无论是家长还是幼儿教师,都要及时筛查原因,及早处理:一要定期检查幼儿听力,及时发现幼儿出现的听力缺陷;二要培养幼儿良好的注意力。受生理发展制约,幼儿的注意力容易分散,这可能与幼儿身体疲倦有关,也可能是情绪不稳定、对学习内容不感兴趣。教师要对症解决,培养幼儿良好的注意能力,只有有了良好的注意作为基础,才可以对幼儿的听力进行训练。训练时可以采取教师讲、幼儿复述故事等方法,这样就能逐步恢复幼儿的听力,"重听"现象也就可以纠正了。

2. 音乐感知

胎儿已经能对不同音乐做出不同的反应,4个月时开始能积极倾听音乐,但动作和音乐不协调,到了幼儿期,儿童对音乐的感受能力和表现能力继续发展,节奏感、音乐理解能力和表现能力较好。为此,可以设计相应的教学活动,培养幼儿区辨音乐的节奏、强弱、音色等。

(三)触觉的发展

触觉是婴幼儿认识世界和了解事物的重要渠道,婴幼儿的触觉发展主要表现为触觉探索活动的形成以及活动过程中与其他感觉的结合。

胎儿在49天时已经具备了初步的触觉反应,出生时就会表现出吸吮反射、防御反射、抓握反射等触觉反应。婴幼儿的触觉主要有两种形式:口腔探索和手的探索。

1. 口腔探索

1岁前,尤其是手的活动形成之前,口腔探索是婴儿最重要的学习方式。

学习思考

娜娜的妈妈最近很苦恼,她在微信朋友圈中这样写道:"娜娜8个月了,能满地爬了,但看到什么就吃什么,不管是玩具还是书纸,甚至连地板上的饭渣都往嘴巴里放。昨天趁我没注意,居然把一颗扣子塞到了嘴里,太吓人了!这要咽到肚子里,或者卡在喉管里,后果不堪设想。谁能告诉我怎么办?"

正如"学习思考"中这位妈妈所描述的那样,1岁前的婴儿不管看到什么,都要抓放在嘴里咬一咬、啃一啃,我们不要认为这是一种不良行为而进行责备或者禁止,这是婴儿探索世界、获得心理满足的重要方式。为此,作为教师或者家长要允许孩子进行必要的探索,在探索的同时保证孩子接触到的环境和玩具的安全、卫生即可,我们可以每天清洁地板,将家里的危险物品收纳好。在3岁之前,婴幼儿仍以口腔探索作为手的探索的重要补充。

2. 手的探索

手的探索是继口腔探索之后婴幼儿重要的学习方式,当婴儿的手无意碰触到东西,会进行抚摸,这是一种无意的触觉活动,并不是真正的手的探索。真正的手的探索是在手眼协调动作出现后才有的。手眼协调动作,即视觉和手的触觉协调活动的出现,是婴儿认知发展的重要里程碑,也是真正的手的探索的开始。手眼协调动作大约出现在婴儿5个月大的时候。其主要标志是伸手能够抓住看到的东西。

学习思考

茜茜的妈妈向教师反映:"茜茜现在特别喜欢那些洞洞,有缝隙的地方,厨房的冰箱和餐桌之间的空隙。小家伙特别喜欢往空里钻,不只是这样的空隙,有时候门缝、钥匙孔、工具上的小洞,她也想伸手掏。今天我做饭时,她竟然看见了沙发后面那个电源插座,刚想伸手摸,我看见了急忙把她抱了起来,结果孩子还大哭大闹,气得我把她一顿打。这样真是太危险了,老师,您说怎么办呀?"

"学习思考"中茜茜的行为是婴儿手的探索的典型表现,借助手的触摸,孩子能对客观事物进行具体、形象的感知觉,形成直观的认识,作为家长应尊重孩子,认可和鼓励他们认识世界的方式。但孩子缺乏安全意识,所以妈妈对孩子安全的担心是可以理解的,父母要做好安全防护措施,如将螺丝、剪刀、玻璃制品等危险物品放在孩子够不到的地方,一些外露的物品(如电源插座)用绝缘胶布、插座保护盖等封好。

真题链接

1.(2013年上半年真题)( )是出生后头半年婴儿认知发展的重要里程碑,也是手的真正触觉探索的开始。

A. 手的无意抚摸   B. 手的抓握反射

C. 手脚并用爬行   D. 手眼协调动作的出现

2.(2014年下半年真题)婴儿手眼协调动作发生的时间是( )。

A. 2—3个月   B. 4—5个月   C. 7—8个月   D. 9—10个月

参考答案

二、 学前儿童知觉的发展

(一) 空间知觉的发展

对于学前儿童空间知觉的发展,我们着重介绍其方位知觉、深度知觉、形状知觉和大小知觉。

1. 方位知觉的发展

方位知觉是人们对自身或物体所在位置和方位的反映。婴幼儿方位知觉的发展主要体现在对上下、前后、左右的辨别。婴儿出生后,已经能够转头寻找声音发出的位置,1 岁左右已经知道室内物品所处的位置,这说明此时的婴儿已经具备了辨别室内物体的位置和方向的能力。研究表明,幼儿对上下、前后、左右的辨别是有先后顺序的。一般来说,幼儿方位知觉的发展顺序是:3 岁幼儿能正确辨别上下,4 岁能正确辨别前后,5 岁开始能以自身为中心辨别左右,7—8 岁才会以他人为中心辨别左右。

学习思考

在中班观摩示范课"左左和右右"中,萌萌老师通过熊大、熊二进行了情境导入。在故事中熊大、熊二总是傻傻的,分不清楚左边和右边,为了让小朋友能对左和右有一个清晰的认识,老师在每个小朋友的左手上用彩笔画了一个圈,逐一画完后告诉小朋友画圈的手就是左边。

研究表明,在幼儿阶段,辨别左右比较困难,当孩子辨别左右出现错误时,很多家长都认为孩子笨。其实这是错误的,我们应该像案例中的萌萌老师这样,将左右方位词与实物结合起来,也可以使用镜面动作。

真题链接

1. (2013 年上半年真题)幼儿教师在教授动作示范时往往采用"镜面示范",原因是( )。
   - A. 幼儿是以自身为中心来辨别左右的
   - B. 幼儿好模仿
   - C. 幼儿分不清左右
   - D. 使幼儿看得更清楚

2. (2013 年下半年真题)由于幼儿是以自我为中心辨别左右方向的,幼儿教师在动作示范时应该( )。
   - A. 背对幼儿,采用镜面示范
   - B. 面对幼儿,采用镜面示范
   - C. 面对幼儿,采用正常示范
   - D. 背对幼儿,采用正常示范

3. (2021 年下半年真题)新入职的王老师第一次带大班小朋友做操时,发现大家的动作有些混乱,有的胳膊向左伸,有的向右伸,这是为什么呢? 昨天老教师带操时,明明大家动作很整齐呀!
   问题:(1)请从方位概念发展水平的角度分析幼儿动作混乱的原因。
   　　　(2)针对问题提出建议。

2. 深度知觉

深度知觉,也叫立体知觉,指的是人对同一物体的凹凸程度或不同物体的远近程度的知觉。婴儿已经能在一定程度上区分物体和自己的距离,吉布森的视崖实验表明:6 个月的婴儿已有深度知觉。

知识拓展

为了解读婴幼儿的深度知觉发展状况,吉布森和沃克设计了"视崖"实验(图4-1)。他们把婴儿放在视崖装置上,观察其能否知觉这种悬崖并进行有意识的躲避。

视崖装置的组成是这样的:在1.2米高的桌子上,放置一块透明的厚玻璃,桌子的一半铺着红白格图案的布料,这个布料与厚玻璃紧贴,视觉上感觉不到深度,称为浅滩。桌子的另一半也是相同的图案,放置在桌面下面的地板上,形成一种视觉上的深度,称为悬崖。在浅滩和悬崖的中间是一块0.3米宽的中间板,是一个能容纳会爬婴儿的平台。实验者将36名1—6个月大的婴儿放在视崖的中间板上,先让其母亲在悬崖一侧呼唤,然后再到浅滩一侧呼唤。结果显示:27位母亲在浅滩呼唤她们的孩子时,所有的孩子都会穿过玻璃来到母亲身边。当母亲换到悬崖一侧呼唤时,只有3名婴儿穿过玻璃。这说明婴儿已经意识到视崖深度的存在。

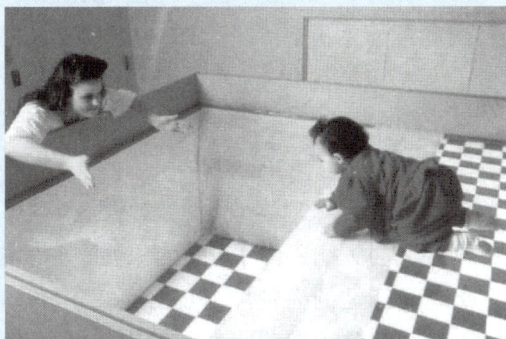

图4-1 "视崖"实验

3. 形状知觉

形状知觉是人们对物体形状的知觉能力。研究发现,8周的婴儿已经能够辨别不同的形状,并且婴儿对物体的形状有不同的偏好。月龄小的婴儿倾向于注视中等复杂程度的形状,而月龄大的婴儿则倾向于比较复杂的形状。

幼儿对不同几何形状的掌握顺序是:幼儿初期,能正确掌握圆形、正方形、三角形和长方形;幼儿中期,能够正确掌握圆形、正方形、三角形、长方形、半圆形和梯形;幼儿晚期,能够正确掌握圆形、正方形、长方形、半圆形、梯形、菱形、平行四边形、椭圆形等平面图形和球体、圆柱体、长方体、正方体等立体图形。

教师在教幼儿辨别图形时,如果只让幼儿看,不能用手摸,这样限制了触觉的参与,往往错误率比较高。如果让幼儿既能用手摸,还能用眼看、用嘴说,将视觉、触觉等多种感觉相结合,则对几何形状的感知效果最好。

学习思考

王老师在教小班幼儿认识正方形时,先将相应图形的模型分发给每名幼儿,然后让幼儿边看边用手沿着正方形的边缘触摸其轮廓。幼儿摸到拐角处的时候,要说出角的数量,最后还要说出图形的名称。几次下来,幼儿都能很好地掌握正方形。

4. 大小知觉

大小知觉是人们对物体的长度、面积、体积在量方面变化的反映。它是靠视觉、触觉和动觉的协同活动实现的,其中视知觉起主导作用。

婴儿已经具有大小知觉的恒常性。2.5—3岁的儿童已经能够依据语言指令拿出大皮球或小皮球,3岁以后对大小进行判断的精确度提高。研究表明,2.5—3岁是儿童判断平面图形大小能力急速发展的阶段。

幼儿判断大小的正确性,受图形形状的影响。一般来说,圆形、正方形和等边三角形的大小容易判断,而在判断椭圆形、长方形、菱形和五角形的大小时存在一定困难。

幼儿判断大小的能力还体现在判断的策略上。4—5岁幼儿判断大小时,要通过手逐块地去摸积木的边缘,或者把积木叠在一起。6—7岁的幼儿,由于生活经验的积累,能通过视觉一眼就判断出积木的大小。

（二）时间知觉的发展

时间知觉,是人对客观现象延续性和顺序性的感知。时间知觉的信息,既来自外部(经验、钟表),也来自内部(生物钟)。由于时间的抽象性,幼儿在时间知觉上存在困难,总体水平不高,表现出以下特点。

① 时间知觉的准确性与年龄存在正相关,即年龄越大,精确性越高。

② 时间知觉的发展与幼儿的生活经验存在正相关。婴幼儿往往以自己的生活作息制度作为时间判断的依据,如早上就是爸爸送我去幼儿园的时候,中午就是吃完午饭的时候,晚上就是睡觉的时候。

③ 幼儿对时间知觉的发展表现出从中间向两端、由近及远的发展趋势。幼儿先能理解的是天、小时,然后是周、月或者分、秒;在"天"中,最先理解的是"今天",然后是"昨天"和"明天"。

④ 幼儿理解和使用时间标尺(包括计时工具)的能力与年龄存在正相关。年龄较小的孩子往往不能理解计时工具的意义。大约到7岁,才开始利用时间标尺来估计时间。

学习思考

小雨特别喜欢看动画片《小猪佩奇》,但是长时间看电视对眼睛不好,于是妈妈就制定了规则,六点半才可以看动画片。这天小雨等得有点不耐烦了,就自己偷偷把时钟拨到了六点半。然后站在客厅里着急地喊:"妈妈,到六点半了,快点帮我把电视打开,《小猪佩奇》来不及了。"

案例中的小雨,开始有意识地借助计时工具(钟表)认识时间,但她不理解时间标尺的意义,而是借助作息制度(妈妈为她制定的有规律的生活事件——六点半才可以看动画片)来判断时间,这反映了幼儿时间知觉准确性差的特点。时间知觉的准确性,不仅影响幼儿的行为,还会影响到家园沟通。

思政园地

正是幼儿陆续入园的早上,于浩博妈妈满脸怒气,气冲冲地来到了杨园长的办公室,要为儿子讨个公道,原因是班里的王老师罚他儿子一整天都不能玩玩具。杨园长先把家长安抚下来,然后找到了当事人王老师询问此事。王老师一听,急了,赶紧向杨园长解释:"玩雪花片时,浩博总是抢别的小朋友手里的雪花片,我就对他说:'浩博,你再抢别人的玩具的话,就请你离开积木桌。'但我只是让他在积木桌旁边安静地待了5分钟,并没有不让他玩。"保育员也向园长证实情况属实。这下杨园长知道原因了,向家长解释道:"浩博妈妈,这是一个误会。小班孩子时间观念差,不能正确理解时间的意义,所以引起了这样的误会。"说着打开电脑,调出了昨天的监控视频,将事情的真相呈现给了家长,并且向家长道歉,家长反而不好意思了。

幼儿的时间知觉是其智力构成的重要组成部分，也是衡量其智力发展状况的一项重要指标。我们可以有意识地让幼儿经常地注意自己某一段活动的时间长短，丰富其关于时间的感性经验，如在孩子自己穿衣服、吃饭、游戏等活动结束时告诉他们(或要求他们自己估计)所耗费的时间。除此之外也可以设计一些帮助幼儿体验时间长短的游戏，如为了让幼儿了解一分钟有多长，可以用数数的方法加以衡量。如果幼儿不会数数，那就由大人看着表，让幼儿闭起眼睛默默地体验。

三、学前儿童感知觉的规律与活动的组织

学习思考

这天，我们中一班分享的是故事《大嘴蛙的早餐》。故事的内容是大嘴蛙吃过早饭后去散步，在散步的路上遇到了长颈鹿、大象、猴子和鳄鱼，大家互相问好并交流早上吃的什么。故事开始了："阳光明媚，在一个池塘边住着一只大嘴蛙，这天它吃过早饭要去散步了，走着走着，遇到了长颈鹿，大嘴蛙摘下帽子，朝长颈鹿点了点头，说：'早上好，长颈鹿，你早餐吃的什么呀？'长颈鹿伸伸脖子，说：'我早餐吃的是树叶，你早餐吃的是什么呀？'"朵朵老师一边绘声绘色地讲着故事，一边学青蛙呱呱叫，一蹦一跳的样子，还模仿起长颈鹿伸长脖子吃树叶。孩子们听得非常认真，当故事讲到重复部分"早上好，×××，你早餐吃的是什么呀？"时，孩子们能跟随老师一同说出故事内容。

朵朵老师的活动由于遵循了幼儿的感知觉发展规律，所以取得了预想的教学效果。请思考：儿童感知觉发展有哪些规律呢？如何根据规律组织教学？

(一)感觉规律与活动的组织

1. 感觉适应

(1)感觉适应的含义

感觉的适应是在外界刺激的持续作用下，感受性发生变化的现象。如人从明处进入暗处，眼睛需要适应一段时间，这属于感觉适应中的视觉适应。视觉适应分为明适应和暗适应。人由光亮的地方突然进入黑暗的地方，刚开始时会看不清东西，经过一段时间后，视觉感受性逐渐提高，能够识别黑暗中的物体，这个过程叫作暗适应。反之，人长时间在暗处而突然进入明亮处时，最初感到一片耀眼的光亮，不能看清物体，只有稍待片刻才能恢复视觉，这种视觉感受性降低的过程称为明适应。

除了视觉适应，感觉适应还包含嗅觉适应(《孔子家语》中所说的"入芝兰之室，久而不闻其香")、味觉适应(刚吃苹果有点酸，再吃几口就不会觉得酸了)、听觉适应(进入候车室后，感觉很嘈杂，过一会就好了)、肤觉适应(冬天幼儿在户外玩雪时，刚开始觉得手冷，过一会就不觉得冷了)。

(2)感觉适应与幼儿活动的组织

掌握了感觉适应的规律，我们就要遵循这些规律，有效应对幼儿的各种感觉现象。如由光亮的室外走入光线较暗的室内时，需要在门口停一会，要让幼儿的暗适应有个过程，避免发生摔跤、磕碰等安全事故；让幼儿闻气味时，不要闻得太久，以免因适应而分辨不出；播放音乐时，声音不要太大，以免幼儿的听觉感受性降低，损伤其听力。

2. 感觉对比

(1)感觉对比的含义

感觉对比是指不同刺激物作用于同一感受器，使感受性发生变化的现象。根据刺激呈现的时间不同，可以将感觉对比分为同时对比和继时对比。

同时对比指的是不同刺激同时作用于同一感受器时产生的感觉对比现象。仔细观察图 4-2 中间的

小灰色长方形,你觉得哪个更亮？其实这是两个一模一样的灰色长方形,只是分别被放在白色背景和黑色背景上,我们感觉放在黑色背景上的灰色图形亮一些。这也是为什么我们总觉得黑人的牙齿特别白。

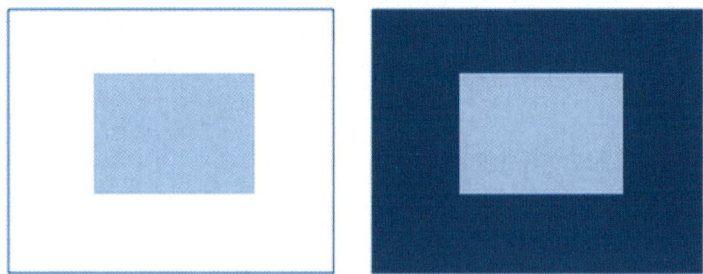

图4-2 明暗同时对比图

继时对比指当不同刺激先后作用于同一感受器时产生的感觉对比现象。例如：刚吃完苹果,再吃山楂,会觉得苹果很甜。

（2）感觉对比与幼儿活动的组织

掌握了感觉对比的规律,我们可以运用对比现象更好地组织活动。例如：为幼儿讲故事时,不要始终一种语调,要抑扬顿挫,通过声音的对比,吸引孩子们的注意力；在制作多媒体课件时,利用视觉上的对比,突出重点,让幼儿看得清楚。前文"学习思考"中的朵朵老师在讲故事时,就是通过声音的抑扬顿挫,达到了自己的教学目的。

知识拓展

感受性是感觉器官对适宜刺激的感觉能力,也就是人对刺激的感觉灵敏程度。比如喝了一口水,我们觉得它是甜的,这就是感受性。感受性分为绝对感受性和差别感受性。绝对感受性是感觉出最小刺激量的能力,而差别感受性是指在感觉上,能察觉出两个同类刺激物之间的最小差别量的能力。如在一杯100mL的凉开水中加入10g糖,感受不到甜味,再往里加15g糖,我们刚好能感觉到甜味,这是绝对感受性。此时,再往水中加入10g糖,我们会觉得更甜了,这是差别感受性。

感受性通过感觉阈限来测量,感觉阈限是指能够引起人的感觉的刺激范围,它分为绝对感觉阈限和差别感觉阈限。绝对感觉阈限是刚刚能引起感觉的最小刺激量,如上面我们有甜味的感觉时已经放入了25g糖,所以25g就是绝对感受阈限。差别感觉阈限,又称最小可觉差,是指刚刚能引起差别感觉的刺激的最小变化量,是将一个刺激与另一个刺激区别开来的最小差别量,如上面所加入的10g糖就是差别感受阈限。

3. 联觉

（1）联觉的含义

联觉是一种感觉引起另外一种感觉的现象。联觉是感觉相互作用的表现,常见的有色温联觉、色听联觉和视听联觉。色温联觉,如看到红色会觉得温暖,看到蓝色会觉得清凉。色听联觉,即对色彩的感觉能引起相应的听觉。视听联觉是人在声音的作用下产生某种视觉形象,如我们在听故事时,脑海中会出现某些形象和场景。

（2）联觉与幼儿活动的组织

掌握了联觉的规律,我们在布置幼儿园环境时,可以多采用一些暖色调,让幼儿在这样的环境中更温馨,更舒适。另外,借助幼儿的联觉,我们可以更好地开展音乐活动。如在奥尔夫音乐教学中,教师通常会让幼儿根据音乐的节奏做出不同的动作,这样可以增强幼儿对音乐作品的理解感受能力、表现能力。

4. 感觉代偿

（1）感觉代偿的含义

感觉代偿指人的某种感觉能力丧失后，为适应生活的需要，其他感觉的能力可以获得突出的发展，以资补偿。如盲人丧失了视觉，他的听觉更灵敏。

（2）感觉代偿与幼儿的感觉训练

在蒙台梭利看来，学前儿童处于各种感觉发展的敏感期，我们要抓住这一时期，依托游戏活动训练幼儿的各种感觉。常见的感觉训练游戏有视觉游戏、触摸觉游戏、听觉游戏和味觉游戏。

① 视觉游戏主要是训练孩子的视觉集中能力，对物体的追视能力，对物体的形状、大小、颜色的辨别能力。如给出两幅大体相同的图画，请幼儿寻找两幅画中的不同之处。

② 听觉游戏主要是训练幼儿的听觉集中，对声音的辨别以及运用声音记忆重整事物的能力。比如某大班幼儿教师规定了不同音符所对应的身体动作（1——两手下垂于体侧，3——两手叉腰，5——两手指尖触肩），然后分别在高音区和低音区弹奏单音，请幼儿根据听到的音符做出相应的动作，看谁做得又对又快。

③ 味觉游戏主要是训练幼儿对不同味道的识别，如大班幼儿教师将黄瓜汁、西瓜法、橘子汁分别倒在杯中，然后发给儿童几种食物的卡片，让幼儿一一品尝后，将图片放在对应味道的杯子前面。

④ 触摸觉游戏主要是训练幼儿感受所触碰物体的光滑度、形状等信息，并运用这些信息识别物体的能力。如幼儿园常见的"猜猜里面有什么"活动，将物体隐藏在口袋或者箱子中，让幼儿通过触摸，感受物体的形状、软硬、大小、光滑程度等。

除了游戏活动，教师还要结合幼儿的一日生活环节，进行随机教育。如吃饭或吃水果时，让儿童闭上眼睛，先用鼻子闻一闻味道，然后放进嘴里品尝一下，说一说温度、味道等。

（二）知觉规律与活动的组织

1. 知觉选择性

（1）知觉选择性的含义

知觉选择性指的是个体根据自己的需要与兴趣，有目的地把某些刺激信息或刺激的某些方面作为知觉对象而把其他事物作为背景进行组织加工的过程。在图4-3的"两可图"中你能看到什么？如果把中间的白色部分作为知觉的对象，我们看到的是杯子，如果把黑色的部分作为知觉的对象，我们看到的是两张人脸。

（2）知觉选择性与幼儿活动的组织

知觉选择性受到对象与背景的差别、对象的活动性以及刺激物本身各部分的组合等因素的影响，可以从以下三个方面入手，进行活动的组织。

图4-3 两可图

① 加大对象与背景之间的差别。对象与背景之间的差别越大，知觉对象越容易从背景中区别出来。如鹤立鸡群，鹤容易成为知觉的对象。为此，教师的板书、挂图和PPT可以通过颜色上的对比、粗线条、粗体字或者使用彩色笔标记等方式突出知觉对象。如在艺术领域活动"夸夸我的家乡"中，为了让孩子发现歌词的构成规律，杨老师进行了如图4-4的设计。

② 多采用直观、生动的知觉对象。在固定不变的背景上，活动的刺激容易被知觉。如大街上一闪一闪的霓虹灯容易引起人的知觉。根据这一规律，教师应该尽可能多地利用活动模型、玩具或者幻灯片、录像等，使幼儿获得清晰的知觉。例如，教师一边讲故事，一边学青蛙一蹦一跳，还模仿长颈鹿伸长脖子吃树叶，这

图4-4 歌词图示

种生动、直观的画面更容易引起幼儿的知觉。

③ 刺激物本身各部分的组合。一般来说，在视觉刺激中，距离或者形态接近的各部分容易组成知觉的对象，在听觉刺激中，刺激物各部分在时间上的组合，即时距的接近也是影响知觉对象的重要因素。根据这一规律，教师在绘制挂图时，为了突出需要观察的对象或者部分，周围最好不要出现类似的图形，或者使用明显的颜色来绘制观察对象。教师在讲课时应该注意声调的抑扬顿挫，在讲授重点时要加强语气，切不可平铺直叙，否则幼儿抓不住重点。例如，前文"学习思考"中的朵朵老师就是运用声音上的组合，即声音抑扬顿挫来引起和保持幼儿长时间的知觉。

2. 知觉理解性

（1）知觉理解性的含义

知觉理解性即人们以已有的知识经验为基础去理解和解释事物，并用词语进行标示，以使它具有一定的意义。如在罗夏墨迹测验中，我们看到的是同一幅墨迹图，但是每个人的知识经验不同，因此会给同一事物赋予不同的含义。

（2）知觉理解性与活动的组织

由于知觉的理解性是以知识经验为基础的，因此有关知识经验越丰富，对知觉对象的理解就越深刻、越全面，知觉也就越来越迅速、完整和正确。

根据这一规律，要使幼儿对知觉的对象能够正确迅速地理解，平时就必须从各方面丰富幼儿的知识经验。例如，组织幼儿参观、游览，扩大幼儿的视野，同时要注意联系幼儿已有的知识经验。

3. 知觉整体性

（1）知觉整体性的含义

知觉对象由不同的属性、不同的部分组成，但是人并不把知觉对象感知为个别的孤立部分，而是把它知觉为一个统一的整体，这就是知觉的整体性。比如歌曲与旋律是两回事，但是我们通常将它们知觉为一个整体，即一首歌。

（2）知觉整体性与幼儿活动的组织

知觉的整体性受知识经验的影响，知觉经验越丰富，越能识别出事物的关键特征，精确地把握知觉对象。根据这一规律，要帮助幼儿开阔眼界，丰富其各种知识经验。

4. 知觉恒常性

（1）知觉恒常性的含义

知觉恒常性指当知觉的条件在一定范围内改变时，知觉映象仍保持不变。知觉恒常性包括大小恒常性、形状恒常性和颜色恒常性等。大小恒常性指在一定范围内，个体对物体大小的知觉不完全随距离变化而变化，其知觉映象仍保持原有大小，如一个人越走越远，我们仍然将其知觉为先前的身高，并不会认为其身材变小。形状恒常性指对一个客体的常见形状的知觉，不管这个客体因远近不同而引起的透视上的差异。如不管门是半开还是全开，我们都能知道它是长方形。颜色恒常性，如一个红色的杯子放在阳光下，背光面虽然颜色发生变化，但我们仍然知道它是红色的。

（2）知觉恒常性与幼儿活动的组织

知觉恒常性使人在不同条件下，始终保持对事物本来面貌的认识。根据这一规律，我们就要对幼儿进行训练，让其知道无论观察对象的位置、远近如何变换，事物始终保持不变。

第三节　学前儿童观察力的发展与培养

世界著名生理学家巴甫洛夫在他的研究院门口的石碑上刻下了"观察、观察、再观察"的铭文。达尔文也曾经说过："我没有突出的理解力，也没有过人的机智，只是在觉察那些稍纵即逝的事物并对它们进行精细观察的能力上，我可能是中上之人。"可见，观察力对一个人的成功是至关重要的。那什么是观察？

一、 观察的概念

观察是有目的、有计划、比较持久的知觉过程。观察不等于观察力,每个人都有观察这种行为,可有人观察仔细,有人观察马虎,体现了观察力的差异。观察力是一种能力,是智力的重要组成部分。

观察力是需要培养的,我们要结合幼儿观察的特点,才能开展有针对性的培养。幼儿观察有什么特点呢?

二、 幼儿观察的特点

幼儿观察的发展特点,体现在以下五个方面。

1. 幼儿观察的目的性不断增强,从无意到有意

小班幼儿不能自觉地进行观察,观察中容易受到外界因素的干扰,需要成人的要求,到了中、大班,幼儿观察的目的性逐渐加强,能按照成人的要求和任务进行观察。

2. 观察的持续性逐渐增强,持续时间从短到长

幼儿观察持续的时间随着年龄的增长有显著提高,实验研究表明:3—4 岁幼儿观察的持续时间为 6 分 8 秒,5 岁幼儿增加到 7 分 6 秒,6 岁以后可达到 12 分 3 秒。观察持续时间的长度除了受年龄制约,也受到兴趣的影响,一般来说幼儿对于感兴趣的事物,观察持续时间更长。

3. 观察的细致性逐渐增强,从粗大到精细

幼儿观察一般是笼统、不细致的,通过训练,细致性得到一定程度的提高。小班幼儿只看到面积大的和突出的、明显的部分,不会注意到事物的细节,而大班幼儿观察的细致性已经有所提高,能对隐蔽的、细致的特征进行观察。

4. 观察的概括性逐渐提高,从表面到本质

观察的概括性,指能够观察到事物之间的联系。据研究,儿童对图画的观察逐渐概括化,可分为四个阶段。

① 认识"个别对象"阶段,幼儿只能对图画中各个事物孤立、零碎地知觉;

② 认识"空间联系"阶段,幼儿只能感知到事物之间外表、空间位置的联系;

③ 认识"因果联系"阶段,幼儿能观察到事物之间不能直接感知的因果联系;

④ 认识"对象总体"阶段,幼儿能够观察到图画中事物的整体内容,理解图画主题。

小班幼儿观察时,只能观察到单个事物;中班幼儿能感知各事物间外表、空间位置的联系;大班幼儿能够观察到事物之间的因果关系,把握图画主题要等到小学阶段才能完成。

5. 观察方法逐渐形成

幼儿的观察,是从跳跃式、无序的,逐渐向有顺序性的发展。幼儿初期观察通常是跳跃式的,东看一眼西看一眼,没有顺序;到了幼儿晚期,经过教育,幼儿逐渐学会按照顺序观察,如按照从里到外、从上到下、从左到右的顺序进行观察。

真题链接

(2018 年下半年真题)小班幼儿观察植物时,下列哪条目标最符合他们的发展水平?
（ ）

参考答案

A. 能感知到周围的植物是多种多样的

B. 会观察记录植物生长的变化和过程

C. 能察觉到植物外形特征与生存环境的适应关系

D. 能发现不同种类植物之间的差异

三、 幼儿观察力的培养策略

夸美纽斯说:"一个人的智慧应从观察天上和地下的实在的东西中来,同时观察越多获得的知识越牢固。"幼儿期对周围的一切新奇东西都充满了极大兴趣,因此我们要把握好这个时期对幼儿敏锐观察能力的培养。

(一) 遵循幼儿兴趣,创设观察条件

俗话说:"兴趣是最好的老师。"只有对事物产生浓厚的兴趣,幼儿才会积极主动地去观察,因此教师要善于发现幼儿的兴趣点,在兴趣的基础上创设观察条件。

学习思考

有一次吃午餐时,吃的是蒜蓉油麦菜,正吃着呢,嘟嘟说:"这个菜里有大蒜,妈妈说大蒜能杀菌,可是大蒜到底是怎么长出来的呀?"有的说是很高很大的树上长的,有的说是草上长的,有的说把大蒜种在地里,就能长出来。孩子们你一言我一语,叽叽喳喳地讨论起来,看到孩子们这么感兴趣,亚楠老师利用休息时间去超市买了一袋大蒜,分发给每名幼儿一瓣大蒜,让幼儿将大蒜种在盆里观察大蒜的生长状况。

(二) 明确观察的目的,增强观察的时效性

遵循幼儿兴趣,创设观察环境,只是第一步。我们知道幼儿不善于自觉的、有目的的观察,需要在成人的要求下进行,因此教师要时刻关注幼儿的观察过程,适时提出具体、明确的要求。

学习思考

鉴于孩子们最近对大蒜特别感兴趣,小鱼老师在自然角的花盆里投放了很多大蒜的种子,刚开始的时候,自然角非常热闹,可好景不长,过了几天,自然角居然没几个人了。小鱼老师很纳闷,于是开始仔细观察孩子们在自然角的行为。一天乐乐跟毛毛说:"每天都来看啥呀,真没意思。"这时候小鱼老师突然意识到,原来孩子们没有观察目的,不知道观察什么。于是小鱼老师开始给孩子们布置任务:每天大家都要给自己的种子浇水,离园之前,查看种子的状态,记录什么时候生根,什么时候钻出小嫩芽,什么时候长叶。为了方便孩子们记录,小鱼老师给孩子们每人配备了一张记录表,这下自然角又热闹起来了。

从"学习思考"中不难看出,观察的效果取决于观察目的是否明确。如果观察目的明确,幼儿观察时积极性就高,针对性就强,对观察对象的感知就比较完整、清晰。

(三) 创设观察环境,加强观察的深刻性

《纲要》中指出:"环境是重要的教育资源,应通过环境的创设和利用,有效地促进幼儿的发展。"因此,教师要时刻注意幼儿的状态,根据幼儿的需要,不断地变化观察环境,在观察过程中适时对幼儿开展指导,

提高观察的深刻性。如上述案例中的小鱼老师为了让幼儿对大蒜的生长有较直观的感知,在自然角创设了大蒜的种植环境,并且通过生长记录表,引导他们在不同的时间段观察,并做好观察记录,以此来加强幼儿观察的深刻性。

(四)掌握观察方法,提高观察的准确性

幼儿初期的观察通常没有目的,受兴趣的影响较大,观察不准确、不全面,因此教师在组织幼儿进行观察时,必须教给幼儿观察的方法,指导幼儿有序、全面而细致地进行观察。如高老师带领幼儿认识苹果时,先让其观察苹果的颜色、形状,接下来将苹果切开,请他们观察果肉的颜色、种子的形状,使幼儿掌握了从外到内的观察方法。

(五)调动多种感官,提高观察的全面性

幼儿注意的稳定性差,长时间只运用一种感官就会产生疲劳,因此成人要调动幼儿的视觉、听觉、触觉、嗅觉等多种感官进行观察,这样幼儿的兴奋中心能不断转移,又不离开所观察的事物,有利于大脑对事物进行全面的分析与综合。

学习思考

一位教师带来一个装有水果的神秘袋,首先,请两名小朋友上前,一名小朋友通过摸一摸的方式,另一名小朋友通过闻一闻的方式,猜测袋子里装的是什么;然后,教师将水果取出,验证两名小朋友的猜测结果,并请其看一看水果的颜色、形状;最后,教师将水果切开,请小朋友品尝,说一说水果的味道。

请思考:如果你是老师,围绕水果这一主题,你还会开展哪些活动培养幼儿的观察能力?

学习小结

感觉是人脑对直接作用于感觉器官的客观事物的个别属性的反映;知觉是人脑对直接作用于感觉器官的客观事物的整体属性的反映。

感觉和知觉是两个不同的概念,区别在于:一是,产生的来源不同;二是,反映的具体内容不同。两者的联系是:感觉是知觉的基础,为知觉提供必要的信息;知觉是感觉的结果,受个体知识经验、个体心理特征的影响。

学前儿童感觉的发展主要表现在视敏度、颜色视觉两方面:

1. 幼儿视敏度的发展。幼儿的视力不及成人,处于不断的增长中。因此,不要让幼儿看画面或字体很小的图书,同时注意幼儿与视觉刺激之间的距离。

2. 幼儿颜色视觉的发展。3—4岁的幼儿,能初步辨认基本色,辨认混合色与近似色时存在困难,不能正确说出颜色名称;4—5岁的幼儿,能区分基本色与近似色,能正确地说出基本色的名称;5—6岁的幼儿,不仅能认识颜色,还能注意到颜色的明度和饱和度,辨认更多的混合色,能正确地说出更多的颜色名称。

婴幼儿的触觉主要有两种形式:口腔探索和手的探索,这两种形式是婴幼儿认识周围事物的重要手段,家长不要责备或者禁止,要允许并鼓励孩子进行必要的探索,但家长要保证探索过程中环境的安全、卫生。

幼儿知觉的发展主要表现在空间知觉(方位知觉、形状知觉等)和时间知觉两方面:

1. 幼儿方位知觉的发展顺序：3 岁正确辨别上下，4 岁正确辨别前后，5 岁开始以自身为中心辨别左右，7—8 岁以他人为中心辨别左右。幼儿辨别左右比较困难，教师应使用镜面动作或者将左右方位与实物相结合。

2. 幼儿对不同几何形状的掌握顺序是：幼儿初期，能正确掌握圆形、正方形、三角形和长方形；幼儿中期，能够正确掌握圆形、正方形、三角形、长方形、半圆形和梯形；幼儿晚期，能够正确掌握圆形、正方形、长方形、半圆形、梯形、菱形、平行四边形、椭圆形等平面图形和球体、圆柱体、长方体、正方体等立体图形。在教幼儿辨别图形时，要调动其视觉、触觉等，多种感觉相结合认识图形。

3. 幼儿时间知觉具有以下特点：

① 时间知觉的准确性与年龄存在正相关，幼儿时间知觉准确性不高。

② 时间知觉的发展与幼儿的生活经验存在正相关。幼儿往往以自己的生活作息制度作为时间判断的依据。

③ 幼儿对时间知觉的发展表现出从中间向两端、由近及远的发展趋势。

④ 幼儿理解和使用时间标尺的能力与年龄存在正相关。年龄较小的孩子往往不能理解计时工具的意义。

感觉特性与幼儿的活动组织：

1. 感觉的适应是在外界刺激的持续作用下，感受性发生变化的现象。我们要依据感觉适应的规律，安排各种活动，如由室外走入室内时，在门口短暂停留；让幼儿闻气味时，不要闻得太久；播放音乐时，声音不要太大。

2. 感觉对比是指不同刺激物作用于同一感受器，使感受性发生变化的现象。掌握了感觉对比的规律，在为幼儿讲故事时，注意语调的抑扬顿挫；制作多媒体课件或制作直观教具时，注意颜色搭配。

3. 联觉是一种感觉引起另外一种感觉的现象。在布置幼儿园环境时多采用暖色调；在音乐活动中，感知音乐作品的节奏、内涵等。

4. 感觉代偿是指人的某种感觉能力丧失后，为适应生活的需要，其他感觉的能力可以获得突出的发展，以资补偿。教师可以设计游戏训练幼儿的各种感觉。

知觉特性与幼儿的活动组织：

1. 知觉的选择性，指个体根据自己的需要与兴趣，有目的地把某些刺激信息或刺激的某些方面作为知觉对象而把其他事物作为背景。因此要加大对象与背景之间的差别，多采用直观、生动的知觉对象，刺激物各部分之间进行合理组合。

2. 知觉理解性即人们以已有的知识经验为基础去理解和解释事物，并用词语进行标示，以使它具有一定的意义。为此，要丰富幼儿的知识经验，并在组织活动时联系幼儿已有的知识经验。

3. 知觉的整体性指人并不把知觉对象感知为个别的孤立部分，而是知觉为统一的整体。为此教师要帮助幼儿开阔眼界，丰富幼儿的各种知识经验。

4. 知觉恒常性指当知觉的条件在一定范围内改变时，知觉映象仍保持不变。根据这一规律，我们就要对幼儿进行训练，让其知道无论观察对象的位置、远近如何变换，事物始终保持不变。

观察是有目的、有计划的比较持久的知觉过程，是知觉的高级形态，属于智力的组成部分。幼儿观察具有以下五个特点：(1)幼儿观察的目的性不断增强，从无到有；(2)观察的持续时间逐渐延长；(3)观察的细致性逐渐增加，从粗大到精细；(4)观察的概括性逐渐提高，从知觉事物的表面到本质；(5)观察方法逐渐形成。我们要根据幼儿的观察特点，进行观察能力的培养：遵循幼儿兴趣，创设观察条件；明确观察的目的，提高观察的时效性；创设观察环境，提高观察的深刻性；掌握观察方法，提高观察的准确性；调动多种感官，提高观察的全面性。

聚焦国考

一、单项选择题(每题 3 分,共计 30 分)

1. "视崖实验"证明,6 个月以上的婴儿已经存在一定的(   )。

A. 距离知觉　　　　B. 大小知觉　　　　C. 形状知觉　　　　D. 深度知觉

2. 吃水果时,幼儿告诉老师舌头疼,不敢吃。这属于外部感觉中的(   )。

A. 味觉　　　　　　B. 机体觉　　　　　C. 平衡觉　　　　　D. 运动觉

3. 幼儿如厕时觉得臭,会用手捂住鼻子,待的时间长了就不会觉得臭了,这是(   )现象。

A. 感觉适应　　　　B. 同时对比　　　　C. 继时对比　　　　D. 感觉代偿

4. (   )是孩子辨别平面图形大小能力急剧发展的阶段。

A. 1.5—2 岁　　　　B. 2—2.5 岁　　　　C. 2.5—3 岁　　　　D. 3 岁以后

5. 成人与幼儿对一幅画的知觉有明显差异,幼儿只会看到这幅画的主要构成,而成人看到的是画面意义。这反映的知觉特性是(   )。

A. 理解性　　　　　B. 选择性　　　　　C. 恒常性　　　　　D. 整体性

6. 看书时,用红笔画出重点以便于下次阅读,这利用了知觉的(   )特性。

A. 整体性　　　　　B. 选择性　　　　　C. 理解性　　　　　D. 恒常性

7. 幼儿观察的发展,不包括(   )的发展。

A. 目的性　　　　　B. 观察方法　　　　C. 直观性　　　　　D. 概括性

8. 为幼儿布置观察任务时,需要考虑年龄,以下所述适合小班幼儿进行观察的是(   )。

A. 小蝌蚪的生长过程　　　　　　　　　B. 小蝌蚪的形状、颜色

C. 小蝌蚪和青蛙的区别　　　　　　　　D. 绘制小蝌蚪的生长流程图

9. 给幼儿听 10 分贝的声音时,他说听不到,而将声音调到 20 分贝时,幼儿就能听到,这属于(   )。

A. 绝对感受性　　　　　　　　　　　　B. 差别感受性

C. 感受性　　　　　　　　　　　　　　D. 感受性的差异

10. (   )的出现是出生头半年婴儿认知发展的里程碑。

A. 手眼协调动作　　　　　　　　　　　B. 触觉

C. 口腔探索　　　　　　　　　　　　　D. 感知觉

二、简答题(每题 5 分,共计 20 分)

1. 简述幼儿方位知觉的发展顺序。
2. 简述幼儿观察的发展特点。
3. 简述感知觉的作用。
4. 简述幼儿时间知觉的发展特点。

三、论述题(每题 10 分,共计 20 分)

1. 如何运用知觉的选择性规律组织教育教学?
2. 如何根据感觉对比组织教育教学?

四、材料分析题(每题 15 分,共计 30 分)

1. 小可是一个活泼可爱的男孩,今年 4 岁了。经常听到小可的妈妈批评他:都上幼儿园了,还总是穿错鞋子,你怎么就这么笨呢? 左脚和右脚明明就不一样,穿反了肯定也很不舒服,你用眼睛稍微观察一下就知道哪个应该穿左脚,哪个应该穿右脚。妈妈非常生气,但是也很苦恼:小可每次穿鞋,都穿不对。不

光妈妈苦恼,其实小可也很郁闷:拿着鞋看来看去也看不懂。

这是怎么回事?

2. 我们小班教室位于底楼,由于受潮的关系,柜子下面、地板缝里、走廊里时而有蚂蚁、小虫子之类的小昆虫出现。吃过午饭孩子们喜欢搬上小椅子和同伴一起坐在走廊里晒晒太阳,玩一些安静的小游戏。不过小班幼儿好动,他们在走廊里一刻都不会停下来。没过多久,细心的孩子便发现了台阶下有许多蚂蚁。每次上厕所、洗手后,孩子们第一件事便是去看蚂蚁,乐而忘返。我见孩子们对蚂蚁产生了浓厚的兴趣,而且天天"看望"蚂蚁,建立了一定的感情基础。于是我决定开展一次关于蚂蚁的教学,由于蚂蚁比较小,有些细小的地方孩子们用眼睛不易看清楚。同时,由于孩子们还处于小班时期,观察事物比较表面和片面,不会深入、全面地观察和分析。于是我选择了很多蚂蚁的图片,准备了蚂蚁的模型等辅助材料帮助幼儿整理、构建关于蚂蚁的知识网络。

请说一说教师是如何培养幼儿观察能力的。

第五章

记忆——学习之母

本章学点

1. 情感：结合记忆规律提高学习效率，对学习充满热情。
2. 认知：了解记忆的种类，理解记忆的概念，掌握儿童记忆的发展特点及培养策略。
3. 技能：依据儿童的记忆特点，恰当运用记忆的培养策略，帮助其提高记忆能力。

思政园地

　　宋朝有个书生叫陈正之，他看书特别快，虽一目十行，但囫囵吞枣。所以，他花费了很多时间和精力读了许多书，可是读过的书很快就忘记了。他很苦恼，怀疑是自己记忆力不好。

　　后来，他正好遇到了当时的著名学者朱熹，于是迫切地向朱熹请教。朱熹了解了他的读书方法后，忠告他说：读书不要只图快，哪怕每次只读五十字，重复读上多遍，也比这样一味往前赶效果好。读的时候要用脑子想、用心记。陈正之终于发现自己记不住的原因在于读书方法不当，他忽视了对知识的理解和记忆。陈正之接受了朱熹的建议，每读完一段，他就想想这段都讲了些什么、有几个要点，并反复读，直至弄懂背熟。通过恰当的读书方法，陈正之的知识与日俱增。后来，他终于成了一位饱学之士。

知识导图

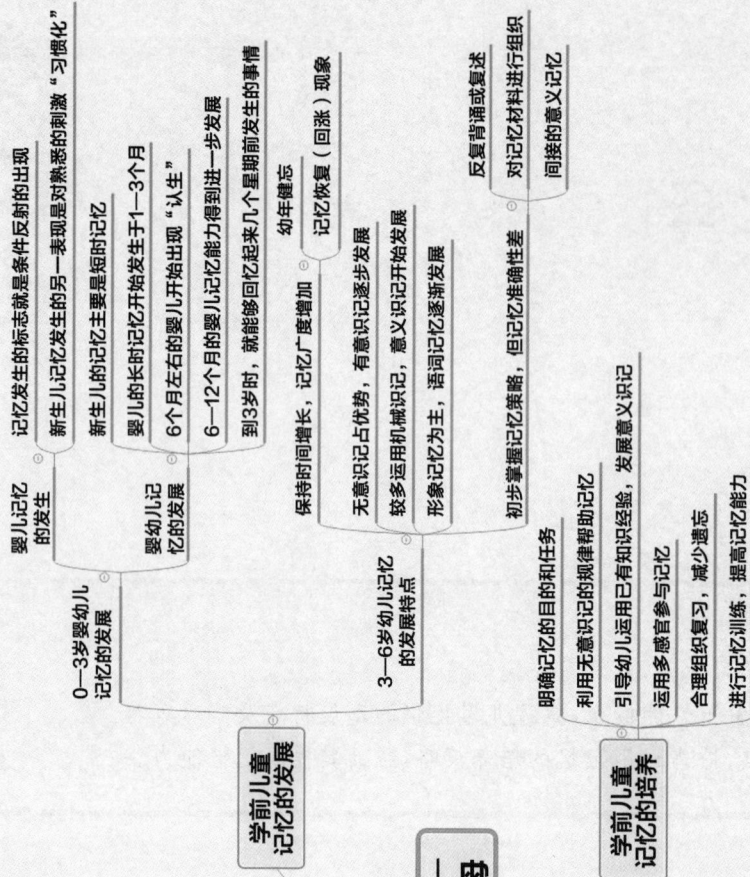

记忆——学习之母

记忆的概述

- **记忆的定义**
  - 人脑对过去经验的反映
- **记忆的基本过程**
  - 识记
    - 人们通过反复感知从而识别并记住事物的过程
    - 种类
      - 根据识记的目的性
        - 无意识记
        - 有意识记
      - 根据识记的理解程度
        - 机械识记
        - 意义识记
  - 保持
    - 是识记的事物在头脑中储存和巩固的过程
    - 遗忘的速度是先快后慢，不均衡的
  - 回忆
    - 是对头脑中保持记忆内容的提取过程
    - 种类
      - 再认
      - 再现
- **记忆的类型**
  - 根据记忆的内容分类
    - 运动记忆
    - 情绪记忆
    - 形象记忆
    - 语词记忆
  - 根据记忆保持时间分类
    - 瞬时记忆——只能保持在0.25秒到2秒的记忆
    - 短时记忆——能够储存1—2分钟以内的记忆
    - 长时记忆——保持时间在1分钟以上，甚至保持终身的记忆
  - 根据信息加工与存储的内容分类
    - 陈述性记忆
    - 程序性记忆

学前儿童记忆的发展

- **0—3岁婴幼儿记忆的发展**
  - 婴儿记忆的发生
    - 记忆发生的标志就是条件反射的出现
    - 新生儿记忆发生的另一表现是对熟悉的刺激"习惯化"
    - 新生儿的记忆主要是短时记忆
  - 婴幼儿记忆的发展
    - 婴儿的长时记忆开始发生于1—3个月
    - 6个月左右的婴儿开始出现"认生"
    - 6—12个月的婴儿记忆能力得到进一步发展
- **3—6岁幼儿记忆的发展特点**
  - 到3岁时，就能够回忆起来几个星期前发生的事情
    - 幼年健忘
    - 记忆恢复（回涨）现象
  - 保持时间增长，记忆广度增加
  - 无意识记占优势，有意识记逐步发展，意义识记逐渐发展
  - 较多运用机械识记，语词记忆开始发展
  - 形象记忆为主，语词记忆逐渐发展
  - 初步掌握记忆策略，但记忆准确性差
    - 反复背诵或复述
    - 对记忆材料进行组织
    - 间接的意义记忆

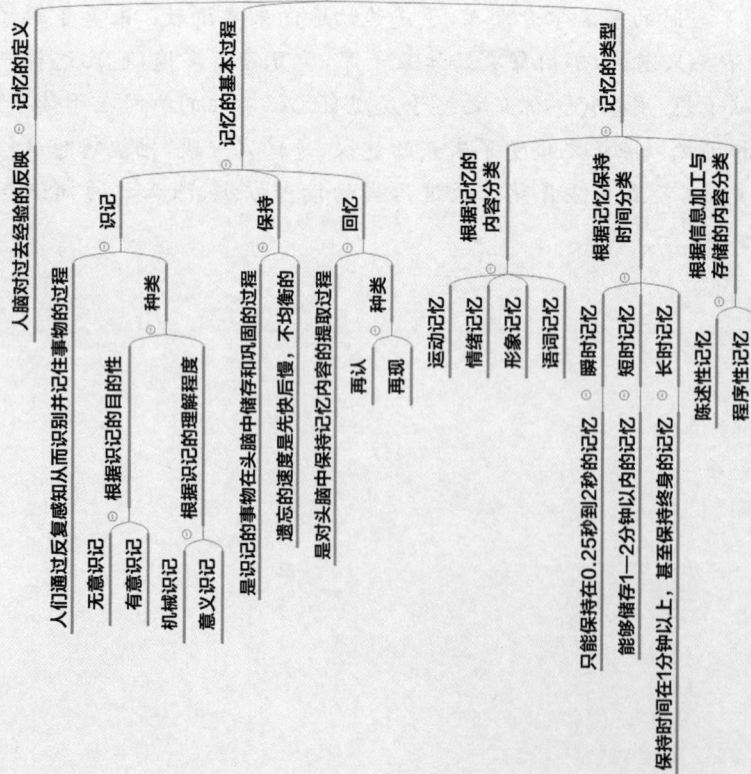

学前儿童记忆的培养

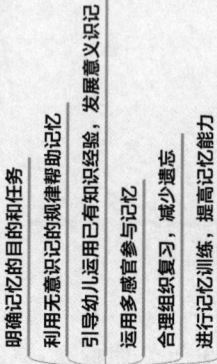

- 明确记忆的目的和任务
- 利用无意识记的规律帮助记忆
- 引导幼儿运用已有知识经验，发展意义记忆
- 运用多感官参与记忆
- 合理组织复习，减少遗忘
- 进行记忆训练，提高记忆能力

纵观学术研究和实际生活，我们都必须承认记忆对人类学习的重要性。可以说，记忆是学习之母。那么，学前儿童的记忆是怎样发展的？我们应如何帮助他们发展记忆能力呢？通过本章对于记忆的定义、儿童记忆的发展特点以及记忆的培养策略等知识的学习，会得到答案。

第一节 记忆的概述

一、记忆的定义

记忆是人脑对过去经验的反映，是进行想象、思维等高级心理活动的基础，对人的正常工作、学习和生活有着非常重要的作用。记忆的基本过程是由识记、保持、回忆三个环节组成的。

(一) 识记

识记是人们通过反复感知从而识别并记住事物的过程。它是记忆的开端，是保持环节的必要条件。识记过程就像在电脑的硬盘中录入数据，人脑记住了信息，就像外部信息转化成为计算机语言录入到硬盘中保存一样。

1. 根据识记的目的性，分为无意识记和有意识记

无意识记指没有预定目的，不需要意志努力参与，也不需要采用任何专门、有效的方法所进行的识记。日常生活中一些偶然的事件，都有可能被自然而然地记住。例如，电视剧中的某一个情节因为非常好笑自然而然就被我们记住了，我们对这个情节的识记，事前没有明确的目的，也没有运用记忆方法和策略，是一种被动的记忆。"潜移默化""耳濡目染"，实际上表达的就是无意识记对儿童成长的重要作用，0—6 岁儿童的学习大多是依靠无意识记获得的。

而有意识记是有预定目的，需要意志努力的参与，需要运用一定的方法和步骤的识记。无意识记是被动的，接受信息可能只是片段、部分环节，是碎片化的，而有意识记则是主动的，是由自我控制的，可以使人获得的记忆内容和信息更加全面、系统及完整。在实际生活中，我们为了掌握系统的知识、技能或不能自然而然记住的信息，就需要依靠有意识记。比如，幼儿学习一首儿歌或一套舞蹈动作等的记忆就是有意识记，因为幼儿是有一定的识记目的的，需要努力才能学会。有意识记是复杂的智力活动和意志活动，是积累知识经验、动作技能的主要途径，特别是在人类的学习活动中起着非常重要的作用。

2. 根据识记的理解程度，分为机械识记和意义识记

机械识记是指根据事物的表面特征采用简单重复的方式而进行的记忆。一般来说，诸如电话号码、历史年代、元素符号、人名、地名等材料基本上无内在联系或无意义，只得根据外在顺序去强记。另外，如果学习材料虽然本身有意义，但对学习者来说过于深奥，难以理解，学习者也只能用机械识记来记忆，如一些深奥的定理、公式等。机械识记的优点是保证记忆的准确性。但因为机械识记的材料没有进行意义编码很容易受到干扰，发生遗忘，并且识记的容量也十分有限，所以它的缺点是效率低。

而意义识记是在对学习材料理解的基础上，通过材料内容的内在联系或者和已有的知识经验之间的联系而进行的记忆。意义识记一般有两种情况：一是材料本身有意义，学习者可以掌握其内在联系和利用已有的知识经验去理解其意义。例如，把握课文的中心思想、数学公式的推导、化学物质反应等。二是材料本身虽然不具有内在意义或意义不大，但学习者可以人为地赋予材料某种意义，便于识记。

知识拓展

中华民族的发展史是非常久远的,经历了许多的朝代更替。在记忆中国历史各朝代时,如果进行机械识记需要很久的时间。所以有人采用了"歌谣记忆法",将中国历史各朝代编成了口诀:夏商与西周,东周分两段,春秋和战国,一统秦两汉,三分魏蜀吴,二晋前后沿,南北朝并立,隋唐五代传,宋元明清后,皇朝至此完。结果,人们就可以简单而快速地记住各朝代,并经年不忘。

(二)保持

保持是记忆的第二个环节,是识记的事物在头脑中储存和巩固的过程。保持也是记忆的中心环节,是实现后续回忆的必要前提。能否保持信息以及保持时间长短是评价记忆能力高低的重要指标。

保持是一个动态的过程,在保持环节,存储的内容会发生变化。记忆内容发生的最明显变化就是遗忘。遗忘是记忆的丧失,是识记过的内容在一定条件下不能或错误地提取,它和记忆是相对立的。遗忘有积极和消极两种作用。积极作用表现在对一些无关紧要的、错误的信息,一些负面的情绪反应以及干扰现象的遗忘,能使人们拓展记忆空间,有利于后续高效的记忆。而对于系统学习到的知识、技能、行为习惯等,遗忘是有消极作用的。

遗忘分为暂时性遗忘与永久性遗忘两种类型。暂时性遗忘一般是长时记忆的遗忘,它是由于长时记忆的存储内容,受到某些干扰而不能顺利被提取回忆,但在适宜条件下,还可以恢复。例如,幼儿在表演时,因为太过于紧张,忘记了舞蹈动作,演出结束后,不紧张了,又想起来了,这就是暂时性遗忘。而永久性遗忘一般是短时记忆的遗忘,短时记忆的材料没有经过及时复习,所以没有转入长时记忆,于是便没有储存下来。如为了拨打一个陌生的电话号码,只是临时记忆了一下,之后如果不再重复记忆,就永远也记不起来了。

德国心理学家艾宾浩斯是系统研究人类遗忘现象的先驱,他采用了实验研究的方法,发现了遗忘特有的规律。他以无意义的音节如 XIQ、MAG、ZEH 等作为实验的学习材料,以自己作为被试,在识记学习材料后,每隔一段时间重新学习,记录重学时所节省时间和次数。然后他将实验数据绘制成一条曲线,通过对实验数据的记录整理总结出遗忘的规律,他绘制的这条曲线被称为艾宾浩斯遗忘曲线(图5-1)。

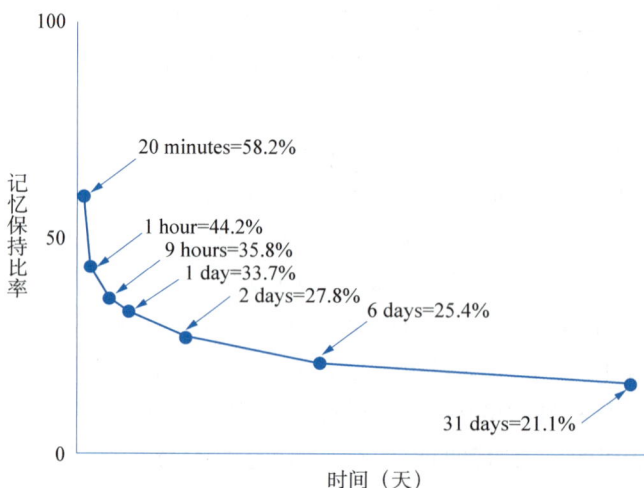

图5-1 艾宾浩斯遗忘曲线

艾宾浩斯遗忘曲线,它的纵坐标代表记忆保持比率,横坐标代表保持的时间。从遗忘曲线我们可以看出遗忘发展的规律,即遗忘进程是不均衡的,遗忘的速度先快后慢,在识记的最初遗忘最快,之后逐渐变慢,一段时间后几乎不再遗忘。

（三）回忆

回忆是记忆的最后一个环节,是对头脑中保持记忆内容的提取过程,分为再认和再现两种。

1. 再认

再认是对识记过的事物再次出现时能够识别和确认。它是回忆的初级表现,因为事物就在眼前,或者有其他线索作为提示,因此再认是比较容易的。比如,我们从小到大各类考试中都出现过的选择题这种题型,如果之前曾经复习过相应的知识,就会比较容易选择到正确的答案。再认的快慢和准确性一般取决于以下四个方面:识记是否准确,保持是否遗忘,再认的事物与识记过的事物相似程度以及相关因素的线索。所以,当识记的准确度越高,记忆保持得越牢固,保持的时间越长,需要再认的事物与原来识记的事物一致性越高,再认就越迅速、越准确。反之,再认就越慢、越不准确。

再认常见发生的错误主要有两种:一种是不能再认,是由于遗忘所导致的完全无法认出以前识记过的事物;一种是错认,是由于识记时神经联系的泛化导致将没有识记过的事物错认为识记过的事物。

2. 再现

再现是之前识记过的事物不在面前时也能够在头脑中重新呈现出来的过程。例如面对教师的提问时,学生要把头脑中储存的有关知识提取出来。再现的快慢和准确性主要受以下三方面因素的影响:需要再现的材料数量,识记时对材料的组织程度,情绪。如果需要再现的材料数量越少,识记时记忆材料组织程度越高,再现时情绪越积极饱满,再现所需要的时间就越短、准确性越高。反之,时间越长、准确性越低。

再认和再现本质上是一致的,都是检索与提取信息的过程,它们只是在程度上存在差异,再现以再认作为基础,能够再认的经验不一定能再现出来,能再现的经验一定可以再认。

识记、保持、回忆这三个记忆的环节之间有着密切的联系。识记是保持和回忆的前提;保持是识记和回忆的中间环节,没有保持也就没有回忆;回忆是识记和保持的结果,是评估识记和保持效果的指标,并且能够巩固和加强识记与保持。三者相互联系、相互制约、缺一不可。

知识拓展

> 一目十行,过目成诵一直是古今学子所追求、期待具备的能力。我国历史上,也记载了一些这样的奇才。如东汉时期大天文学家张衡,《后汉书·张衡传》中曰:"吾虽一览,犹能识之。"可见张衡的记忆力了得。东汉无神论思想家王充"好博学而不守章句""读书十行俱下",勤学强记,博览百家。前秦王符坚之弟符融,《资治通鉴·卷一百》记载:"融好文学,明辨过人,耳闻则诵,过目不忘,力敌百夫,善骑射击刺,少有令誉。"明朝政治家、文学家张居正,少时聪慧,记忆力惊人,三岁识字,五岁读书,八岁作诗,十岁便熟读经史子集,过目不忘。

二、 记忆的类型

（一）根据记忆的内容分类

1. 运动记忆

婴儿一般在出生后 2 周左右出现运动记忆。运动记忆是指以过去经历过的动作形象或身体运动为内容的记忆,如幼儿对舞蹈动作的记忆、对学习轮滑的记忆等。运动记忆形成需要的时间相对较长,比较困难,但一旦记住,就很难消退遗忘。

2. 情绪记忆

情绪记忆在婴儿 6 个月左右出现,是指以曾经感受过的情绪、情感为内容的记忆,如顺利通过考试后的放松快乐、幼儿在游戏中感受到的愉快、在密闭黑暗空间中的害怕等。

3. 形象记忆

形象记忆在婴儿 6—12 个月出现,它是指以事物的具体形象为内容的记忆。形象记忆不仅仅是对视觉上形象的记忆,还包括对听觉、触觉、味觉、嗅觉的记忆,比如我们亲人的形象、听过的音乐、触摸过的物体、品尝过的美食、闻过的味道等都是形象记忆。

4. 语词记忆

语词记忆在婴儿 1 岁左右出现,是指以各种有组织的知识为内容的记忆,又被称为语词逻辑记忆。例如,对数学、物理、化学的定理公式,对古诗词、儿歌等的记忆。

(二)根据记忆保持时间分类

1. 瞬时记忆

瞬时记忆也叫作感觉记忆,是指在客观刺激停止作用后,信息在头脑中大约只能保持 0.25 秒到 2 秒的记忆,听觉瞬时记忆的时间略长,最长也不会超过 4、5 秒。如果瞬时记忆不加注意和处理,没有转到短时记忆里,就会永远消失。

2. 短时记忆

短时记忆是指在头脑中能够储存约 1 分钟的记忆。短时记忆的信息如果不进行复述就会消退遗忘,如果进行复述,就可以进入到长时记忆中。例如,当听到一句歌词很好听,脑海里头立刻就开始模仿这个声音,这就是短时记忆。但是如果之后没有再重复歌词的旋律,基本上都会想不起来了。一般来说,短时记忆的容量是 7±2 个组块,这个组块可以是由单个数字或文字组成,也可以由更大的信息量组成,比如词汇或其他有意义的单位。

3. 长时记忆

长时记忆是指在头脑中保持时间在 1 分钟以上,甚至保持终身的记忆。它是我们人类主要的记忆,它的容量是无限的,并且储存时间长,可随时提取信息,受到的干扰较少。一般情况下,我们学习时记下来的知识都属于长时记忆。也有人年老时回忆起自己孩子小时候发生的事情如数家珍,历历在目。

(三)根据信息加工与存储的内容分类

1. 陈述性记忆

陈述性记忆指对有关事实和事件的记忆,包括对事实、规则、事物关系等信息的记忆。它可以通过语言的传授一次性获得,但提取陈述性记忆往往需要意识的参与,比如我们学到的生活常识、课本知识等都属于陈述性记忆。

2. 程序性记忆

程序性记忆指如何做事情的记忆,主要是对各项技能的记忆,如运动技能、认知技能和知觉技能。这些技能需要多次尝试或练习才能记忆下来,但在提取程序性记忆时往往不需要意识参与。

例如,在学习某种运动技能之前,我们读过相关书籍,记住了动作要领,这种记忆就是陈述性记忆;以后经过不断地练习,把书面的动作要领变成了自己能够操作的运动技能,真正学会了这种运动,这时的记忆就是程序性记忆。

第二节　学前儿童记忆的发展

一、0—3 岁婴幼儿记忆的发展

(一)婴儿记忆的发生

新生儿还不会表达,通过什么指标来考察他们记忆发生的时间呢? 一般是根据识记和保持的情况来判断,研究结果表明,新生儿时期就出现了记忆的发生。新生儿的记忆主要是短时记忆,表现为最初的条件反射和对刺激的习惯化。

1. 条件反射的出现

记忆发生的标志就是条件反射的出现,新生儿的条件反射最初往往是和生理需要相联系。比如,母亲喂奶时,往往需要将孩子抱起来喂,这时母亲的抱姿和不喂奶时的抱姿是不一样的。大约1个月左右,新生儿便对这种特别的抱姿(喂奶的姿势)形成了条件反射。每当被以这种姿势抱起时,乳头还没有碰触到孩子的嘴,他/她就已经开始吸吮了。这说明新生儿已经对这种喂奶的姿势形成了条件反射。

2. 对刺激的习惯化

新生儿记忆发生的另一表现是对熟悉的刺激"习惯化"。刺激的"习惯化"是指当一个原本是新异的刺激反复出现时,个体(包括新生儿)对该刺激注意的时间就会逐渐减少,甚至该刺激将不再会引起注意。许多研究结果显示,即使是出生几天的新生儿,也会对多次出现的图形产生"习惯化",即观看图形的时间减少或不再看。

(二)婴幼儿记忆的发展

婴儿的长时记忆开始发生于1—3个月。研究表明,3个月婴儿对学习过的动作或词语进行再次学习时,出现了节省学习时间的情况。之后,3—6个月婴儿的长时记忆有很大的发展。6个月左右的婴儿开始出现"认生",表现为只愿意亲近妈妈及经常接触的人,并且会对陌生人的靠近感到不安,这实际上就是再认的表现。6—12个月的婴儿记忆能力得到进一步发展。大概18个月之后,由于幼儿的言语快速发展,使其记忆也出现了新的变化:一是幼儿的回忆开始发展。他们能够逐渐借助词、言语进行回忆,2岁左右的幼儿能回忆起几天前去过的地方,而3岁时,就能够回忆起来几个星期前发生的事情。二是幼儿的有意识记开始萌芽。比如,当成人向3岁左右的幼儿提出像记住洗手和刷牙的步骤等这样的记忆任务时,他们一般能够做到。

知识拓展

在婴幼儿记忆发展的过程中,存在着一种有趣的现象,被称为偶发记忆。偶发记忆表现为要求婴儿记忆某样事物时,他没有记住这件事物,却常常记住了和事物一起出现的其他东西。比如,生活中我们经常发现,需要让小朋友记住其他小朋友的名字时孩子却只记住了其他小朋友衣服的颜色。出现这种现象是因为婴幼儿对记忆对象选择的注意力、目的性不明确,把没必要的偶发记忆对象记住了,结果使得对中心记忆对象的记忆效果不佳。

二、3—6 岁幼儿记忆的发展特点

(一)保持时间增长,记忆广度增加

有研究通过回忆和再认来检验记忆的保持时间情况。如表5-1所示,研究结果表明,幼儿回忆和再认的保持时间随年龄的增长而增长,由短到长变化。

表5-1 学前儿童记忆保持时间的变化

环节	1岁	2岁	3岁	4岁	7岁
再认	几天	几个星期	几个月	一年前	三年前
回忆	—	几天	几个星期	几个月	1—2年

如表 5-2 所示，幼儿的记忆广度虽然会随着年龄的增长而增加，但还达不到成人的记忆广度，这是因为幼儿的记忆广度受到生理发育的限制。由于幼儿大脑皮质发展不成熟，使他们不能在极短的时间内对更大的信息量进行加工，因此不能与成人的记忆广度相比。

表 5-2　学前儿童的记忆广度

被试年龄（岁）	信息单位（个）	被试年龄（岁）	信息单位（个）
3	3.91	5	5.69
4	5.14	6	6.10

注：成人的记忆广度为 7 ± 2 个组块。

在幼儿记忆保持时间的发展中，存在着以下两种较为独特的现象。

1. 幼年健忘

幼年健忘指 3 岁前儿童的记忆一般不能永久保持的现象。3—4 岁之后才会出现可以保持长久的记忆。对于幼年健忘成因的研究至今仍没有达成共识。有研究者认为这种现象是儿童脑的各个区域发育有先后导致的。还有学者认为是婴儿不能很好地组织记忆材料，是他们的记忆策略太原始等原因造成的。

2. 记忆恢复（回涨）现象

记忆恢复（回涨）现象指在一定条件下，学习之后过几天测量到的记忆保持量比学习后立即测量到的记忆保持量要高。1913 年美国心理学家巴拉德的研究发现了这一现象。他的实验数据显示，儿童在识记后的 1—2 天的保持量比识记后即时的保持量要高 6%—9%。产生记忆恢复（回涨）现象的原因可能是幼儿的神经系统还比较弱，学习过大量新知识后会比较疲劳，神经系统会转入抑制状态，不能马上恢复。所以，刚识记完进行测量，其保持量较低。而休息一段时间后，神经系统的抑制状态解除了，保持量便会上升。

（二）无意识记占优势，有意识记逐步发展

之前我们了解到，幼儿所获得的知识经验大都是无意识记的结果。0—3 岁的婴儿基本上只有无意识记，而 3—6 岁的幼儿也是无意识记占优势。研究表明，直观具体、形象鲜明的事物，具有重要意义的事物，能激起兴趣和强烈情绪的事物，比较容易成为幼儿注意的对象，容易被幼儿在无意中识记。但是，幼儿还不善于有意识地完成记忆任务，也不太会对自己提出记住具体事物的记忆任务。

知识拓展

> 为了迎接国庆节，幼儿园老师最近正在教小班幼儿唱《祖国祖国我们爱你》这首儿童歌曲。老师为了降低难度将幼儿分成了四组，每组演唱一段歌词。可是三天过去了，还有一部分幼儿不能将歌词全部准确地记住。而在排练结束后，小朋友一起观看动画片《超级飞侠》时，只看了两集，很多幼儿就可以跟唱主题曲了。

有意识记的发生发展，是幼儿记忆发展中重要的质的飞跃。幼儿的有意识记是在成人的教育引导下逐渐产生的。成人在日常生活中和组织幼儿活动时，会经常向幼儿提出某种记忆任务。比如，在学习儿歌前，就提出幼儿学习后进行复述的要求；出去玩之前就告诉幼儿要注意途中都看到了哪些种类的交通工具，这些都会促使幼儿的有意识记不断发展。有意识记的效果取决于能够意识到记忆任务和活动动机。幼儿意识到识记的具体任务，会影响幼儿有意识记的效果。比如，两个大班幼儿在玩"看医生"的角色游戏，明明担任"医生"的角色，他非常喜欢做医生，为了能够胜任这个角色，他将"医院"里所有医药用品的名

称和使用方法都记住了。这个例子中的明明为了做好"医生",就必须记住医药用品的名称和使用方法,为了匹配角色,幼儿意识到必须完成对用品的识记,因而就会努力进行有意识记,记忆效果也就有所提高了。

活动的动机对幼儿有意识记的积极性和效果都有很大影响。一些专门的实验或测验,把幼儿带到实验室里,简单地要求他们完成记忆任务,幼儿对这种活动缺乏积极性,记忆效果往往比较差。而在游戏中,有意识记的效果比较好。前文中小班幼儿学习歌曲的案例也可以说明这个问题。

真题链接

(2023年上半年真题)结合下图,请举例说明幼儿期记忆发展的特点。

参考答案

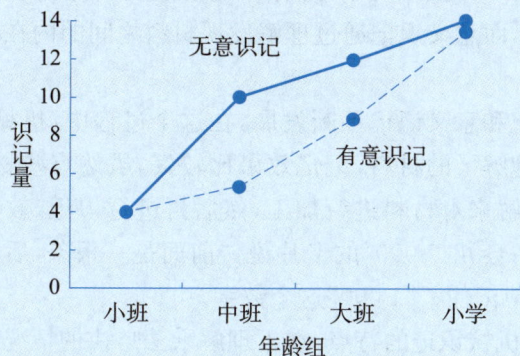

(三)较多运用机械识记,意义识记开始发展

学习思考

小天的父母为了让孩子能够多学点知识,为进入小学做准备,在小天升入大班时退园去到了一家学前班。学前班提前讲授小学的课程,并且每天都要留作业。这个周五学前班留了一项作业,让小朋友们在周末背诵乘法口诀,可是背了两天,小天还是没法完整背诵下来,经常出现错误。爸爸妈妈着急了,询问了同班的其他家长,大多数孩子也不能完整背诵乘法口诀。

这是为什么呢?

和成人相比,幼儿常常运用机械识记,他们可以反复背诵自己并不理解的学习材料。出现这种情况的原因可能有两个方面:一方面是幼儿的大脑皮质的活性较强,就是感知一些不理解的事物也能够形成联结,记忆下来;另一方面是幼儿对事物理解能力较差,对于不理解的识记材料,不会进行组织加工,只能进行机械记忆。

已有研究通过比较幼儿识记常见物体和不熟悉的无意义图形的识记效果,发现幼儿识记常见物体的效果明显好于不熟悉的无意义图形(表5-3)。

表5-3 幼儿识记常见物体和不熟悉的无意义图形的效果比较

年龄（岁）	常见物体（个）	不熟悉的无意义图形（个）	比率
4	47	4	11.75∶1
5	64	12	5.33∶1
6	72	26	2.77∶1
7	77	48	1.6∶1

众多研究结果均显示，机械识记与意义识记相比较，意义识记的效果更好，特别是记忆材料数量多并且复杂时，意义识记的效果更为明显。这是因为意义识记是通过对学习材料的理解而进行的。人们通过材料同已有的知识经验的联系，将之纳入知识系统中，这样识记的速度自然比较快。另外，机械识记只是把单个事物作为独立的小单位来记忆，而意义识记通过理解发现材料之间的内在联系，将小单位整合成较大的单位，使记忆材料系统化。

随着年龄的增长，幼儿的机械识记和意义识记不断发展，在这个过程中，机械识记和意义识记的差距在逐渐缩小。许多研究证实，幼儿对理解了的材料，记忆效果比较好，虽然有些材料看起来幼儿不理解也不熟悉，但是，幼儿能够根据自己的理解来对材料进行加工，然后再进行识记，效果就会比较好。例如，大班幼儿正在学习数字卡片，乐乐看了一会儿"1 000"的卡片说："前面是一根条，后面是三个鸡蛋，这个数是1 000。"于是，乐乐比别的小朋友更快地记住了"1 000"这个数字。

小天正是体现了幼儿比较多运用机械识记的特点，在不理解乘法口诀的情况下，他只能死记硬背。所以，记忆效果比较差。如果家长或老师能够通过实物等直观的方法帮助孩子理解乘法的原理，或给予小天可理解的学习材料，记忆效果就能事半功倍。

思政园地

《指南》中提出幼儿的语言学习需要相应的社会经验支持，应在生活情境和阅读活动中培养幼儿对文字的兴趣，通过机械记忆和强化训练过早识字不符合幼儿的学习特点和接受能力。如果教师不能很好地了解幼儿的记忆特点，给予超出幼儿年龄段理解水平的学习材料，对幼儿的学习兴趣和未来发展都是不利的。遵循幼儿的学习特点和能力水平，提供学习材料、设计相应活动，才能真正做到以幼儿为中心，遵守职业道德，实现促进幼儿身心健康发展的教育目标。

（四）形象记忆为主，语词记忆逐渐发展

研究结果显示，在幼儿期，形象记忆占主要地位，形象记忆的记忆效果优于语词记忆，并且两者的记忆效果随年龄的增长而增加。

在儿童语言发生前，其记忆内容大多数是事物的形象，即形象记忆。即使在2岁左右的儿童语言发生后，一直到幼儿末期，形象记忆还是在幼儿的记忆中占主要地位。

而语词记忆主要是通过语言的形式来记忆材料。由于幼儿年龄增长、语言的发展，幼儿的记忆中渐渐积累了不少语言材料，也就是说，语词记忆逐渐发展起来了。

由于形象记忆中的事物形象，与语词记忆相比，更加直观、鲜明，所以，在幼儿记忆发展中，形象记忆相比语词记忆来说，记忆效果更好。但是，这两种类型记忆效果的差距随着幼儿年龄的增长而逐渐缩小，原

因在于随着年龄的增长,事物形象和词不再是单独在幼儿头脑中起作用,而是联系越来越密切。幼儿对熟悉的事物能够叫出名称,并且幼儿熟悉的词也是建立在事物的具体形象的基础上。可以说,儿童对事物的认识是事物的具体形象和对应的词语名称相结合的结果,词和形象是不可分割的。

真题链接

1. (2012年下半年真题)分析下表所反映的幼儿记忆特点。

表5-4 幼儿形象记忆与语词记忆效果的比较(对10个物或词能回忆出的数量)

年龄(岁)	熟悉的物体(个)	熟悉的词(个)	生疏的词(个)
3—4	3.9	1.8	0
4—5	4.4	3.6	0.3
5—6	5.1	4.6	0.4

2. (2021年下半年真题)幼儿时期占优势的记忆类型是( )。
A. 意义记忆　　　　B. 形象记忆　　　　C. 词语逻辑记忆　　　　D. 动作记忆

3. (2022年下半年真题)在幼儿记忆活动中占主要地位的是( )。
A. 有意记忆　　　　B. 语词记忆　　　　C. 形象记忆　　　　D. 意义记忆

(五)初步掌握记忆策略,但记忆准确性差

记忆策略是个体采用的接受信息、提取信息的方式。记忆策略直接影响记忆效果,幼儿常见的记忆策略有三种。

1. 反复背诵或复述

复述是指个体在记忆过程中,对信息不断进行重复以便能准确、牢固地识记信息。有研究发现,三四岁的幼儿复述的次数少,记忆效果也较差;而五六岁的幼儿,会在识记过程中反复背诵以免遗忘。

2. 对记忆材料进行组织

幼儿四五岁以后,能够在记忆时自动对材料进行组织分类,有时也会把新学的词语与某些事物或自己的情绪联系起来。随着幼儿联想能力的提高,他们回忆与再认图片的数量也有所增加。

真题链接

(2014年下半年真题)按顺序呈现"护士、兔子、月亮、救护车、胡萝卜、太阳"的图片让幼儿记忆,有些幼儿回忆时说:"刚才看到了救护车和护士、兔子和胡萝卜,还有太阳和月亮。"这些幼儿运用的记忆策略是( )。
A. 复述　　　　B. 精细加工　　　　C. 组织　　　　D. 习惯性

3. 间接的意义记忆

对于原本无意义的数字、单词等,当把它们与原有的知识经验联系起来,或者从中找出它们的内在关联时,就可以为其赋予一定的意义,就容易记住。大班幼儿可以通过找出识记材料组成的规律帮助记忆。比如,玲玲看到了字母"n",因为不认识她就问妈妈是什么,妈妈告诉她,这是"n"。玲玲看了看说,好像一个山洞的洞口啊。后来,玲玲每次看到"n",都能读出来。

虽然幼儿初步形成了一些记忆策略,但记忆准确性比较差,经常出现脱节、缺漏和顺序颠倒的现象。记忆的内容常常是无意注意到的个别对象或个别情节,缺乏完整性。同时,幼儿的记忆容易歪曲事实和受暗示影响。

知识拓展

> 对不同年龄的儿童研究表明,学前儿童比学龄儿童以及成人更容易受事后误导信息的影响。Bruck 等(1995)对 5 岁儿童进行预防接种事件研究,一年后,对他们进行四次会谈并重复对一些主要细节进行错误的暗示(如是一个女研究助理而不是男医生给他们注射),结果这些儿童不仅接受了暗示,而且还错误报告了一些没有暗示过的事件,如这个女助理给他们检查了耳朵和鼻子。其他方法进一步表明了儿童更易受到暗示的影响。Ceci 和 Huffman 等(1994)询问了被试的父母在被试 1 岁内发生或没发生的事情后对被试单独面谈,要求他们判断一些事件的真实性。被试要大声读出该事件并仔细思考每个事情,如果是真实的就试图回忆。被试在 7—10 个不同时间进行判断,10 个星期后测试。研究表明学前儿童对真实事件的回忆几乎总是正确的,但对虚假事件的判断有 25%—44% 是错误的,此外,儿童对虚假事件的描述有生动的细节,以至于专家都无法正确区分他们描述的真伪。(摘自:王红椿,刘鸣.暗示条件下的错误记忆研究概述[J].心理科学,2006,29(4):905—908.)

第三节　学前儿童记忆的培养

记忆力是智力的重要组成部分。儿童有了良好的记忆力,才能够快速而正确地掌握知识和技能。所以,教师和家长都关注如何培养儿童具备良好的记忆力。我们可以从以下六方面入手,培养儿童的记忆能力。

一、明确记忆的目的和任务

有意识记的形成和发展是记忆发展中最重要的质变,而记忆的目的是否明确会直接影响记忆的效果。幼儿有时没有记住某件事情,就是由于他不了解为什么要记住,或不清楚到底要记住什么事情,因此没有认真地记忆。所以,我们可以逐步培养幼儿记忆的目的性。之前已经了解过,幼儿在游戏中,有意识记效果较好;在实际生活中,如果成人提出的识记目的或任务使用的语言恰当、明确,那么,幼儿记忆的效果甚至会超过在游戏中的效果。这是因为在完成生活中的任务时,幼儿的记忆效果可以得到他人的评价(赞许或奖励)。这些赞许或奖励就会强化幼儿继续努力记忆。因此,成人要在各种活动中经常向幼儿提出明确而具体的记忆目的或任务。比如,幼儿园教育活动中,幼儿教师常常会布置亲子活动,让幼儿将今天活动中学习到的故事、儿歌或知识回家讲给父母。另外,成人需要对幼儿完成识记任务的情况给予及时的肯定和赞扬,以提高幼儿记忆的积极性和信心。

二、利用无意识记的规律帮助记忆

幼儿记忆以无意识记为主,直观、形象、有趣的事物容易被其记住。因此,我们可以运用无意识记规律来帮助幼儿进行记忆。识记时,可以将识记的内容转化为动作、场景,使之具体、生动和直观,引起幼儿兴趣,增强对记忆的信心。如在学习儿歌《小猪吃得饱饱》时,可以将歌词变成一组动作,提高记忆效果。还可以在进行教育教学活动时,采用幼儿喜欢的角色或事物激发其学习兴趣和动机,以增强记忆效果。比如,孟老师为了教幼儿认识方位,选用了幼儿喜欢的动画片《小猪佩奇》中的角色为主人公设计教学活动,激发了幼儿的学习兴趣和动机,取得了良好的记忆效果。

三、 引导幼儿运用已有知识经验,发展意义识记

结合已有的知识经验识记新的材料,新旧知识之间形成联系会使记忆速度和准确性增加。此时对新知识的识记也就是意义识记,如前所述,意义识记的效果更好。所以,我们可以在识记前引导幼儿运用已有知识经验,给要识记的材料附加上"意义",有利于提高记忆效果。比如,人为地运用表面的联想或谐音记忆方法,也可以把要记的内容变成口诀来背诵等。

学习思考

李老师是一位非常有经验的老教师。在教幼儿背诵古诗《春晓》前,她先把诗的内容绘成相应的图画,然后以故事形式讲述诗歌的内容,接着引导幼儿对诗中的"眠""晓""啼鸟"等词进行讨论,结合幼儿的日常生活经验引导他们理解。结果这一次集体教学活动中幼儿都顺利记住了这首古诗,而且经久不忘。

李老师的做法好在哪里?

四、 运用多种感官参与记忆

已有研究显示,如果将耳、口、手等多种感官调动起来进行记忆,将会在大脑皮层的视觉区、听觉区、嗅觉区、运动区、语言区等多个脑区建立多通道的联系,这样可以增强记忆的效果。结果表明,在单位时间内,对同一内容进行记忆,仅依靠听觉进行记忆,可以记忆15%,仅依靠视觉进行记忆,可以记忆25%,而将视觉、听觉结合可以记忆65%。所以,我们要引导幼儿在记忆时能够运用多种感官协同参与。

五、 合理组织复习,减少遗忘

依据遗忘的规律,识记后的内容,在最初几天里遗忘的速度非常快,所以及时地复习是很有必要的,这是提高幼儿记忆效果的重要途径。但是,幼儿复习时,不能采用机械的复述或单调的复习形式,这样容易引起疲劳,丧失兴趣,不利于记忆。因此,在复习时要采用多种复习形式,比如讲故事、念儿歌、游戏、表演、比赛等形式,让幼儿以轻松、愉快的方式提高记忆效果。

六、 进行记忆训练,提高记忆能力

我们可以通过各种记忆训练提高记忆能力,如顺序训练法、广度训练法和辨别训练法等。顺序训练法指让幼儿按顺序记忆一些材料,然后遮住材料再逐个把材料内容显露出来,每露出一个材料,让幼儿回忆出下一个的内容。这种训练可以使幼儿掌握再认或回忆技巧,提高记忆准确性。广度训练法是一种使人增加在注意力集中时瞬时记忆所能接受的句子或字节的范围的训练。比如,我们可以随机地选若干数字,

然后告诉幼儿:"现在我们听一组数字,我念完之后你将它复述出来,例如我说'1、3、9、12、6、7',你要说'1、3、9、12、6、7'。"数字组的长短应循序渐进,一组数字如果能连续两次复述正确,便可加长。该训练可以增加记忆广度。辨别训练主要是指找不同训练法、找相同训练法,通过让儿童寻找两种材料之间的不同/相同之处,锻炼辨别能力,提高记忆准确性。

学习小结

　　记忆是人脑对过去经验的反映,是进行想象、思维等高级心理活动的基础,对人的正常工作、学习和生活有着非常重要的作用。记忆的基本过程是由识记、保持、回忆三个环节组成的。

　　识记是人们通过反复感知从而识别并记住事物的过程。它是记忆的开始环节。按照记忆的目的性,分为无意识记和有意识记;按照记忆的理解程度,分为机械识记和意义识记。

　　保持是识记的事物、知识、经验在头脑中储存和巩固的过程。它是记忆的第二环节,也是中心环节,是实现回忆的必要前提。记忆内容在质与量方面发生的最明显变化就是遗忘。遗忘发展的规律是:遗忘进程是不平衡的,遗忘的速度先快后慢。

　　回忆是对头脑中保持记忆内容的提取过程,这也是记忆的最后一个环节,可分为再认与再现两种。

　　根据不同的分类标准,记忆可分为以下类型:

　　根据记忆的内容,记忆分为运动记忆、情绪记忆、形象记忆和语词记忆;

　　根据记忆保持时间,记忆分为瞬时记忆、短时记忆和长时记忆;

　　根据记忆信息加工与存储的内容,记忆分为陈述性记忆和程序性记忆。

　　新生儿是记忆发生的时期。新生儿的记忆主要是短时记忆,表现为最初的条件反射和对刺激的习惯化。条件反射的出现是记忆发生的标志。1—3个月是长时记忆开始发生的阶段。6个月左右,婴儿开始"认生",是再认的表现。大约一岁半以后,言语的发展使幼儿的记忆具备了新的特点:一是幼儿的回忆开始发展;二是幼儿有意识记开始萌芽。

　　3—6岁幼儿的记忆发展主要具备以下五个特点:保持时间增长,记忆广度增加;无意识记占优势,有意识记逐步发展;较多运用机械识记,意义识记开始发展;形象记忆为主,语词记忆逐渐发展;初步掌握记忆策略,但记忆准确性差。

　　在幼儿期有两个独特的记忆现象:幼年健忘和记忆恢复(回涨)现象。

　　记忆力是智力的一个重要组成部分。成人关注如何培养儿童良好的记忆力。可以从六个方面培养学前儿童的记忆力:

① 明确记忆的目的和任务;

② 利用无意识记的规律帮助记忆;

③ 引导幼儿运用已有知识经验,发展意义识记;

④ 运用多种感官参与记忆;

⑤ 合理组织复习,减少遗忘;

⑥ 进行记忆训练,提高记忆能力。

聚焦国考

参考答案

一、单项选择题(每题3分,共计30分)

1. 当刺激多次重复出现时,婴儿好像已经认识了它,对它的反应强度减弱,这种现象称作( )。

A. 记忆的潜伏期　　B. 回忆　　　　　C. 客体永久性　　　D. 习惯化

2. 从记忆发生的顺序来看,儿童最晚出现的是( )。

A. 情绪记忆　　　　B. 形象记忆　　　C. 语词记忆　　　　D. 运动记忆

3. 最早采用无意义音节作为实验材料,对记忆进行系统研究并提出著名的"遗忘曲线"的心理学家是( )。

    A. 奥苏贝尔   B. 阿特金森   C. 艾宾浩斯   D. 班杜拉

4. "余音绕梁,三日不绝于耳"属于( )。

    A. 形象记忆   B. 动作记忆   C. 情绪记忆   D. 语词记忆

5. 欢欢听到歌曲《小白兔,白又白》时,高兴地说:"老师教我们唱过。"这种记忆现象是( )。

    A. 再认   B. 识记   C. 保持   D. 再现

6. 以下说法错误的是( )。

    A. 幼儿形象记忆的效果优于语词记忆   B. 幼儿无意记忆的效果优于有意记忆

    C. 幼儿有意再现的发展先于有意识记   D. 幼儿机械记忆的效果优于意义记忆

7. 在不理解的情况下,幼儿也能熟练地背诵古诗,这是( )。

    A. 意义识记   B. 机械记忆   C. 有意识记   D. 无意识记

8. 在幼儿的记忆中,( )占主要地位,比重最大。

    A. 形象记忆   B. 动作记忆   C. 情绪记忆   D. 语词记忆

9. 记忆发生的标志是( )。

    A. 习惯化出现   B. 再认出现   C. 条件反射出现   D. 遗忘出现

10. 3 岁前儿童的记忆一般不能永久保持的现象称作( )。

    A. 暂时性遗忘   B. 幼年健忘   C. 记忆恢复   D. 偶发记忆

二、简答题(每题 5 分,共计 20 分)

1. 学前儿童常用的记忆策略有哪些?

2. 为什么意义识记比机械识记效果好?

3. 简述遗忘的规律。

4. 为什么幼儿常常运用机械识记?

三、论述题(每题 10 分,共计 20 分)

1. 幼儿记忆的发展有哪些特点?

2. 如何培养学前儿童良好的记忆力?

四、材料分析题(每题 15 分,共计 30 分)

1. 日常生活中,我们经常会发现,幼儿教师花费很大的力气去教幼儿背诵一首歌谣,有时幼儿仍不能完全记住。但他们在电视里看到关于儿童食品的广告,只需看一两次就对广告词熟记于心。

请根据学前儿童记忆发展的有关原理,对上述材料加以分析。

2. 一名 6 岁的幼儿,在 1 分钟内准确记住了 17 位数字:81726354453627189。而另一名幼儿却没记住几个。看上去如此复杂的数字,孩子怎么才能在短短的时间内记住呢?

请运用所学过的幼儿教育理论分析案例中的现象。

第六章

想象——思想的翅膀

本章学点

1. 情感：理解幼儿在生活中想象的表现特点，形成对儿童想象的正确态度，鼓励其大胆想象。

2. 认知：明确想象的基本含义，了解想象的作用，清楚想象的种类。明确学前儿童想象的发展特点，掌握培养学前儿童想象力的策略。

3. 技能：学会根据幼儿想象的基本特点，组织教育教学活动并引导儿童想象能力的健康发展。

思政园地

　　南仁东小时候家境很一般，父亲由于工作的缘故长期在野外奔波，所以他和家人就经常寄居在外婆家里。艰苦的环境最能磨炼人的心智，南仁东的学习热情很高，对新事物充满了求知欲。随着年龄的增长，南仁东逐渐对油画产生了兴趣，而且他的美术功底本身就不错，在他的内心深处，一心想着大学要读美术专业。18岁那年，南仁东参加了高考，意向是清华大学。放榜后，南仁东的分数比录取线高了50多分，如愿以偿考入了清华大学，并且成为当年吉林省的理科状元。谁承想进入大学后，他被调剂到了无线电科学系的真空超高频技术专业。南仁东满心的不高兴，没有实现美术理想，赌气跑回了吉林老家。回家之后，就被父亲劈头盖脸地训斥了一通，作为工程师的父亲，自然希望儿子能够像自己一样，在理工科领域闯出一片崭新的天地。南仁东只能勉为其难地回到学校，虽然美术梦未竟，不过在大学期间，南仁东从来没有放下画笔。他还经常参加各种绘画比赛，而且他这个非绘画专业的学生，还获得过绘画比赛大奖。学习好再加上专业和特长都很突出，当年周总理到清华大学视察的时候，他作为会见的学生代表，还被周总理点名发言。

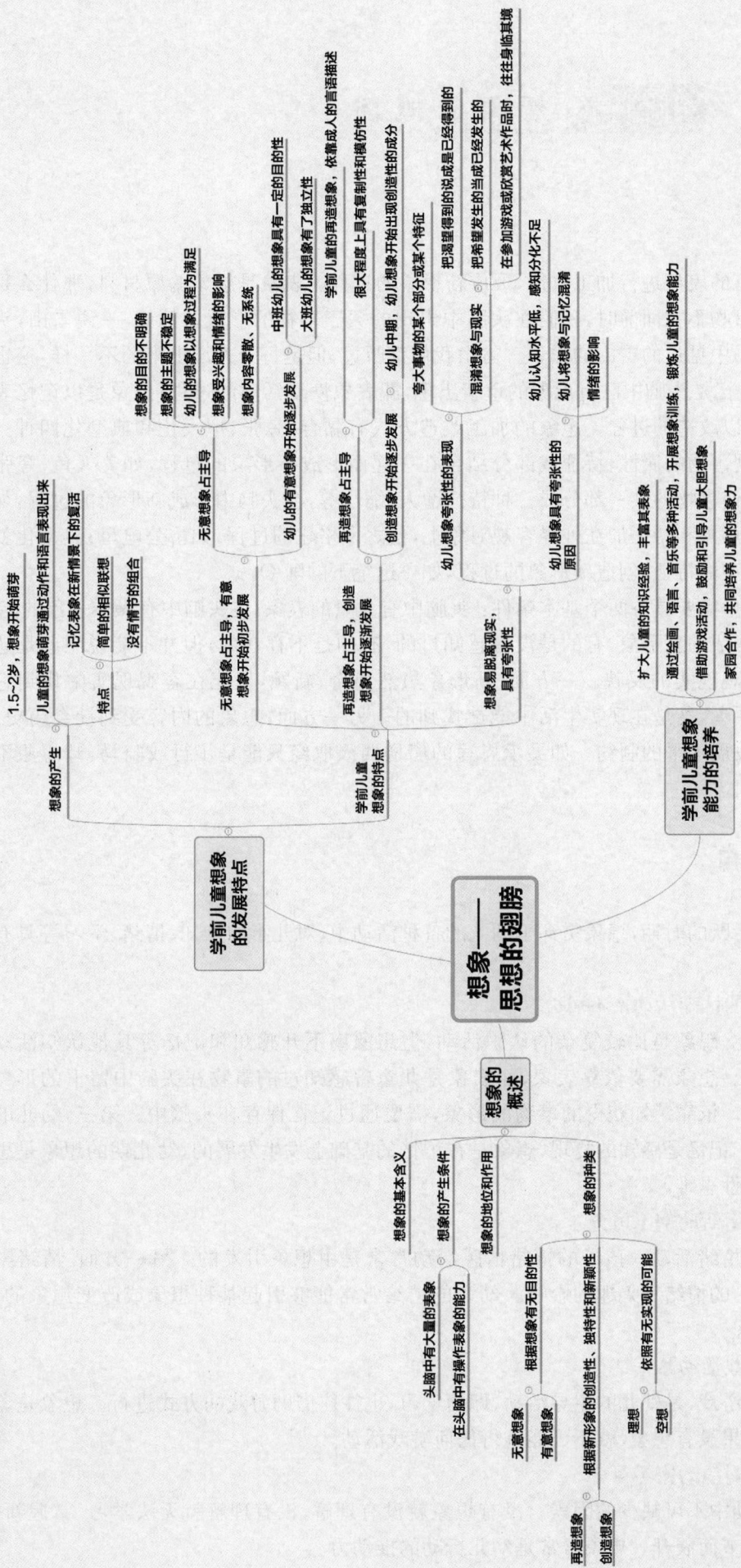

想象——思想的翅膀

学前儿童想象特点的发展特点

- 想象的产生
  - 1.5~2岁，想象开始萌芽
  - 儿童的想象萌芽通过动作和语言表现出来
  - 特点
    - 记忆表象在新情景下的复活
    - 简单的相似联想
    - 没有情节的组合

- 学前儿童想象的特点
  - 无意想象占主导，有意想象开始初步发展
    - 无意想象占主导
      - 想象的目的不明确
      - 想象的主题不稳定
      - 想象受兴趣和情绪的影响
      - 想象内容零散、无系统
    - 幼儿的有意想象开始逐步发展
      - 中班幼儿的想象过程为满足
      - 大班幼儿的想象有了独立性
  - 再造想象占主导，创造想象开始逐渐发展
    - 再造想象占主导
      - 幼儿的想象的再造想象
      - 学前儿童的想象有一定的目的性
      - 很大程度上具有复制性和模仿性
    - 创造想象开始逐步发展
      - 依靠成人的言语描述
      - 幼儿中期，幼儿想象开始出现创造性的成分
  - 想象易脱离现实，具有夸张性
    - 幼儿想象夸张性的表现
      - 夸大事物的某个部分或某个特征
      - 混淆想象与现实
        - 把渴望得到的说成是已经得到的
        - 把希望发生的当成已经发生的
        - 在参加游戏或欣赏艺术作品时，往往身临其境
    - 幼儿想象夸张性的原因
      - 幼儿认知水平低，感知分化不足
      - 幼儿将想象与记忆混淆
      - 情绪的影响

想象的概述

- 想象的基本含义
- 想象的产生条件
  - 头脑中有大量的表象
  - 在头脑中有操作表象的能力
- 想象的地位和作用
  - 根据想象有无目的性
  - 根据想象的创造性、独特性和新颖性
  - 依照有无实现的可能
- 想象的种类
  - 无意想象
  - 有意想象
    - 再造想象
    - 创造想象
  - 理想
  - 空想

学前儿童想象能力的培养

- 扩大儿童的知识经验，丰富表象
- 通过绘画、语言、音乐等多种活动，开展想象训练，锻炼儿童的想象能力
- 借助游戏活动，鼓励和引导儿童大胆想象
- 家园合作，共同培养儿童的想象力

第一节　想象的概述

一、想象的基本含义

想象是对大脑中已有的表象进行加工改造,形成新形象的过程。表象是想象的原材料,那什么是表象呢?表象指的是当客观事物不在面前时,我们在头脑中出现的关于事物的形象。例如,一说雪山,头脑中就会出现在电视机或者书中见过的雪山的样子。雪山我们都听过,但是每个人说出来的不一样,这也是记忆和想象的不同之处:记忆是头脑中已有形象的重新出现,即表象恢复活动的过程;想象是以记忆表象为基本材料,对已有表象加以改造的过程。想象的加工改造方式有黏合、夸张、拟人化和典型化四种。黏合是把两种或两种以上客观事物的属性、特征或部分结合在一起而形成新形象的过程,如美人鱼;夸张是改变客观事物的正常特征,使事物的某一部分或一种特征增大、缩小等,在头脑中形成新形象的过程,如千手观音;拟人化是把人类的形象和特征加在外界客观对象上,使之人格化的过程,如雷公电母;典型化就是根据一类事物的共同的、典型的特征,创造新形象的过程,如鲁迅笔下的阿Q。

综上所述,想象的产生需要具备两个基本条件:头脑中有大量的表象;在头脑中有操作表象的能力。

经过大脑加工改造形成的新形象,有的是没有感知过的,有的是不存在的,但并不能说想象是超现实的凭空产物,想象是对客观现实的反映。一方面,新形象虽然离奇、新颖,但能在客观现实中找到它的原型。如《西游记》中的九头鸟,鸟是在现实生活中能被找到的。另一方面,想象的内容受到社会历史条件、社会生产力和科学技术发展水平的制约。如吴承恩写的唐僧西天取经只能是步行或骑马,却想象不到现代化的交通工具——飞机。

二、想象的地位和作用

幼儿期是想象最为活跃的时期,想象贯穿于幼儿的各种活动中,对儿童的认知、情绪、学习等具有十分重要的作用。

1. 想象与幼儿其他的认知活动密不可分

与感知觉和记忆相比,想象是比较复杂的认识活动,但想象离不开感知和记忆等其他认知活动。第一,想象和感知密不可分。想象需要依靠表象,而表象是儿童曾感知过的事物在头脑中留下的形象。第二,想象和记忆密不可分。依靠感知获得的事物的形象,需要通过记忆保存在头脑中。第三,幼儿的想象把记忆和思维联系起来。记忆是感知的复现,想象是在记忆的基础上发生发展的,幼儿期的想象是思维发展的基础,但不同于创造性思维。

2. 想象与幼儿的情绪活动密不可分

一方面,想象能引发情绪活动。孩子的情绪情感活动常常是由想象引发的。另一方面,情绪影响想象。幼儿的想象易受自己的情绪和兴趣的影响。幼儿的情绪常常能够引起某种想象或改变想象的方向,并常常满足于想象的过程。

3. 想象与幼儿的游戏活动紧密结合

游戏,特别是象征性游戏,是幼儿的主导活动,即便学习,也往往借助游戏的方式进行。想象是象征性游戏的首要心理成分,如果没有想象,就不可能进行任何游戏活动。

4. 想象与幼儿的学习活动密不可分

想象是幼儿学习活动中不可缺少的因素。没有想象就没有理解,没有理解就无法学习、掌握新知识。听故事时,想象随故事情节而展开。想象常常是幼儿行动的推动力。

三、想象的种类

（一）无意想象和有意想象

根据想象有无目的性,想象可划分为无意想象和有意想象。

1. 无意想象

无意想象是没有预定目的,在一定的刺激下,不由自主进行的想象。如看到天上的云彩,会想云彩像一匹马或者一大块棉花糖。梦是无意想象的一种极端形式,它是人在睡眠状态下一种不由自主的奇异想象。

2. 有意想象

有意想象是有预定目的,在一定意志努力下自觉进行的想象。如幼儿要用树叶粘贴一只孔雀,需要事先想好用什么形状的叶子。

（二）再造想象和创造想象

在有意想象中,根据新形象的创造性、独特性和新颖性,可以把想象划分为创造想象和再造想象。

1. 再造想象

再造想象是指依据言语的描述或非语言(图样、图解、符号等)的示意,在大脑中形成新形象的过程。例如,幼儿听老师讲故事时,头脑中会出现相应的场景。

2. 创造想象

创造想象是根据一定的目的,不依据现成描述,在人脑中独立地创造出某种新形象的过程。例如,设计师发明飞机、宇宙飞船等。

（三）幻想

幻想是与人的愿望相结合并指向未来的想象。依照有无实现的可能,可以把幻想分为理想和空想。理想是一种积极的幻想,符合客观规律,经过努力可以实现;而空想是一种消极的幻想,它违背客观规律,不能实现。

第二节　学前儿童想象的发展特点

一、想象的产生

自出生就有想象了吗? 前面提到过想象的产生需要具备两个条件,儿童出生时不具备这两个条件。从 1.5 岁到 2 岁,儿童的大脑神经系统趋于成熟,儿童能在大脑中存储表象,这时想象开始萌芽。

儿童的想象萌芽通过动作和语言表现出来。如在过家家游戏中,嘟嘟抱着布娃娃,手里拿着奶瓶,嘴里说着:"宝宝,妈妈给你喂奶了,慢点喝。"这一时期的想象是儿童将感知过的形象进行的再造,是记忆材料的简单迁移,表现出如下特点:

① 记忆表象在新情景下的复活。如过家家游戏中的嘟嘟,他的想象就是日常感知的形象在新场景中的再次出现。

② 简单的相似联想,通过事物外表的相似性把事物的形象联系在一起。如妈妈给了楠楠一块圆形的饼干,楠楠喊饼干为盘子。

③ 没有情节的组合,用一个事物简单代替另一个事物。如妈妈带天天去滑滑梯,回到家天天用纸箱代替滑梯。

二、 学前儿童想象的特点

(一)无意想象占主导,有意想象开始初步发展

1. 无意想象占主导

(1)想象的目的不明确

幼儿想象的产生通常是由外界刺激直接引起的,因此,其想象没有预定目的。如在晨间自由活动中,几个小朋友正在玩雪花片,当老师问他们要用雪花片做什么时,孩子们默不作声,自顾自摆弄着手中的雪花片。过了一会,莹莹跟坐在旁边的老师说:"老师,你看! 我用雪花片插了一朵太阳花。"案例中的莹莹开始并不知道自己要用雪花片做什么,当雪花片在拼插时有了实际的变化后,才引起了莹莹头脑中出现的新形象。

(2)想象的主题不稳定,容易受外界干扰发生改变

幼儿初期,想象不能按照一定的目的坚持下去,容易从一个主题变换到另外一个主题,这是因为这一时期幼儿的思维处于直观行动思维阶段。如正在建构区拿积木搭建"铁路"的辛玲,当她看见对面的坦坦正在搭建房子时,立即推倒"铁路",开始搭建房子。

(3)幼儿的想象以想象过程为满足

这一时期的幼儿,在进行想象时不关注结果,只是满足于想象的过程。

学习思考

六一儿童节是小朋友们最喜欢的节日。刚过完"六一",趁着他们还印象深刻,我便让他们画一幅以"愉快的六一"为主题的作品。"六一儿童节这天,爸爸妈妈肯定带你们出去玩了,你们都去哪了? 能不能画下来呢?"话音刚落,小朋友们就迫不及待地拿起画笔,高兴地画起来。我巡视了每个小朋友的画,发现悠悠画了满满一张纸,仔细一看完全看不出来画的是什么,但是他却乐此不疲。

(4)想象受兴趣和情绪的影响

幼儿在想象过程中常表现出很强的兴趣性和情绪性,幼儿的情绪常常能够引起某种想象过程,或者改变想象的方向。如在"老鹰捉小鸡"的游戏中,被老鹰捉到的小鸡会被抓走,可是孩子们同情小鸡,产生这样的想象:小鸡的好多朋友都赶来,把老鹰啄死了,小鸡得救了。幼儿对感兴趣的东西,会积极地开展想象,而对不感兴趣的活动,则缺乏想象或者想象贫乏。

(5)想象的内容零散、无系统

由于幼儿在想象的过程中目的不明确,主题不稳定,因此想象的内容是零散的,不存在联系,如洋洋画画时,先是画了蛋糕,然后又画了直升机、兔子。

2. 幼儿的有意想象开始逐步发展

中班以后,幼儿的想象已经具有一定的目的性,其有意想象开始逐步发展,想象的内容日益丰富起来。随着年龄的增长,到大班时,幼儿的想象有了独立性,能自己确定主题,并且能排除无关事件的干扰,将主题进行到底。如在游戏前先确定玩的主题,然后确定角色和规则,能灵活地选择周围的游戏材料。

真题链接

1. (2013年上半年真题)简述学前儿童的无意想象的特点。
2. (2022年下半年真题)简述幼儿无意想象的主要表现。

参考答案

(二) 再造想象占主导,创造想象开始逐渐发展

1. 再造想象占主导

① 学前儿童的再造想象,依靠成人的言语描述。成人的语言引导,能引起幼儿迸发出更丰富的想象。如下面案例中的赫赫,在老师一系列问题的引导下,其想象变得丰富多彩起来。

学习思考

美工区里,赫赫正在画兔子,画完以后,将兔子拿给老师看。老师看了一下,问赫赫:"赫赫,小兔子生活在哪里啊?"赫赫听完,跑回美工区拿来画笔,在纸上给小兔子画了一座漂亮的房子。接着老师又问:"小兔子喜欢吃什么?""它最爱吃胡萝卜!"赫赫高兴地又在纸上画了一根胡萝卜。"小兔子喜欢玩什么呢?""喜欢秋千……"赫赫开始在纸上画出越来越多的东西。原本只画了一只兔子的白纸,一下子变得丰富起来。

② 在整个幼儿期,幼儿的想象在很大程度上具有复制性和模仿性,他们想象的内容基本是将生活中的某些经验或者某些场景进行重现,有研究者将幼儿的再造想象从内容上分为四种。

一是经验性想象,指的是幼儿凭借个人生活经验和个人经历开展的想象活动。例如,问幼儿天上的云彩像什么动物,幼儿会说像兔子、马,幼儿在生活中见过老虎、小羊、小兔的样子,他是根据自己的生活经验想象的。

二是情境性想象,指的是由当前的情境所激发的想象。如问幼儿天上的云像什么,他会说像一只老虎在追一只小羊,追了一会小羊之后又去追一只小兔子。此时幼儿想象的是一幅完整、生动的画面。

经验性想象和情境性想象容易混淆,经验性想象强调凭借个人生活经验,对当前的片段进行想象。而情境性想象也会借助经验,但强调的是根据当前情境,想象出另外一个新情境,想象内容画面感较强。

三是愿望性想象,指的是幼儿在想象活动中表露出个人的愿望。比如幼儿告诉老师,他长大后的愿望是当一名科学家。

四是拟人化想象,指的是幼儿把客观物体想象成人,用人的生活、思想、情感、语言等去描述。如幼儿在街上看见树上的营养袋时,说树生病了,环卫工叔叔帮树打针。

2. 创造想象开始逐步发展

到了幼儿中期,幼儿的言语和抽象概括能力有了进一步的发展,同时在教育的影响下,幼儿想象开始出现创造性的成分。如图6-1所示,教师要求孩子们画未来的交通工具,幼儿将鱼、飞机、海螺等形象组合在一起,创造出了"鱼飞机""海螺汽车"等。

创造想象是幼儿创造力发展的最主要成分,因此我们要重视发展幼儿的创造想象能力。一是要营造自由、宽松的心理环境,激发幼儿创造想象的灵感。心理学家罗杰斯认为:心理的安全和自由是促进创造能力发展的两个主要条件。在宽松自由的环境中,幼儿心情愉悦、身心

图6-1 未来的交通工具

舒畅,易激发起创造的灵感。二是要丰富幼儿的感性经验,为幼儿的创造想象提供素材,创造想象是在再造想象的基础上发展起来的,因此丰富的感性经验是幼儿创造想象发展的源泉,感性经验在幼儿创造想象的发展中发挥着重要作用。因而在生活中,教师和家长都应有意识地引导幼儿观察周围事物,丰富、积累幼儿的感性经验,为其创造想象的发展提供素材。

真题链接

(2012年上半年真题)幼儿在想象中常常表露出个人的愿望。例如,大班幼儿文文说:"妈妈,我长大了也想和你一样,做一个老师。"这是一种(　　)。

A. 经验性想象　　　　　　　　　B. 情境性想象

C. 愿望性想象　　　　　　　　　D. 拟人化想象

参考答案

(三) 想象易脱离现实,具有夸张性

幼儿经常根据自己的主观经验、情绪等体会客观现实,其想象表现出极大的夸张性。

1. 幼儿想象夸张性的表现

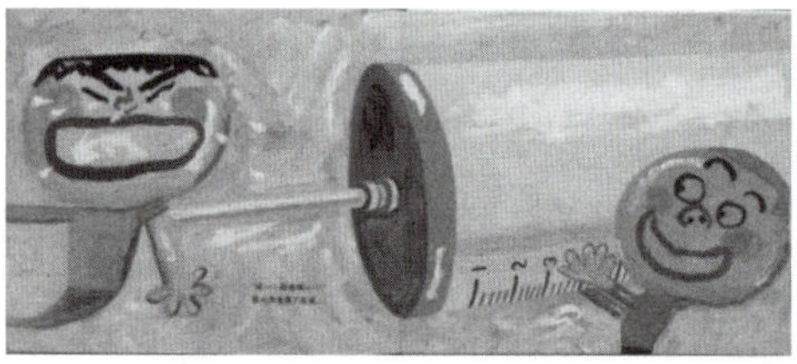

图6-2　打针

幼儿想象的夸张性表现为以下两个特点。

(1) 夸大事物的某个部分或某个特征

如图6-2描述的是一个小朋友去医院打针的场景,幼儿特别害怕打针,觉得打针疼,所以在绘画时幼儿夸大了针管。

(2) 混淆想象与现实

幼儿时期,特别是小班幼儿经常将想象与现实混淆,表现在三个方面。

① 把渴望得到的说成是已经得到的。如一个幼儿说昨天爸爸给他买了一辆坦克,其实爸爸并没有给他买,但是这名幼儿太想有一辆坦克了。

② 把希望发生的当成已经发生的。如糖糖因为太想去云南了,所以把希望发生的事情当成了已经发生的,便跟小朋友描述坐火车去云南旅游的经历。

③ 在参加游戏或欣赏艺术作品时,往往身临其境,产生与角色相同的反应。如东东在听老师讲童话故事《狼和羊》时,当听到狼要把小羊吃掉时,吓得哇哇大哭,可见东东把故事中的情节套在了自己身上,与故事的角色——小羊,产生了同样的情绪反应。

真题链接

1. (2013年上半年真题)幼儿常把没有发生或期望的事情当作真实的事情,这说明幼儿(　　)。

A. 好奇心强　　　　　　　　　　B. 说谎

C. 移情　　　　　　　　　　　　D. 想象与现实混淆

2. (2016年上半年真题)一名幼儿画小朋友放风筝,将小朋友的手画得很长,几乎比身体长3倍,这说明幼儿绘画具有(　　)。

A. 形象性　　　B. 抽象性　　　C. 象征性　　　D. 夸张性

参考答案

2. 幼儿想象具有夸张性的原因

为什么幼儿在想象时易脱离现实,带有极大的夸张性呢? 原因主要为以下三点。

(1) 幼儿认知水平低,感知分化不足,意识不到真和假之间的区别

如某地三名幼儿因为分不清真的和假的,模仿《喜羊羊和灰太狼》动画片中灰太狼烤羊的情节,结果两个小朋友被严重烧伤,酿成大祸。

(2) 幼儿将想象与记忆混淆

幼儿对于渴望的事情,会在大脑中反复想象,以致在头脑中留下了深刻的印象,变成了已经发生过的事情。

(3) 情绪的影响

幼儿的想象具有一定的逻辑和现实成分,但是又常常表现出夸张性,原因之一就是情绪对幼儿的想象产生了一定的影响。幼儿情绪高涨的时候,喜欢夸张。例如,朱朱今天去动物园看到了长颈鹿,很高兴,跟自己的小伙伴说:"昨天我看见长颈鹿了,长得比天还高!"幼儿情绪不好的时候,也喜欢夸张。如午餐结束后,阳阳和欣然争抢图书,被推了一下,阳阳很委屈,回到家以后他跟妈妈说:"今天欣然打我了,可疼了!"

想象脱离现实的情况,多见于小班幼儿,大班幼儿由于积累了一定的生活经验,认识水平有了很大提高,能够分清真假。如元旦童话剧演出时,"大老虎"一出场,小班幼儿害怕得大叫,一名大班幼儿安慰道:"别怕,这大老虎是老师扮演的,是假的,不会咬人。"

当幼儿出现想象脱离现实的行为时,成人不要将其归结为说谎,也不要过度担心,随着年龄的增长,到了大班这些行为就会逐渐减少,直至消失。

> **真题链接**
>
> 1. (2013年上半年真题)某5岁儿童画的西瓜比人大,画的两排尖牙齿在人体上占了大部分,这表明此时儿童画的特点是( )。
>
> A. 感觉的强调和夸张　　　　B. 未掌握画面布局比例
> C. 表象符号的形成　　　　　D. 绘画技能稚嫩
>
> 2. (2013年上半年真题)离园时,3岁的小凯对妈妈兴奋地说:"妈妈,今天我得了一个'小笑脸',老师还贴在我的脑门儿上了。"妈妈听了很高兴。连续两天,小凯都这样告诉妈妈。后来妈妈和老师沟通后才得知,小凯并没有得到"小笑脸"。妈妈生气地责怪小凯:"你这么小,怎么就说谎呢?"
>
> 问题:小凯妈妈的说法是否正确? 试结合幼儿想象的特点分析上述现象。

第三节 学前儿童想象能力的培养

爱因斯坦说:"想象力比知识更重要。"正如麦考莱说的那样,在所有人当中,儿童的想象力最丰富。那么在儿童想象力最丰富、发展最迅速的时期,我们要怎样培养儿童的想象力呢?

一、 扩大儿童的知识经验,丰富幼儿的表象

通过前面的学习,我们知道想象依赖于表象,表象的积累需要借助感知觉,通过感知觉所积累的知识经验越丰富,表象也就积累得越多,孩子的想象力就越丰富多彩;反之,通过感知觉所积累的知识经验越

少,表象积累得少,幼儿的想象就越肤浅、狭窄。就像亚里士多德说的那样:"没有形象的呈现,就没有理智活动。"因此,成人要多带孩子接触名胜古迹、动植物等大自然的景象,多参观各种博览会、展览馆等,为幼儿的想象积累原材料。正如《指南》中要求的那样:"鼓励幼儿在生活中细心观察、体验,为艺术活动积累经验与素材。"

二、 通过绘画、语言、音乐等多种活动,开展想象训练,锻炼儿童的想象能力

(一) 开展语言活动,激发儿童的想象

语言可以展现想象的具体内容,语言水平直接影响着想象的发展。幼儿通过言语表达,能获得间接知识,进一步激发其想象活动,使想象内容更加丰富。在幼儿园教育中,教师可以借助自主阅读、提问交流、编创故事等形式,在语言表达中不断提升幼儿的想象力。

1. 看图讲故事,训练幼儿的自主想象

教师要根据幼儿的需要,选择合适的图书,引导其学会看图讲故事,逐步培养他们根据图画进行合理想象的能力。同时还要培养幼儿对看图讲故事的兴趣,不断提升其自主阅读能力,从而促进幼儿开展自主想象。

2. 适时提问,引导并鼓励幼儿开展想象

在幼儿语言活动中,教师的提问非常重要,适时的提问,可引导幼儿各抒己见,拓展幼儿的想象。比如在讲《我想亲亲月亮》时,讲到长颈鹿咬了一口月亮,这时老师可以提出这样的问题:月亮是什么味道的?提问是绘本阅读中培养幼儿想象力最常用的一种方式,在提问时要多设置发散型问题,从多个角度对幼儿想象力进行培养。

3. 设置悬念,创编故事,鼓励幼儿大胆想象

听故事是幼儿喜欢的语言活动,老师讲故事时可以设置一些悬念,引导幼儿续编情节,这对培养幼儿的想象力大有作用。比如下面案例中的朵朵老师,通过设置悬念引导幼儿围绕怎么帮助小羊开展天马行空的想象。

4. 鼓励幼儿以多种方式表达对图书与故事的理解

鼓励幼儿用故事表演、绘画、泥塑等不同方式表达自己对图书和故事的理解,鼓励幼儿自编故事,并为自编故事配上图画,制成图画书。

学习思考

今天朵朵老师给大班小朋友讲的是《狼和小羊》的故事,讲完故事后,朵朵老师问了这样一个问题:"大灰狼说小羊喝了它家的水,因此要吃掉它。如果你是小羊的朋友,你会怎么帮助它呢?"孩子们立马热情高涨,有的说,我会去找熊大熊二帮忙,让它们揍扁老狼;有的说,我会去请斑马帮忙,让斑马一脚踢飞它;有的说,我会去找大象帮忙,一鼻子给它卷起来,给它扔得远远的……

(二) 借助美术活动,激发儿童的灵感,提升其想象力

《指南》中指出:"学前儿童艺术领域学习的关键在于充分创造条件和机会,在大自然和社会文化生活中萌发幼儿对美的感受和体验,丰富其想象力和创造力。"在美术活动中,幼儿可以无拘无束地发挥想象力,创作出自己喜欢的作品。作为教师,要善于激发幼儿的灵感,鼓励幼儿大胆想象。

1. 亲近大自然,激发幼儿的好奇心和创作兴趣,提升其想象力

大自然中蕴含着丰富的教育价值,教师要对其认识、挖掘和利用,创设能激发幼儿好奇心和创作兴趣

的环境,引发其探索,让幼儿主动、自愿地参与到美术创作活动中。如下面"学习思考"中的高老师,带领幼儿来到公园,让幼儿收集不同形状的树叶,引导幼儿构思画面,再选择合适的树叶进行拼贴。

学习思考

这周,大班的绘画主题是"树叶粘贴画",高老师决定带领孩子们去幼儿园旁边的公园捡树叶。来到公园的小树林,高老师给每位幼儿发放了一个密封袋,让他们将自己喜欢的树叶装在袋子里,在采集的过程中,高老师适时地进行指导:"请大家先想想一会要用树叶贴什么动物,然后根据动物的特征,尽量采集不同形状、不同颜色的叶子。"回到班级以后,高老师让幼儿想象不同形状的树叶像什么;然后,出示了很多动物图片,请幼儿观察这些动物的头、身体、尾巴等部位,为自己喜欢的动物选择合适的树叶;最后,高老师将树叶、托盘、彩笔、胶水等活动材料摆放在桌子上,请幼儿进行自由创作。

"学习思考"中的高老师不仅引导幼儿学会用心灵去感受和发现美,而且在感受美的过程中提升了其想象力。正如《指南》中要求的那样:"鼓励幼儿在生活中细心观察、体验,为艺术活动积累经验与素材。"

2. 科学评价幼儿作品,保护其想象力

作品评价是美术活动中不可缺少的环节,评价幼儿作品时,教师要了解并倾听幼儿艺术表现的想法或感受,领会并尊重幼儿的创作意图,不能简单地以"像不像""好不好"作为评价标准,要从幼儿的角度出发,营造自由、宽松的气氛,鼓励孩子们大胆想象,大胆表达自己的思想。如在一次美术活动中幼儿将太阳画成绿色,其他小朋友看了都觉得好笑,而教师则是以欣赏的态度请幼儿讲述作品中的故事,这不仅保护、重塑了幼儿的自信心,也让其他幼儿懂得了尊重别人的作品。

思政园地

一位教育专家做了一项测试,他先来到幼儿园,在黑板上画了一个圆,问孩子们:"这是什么?"有的说是饼干,有的说是盘子,甚至还有的孩子说是小壁虎画的画,孩子们给出的答案数不胜数。教育专家又来到小学,问了同样的问题,低年级的孩子答案有三种:圆、月亮、太阳。接下来,专家又来到了一所中学,结果只得到了一个答案:圆。

调查结束后,这位专家感慨道:"今天的调查结果让我感到很震惊,这让我想到了教育进展国际评估组织的一项针对全球 21 个国家的调查结果:中国孩子的计算能力排名第一,想象力排名倒数第一,创造力排名倒数第五。"

思考:为什么会出现这样的情况呢?

(三) 借助音乐活动,激发儿童的灵感,提升其想象力

音乐活动需要幼儿通过对音乐的感受,借助身体动作表达和表现想象中的情景,因此开展音乐活动不仅能培养幼儿的音乐素养,还能促进幼儿想象力的发展。在教学过程中,教师可以鼓励幼儿运用自己的想象去理解作品中的艺术形象,然后通过动作、表情等创造性地去表达自己的感受。

音乐的语言相对比较抽象,为了让幼儿更快地投入到音乐中,教师可以将音乐歌曲中的一些形象具体化，借助扮演，自发地创造音乐形象。如曹老师带领幼儿欣赏《猫和老鼠》这首歌时，当猫出场的音乐响起时，老师运用言语来启发幼儿想象："小朋友们，猫是怎么抓老鼠的?"这时孩子们开始模仿小猫张牙舞爪的样子，还有的孩子弓着腰，蹑手蹑脚地走着。这种形象扮演的方式，能充分调动幼儿欣赏音乐的积极性，让他们在游戏中增强想象的能力。

三、 借助游戏活动，鼓励和引导儿童大胆想象

游戏活动是幼儿的主要活动，在游戏活动，特别是角色扮演活动中，随着扮演的角色和游戏情节的发展变化，幼儿的想象会异常活跃。如最近幼儿对美食街上的食物特别感兴趣，祖老师一看孩子们热情这么高涨，就想在班级中开设一个美食区角。于是，祖老师请小朋友一起来商量一下美食街都卖什么，根据孩子们的讨论结果，美食街里有卖面条的、有卖麻辣烫的，还有烤串、饮料、蛋糕等。每个孩子根据自己的喜好扮演起美食摊的老板、厨师，还有小朋友扮演起顾客，为了增加游戏的真实性和趣味性，很多小朋友都自制了美食模型、货币、盘子等各种游戏道具。幼儿的想象力正是在这种有趣的游戏活动中发展起来的，游戏的内容越丰富，幼儿的想象力就越活跃，因此教师要积极引导幼儿设计、参加多种多样的游戏活动。

在进行游戏时，游戏材料和玩具都是必不可少的，因此教师要鼓励幼儿大胆想象，积极引导幼儿自制游戏道具，这样同样能活跃幼儿想象，促进幼儿想象能力的发展。

四、 家园合作，共同培养儿童的想象力

《纲要》指出，培养幼儿，不是幼儿园单方面的行为，需要家园合作共同努力。家长可以利用日常生活中的每一次契机，培养孩子的想象力。

学习思考

妈妈正在包饺子，5岁的女儿在一旁玩弄着手里的面团，将面粉弄得到处都是，妈妈没有生气，转过身来对女儿说："宝贝，这些面团除了能捏成饺子，还可以做成哪些形状呢?"女儿看了看妈妈，沉思了一会，说："妈妈，可以做成太阳。"说着女儿将一个面团用手压成了一个不规则的圆形，然后在圆形的四边又放置了一些长条，妈妈高兴地说："好奇特的太阳，那除了太阳还能做成什么呢?"

"学习思考"中的妈妈没有批评孩子的恶作剧行为，而是提出了一些"开放式"的问题，让孩子自己探究，找到问题的答案，孩子在思考和回答的过程中，必然会充分地发挥其想象力。孩子的想象力无处不在，父母只要开放自己的思维、放开孩子的手脚，就可以取得事半功倍的效果。

学习小结

想象是对大脑中已有的表象进行加工改造，形成新形象的过程。记忆和想象都是运用表象的过程，两者之间存在不同：记忆是头脑中已有形象的重新出现，即表象恢复活动的过程；想象是以记忆表象为基本材料，对已有表象加以改造的过程。

幼儿期是想象最为活跃的时期，想象贯穿于幼儿的各种活动中，对儿童的认知、情绪、学习等具有十分重要的作用。

想象按照不同的划分标准,有以下三种划分形式:一是根据有无目的,分为无意想象和有意想象,其中梦是无意想象的一种极端形式;二是依据新形象的创造性、独特性和新颖性,分为再造想象和创造想象;三是依据实现的可能性,分为理想和空想。

1.5岁到2岁,儿童的大脑神经系统趋于成熟,能在大脑中存储表象,这时候出现想象的萌芽,其实质是记忆材料的简单迁移,表现出三个特点:记忆表象在新情景下的复活、简单的相似联想以及没有情节的组合。

学前儿童想象的发展特点是:无意想象占主导,有意想象开始初步发展;再造想象占主导,创造想象开始逐步发展;想象易脱离现实,具有夸张性。

学前儿童的无意想象具有五个特点:想象没有明确目的;想象的主题不稳定、易变;以想象过程为满足;想象易受情绪、兴趣的影响;想象内容零散、无系统。

学前儿童的再造想象具有两个特点:再造想象依靠成人的言语描述;想象带有复制性和模仿性。

有研究者将幼儿的再造想象从内容上分为四种:经验性想象、情境性想象、愿望性想象和拟人化想象。其中经验性想象和情境性想象容易被混淆,前者强调的是"片段",后者强调的是"完整的情境"。

幼儿经常根据自己的主观经验、情绪等体会客观现实,其想象表现出极大的夸张性。表现出两个特点:(1)夸大事物的某个部分或某个特征;(2)混淆想象与现实。

幼儿想象具有夸张性的原因有三个:一是,幼儿认知水平低,感知分化不足,意识不到真的和假的之间的区别;二是,幼儿将想象与记忆混淆;三是,受情绪的影响。

学前儿童想象力的培养策略为:

(1)扩大儿童的知识经验,丰富其表象;

(2)通过绘画、语言、音乐等多种活动,开展想象训练,提升儿童的想象能力;

(3)借助游戏活动,鼓励和引导儿童大胆想象;

(4)家园合作,共同培养儿童的想象力。

聚焦国考

参考答案

一、单项选择题(每题3分,共计30分)

1. 幼儿看见天上的云彩,说是"有个小孩在骑大马",这是( )。

    A. 感知觉　　　　B. 注意　　　　C. 想象　　　　D. 记忆

2. 小朋友们听老师讲《猫和老鼠》的故事,头脑中就会出现猫和老鼠活灵活现的形象,这是( )。

    A. 创造想象　　B. 再造想象　　C. 幻想　　　　D. 无意想象

3. 在同一张桌上绘画的幼儿,其想象的主题往往雷同,这说明幼儿想象的特点是( )。

    A. 想象没有预定目的,由外界刺激直接引起

    B. 想象主题不稳定,想象方向随外界刺激变化而变化

    C. 想象内容零散,无系统性

    D. 以想象过程为满足

4. 一个小女孩听爸爸说这次出国回来要给她买电动火车,于是,她到幼儿园对小伙伴说:"我爸爸从国外给我带回一个电动火车,可好玩了。"这是幼儿( )的表现。

    A. 记忆　　　　B. 知觉　　　　C. 撒谎　　　　D. 想象

5. 儿童产生想象的原材料是( )。

    A. 过去感知过的事物　　　　　B. 老师语言的描述

    C. 头脑中已有的表象　　　　　D. 丰富的游戏内容

6. 以下做法,有利于培养幼儿想象力的是( )。

    A. 周末家长带孩子参观科技馆

B. 孩子有疑问时,家长怕答错保持沉默

C. 老师以"像不像"为标准评价孩子的艺术作品

D. 让孩子逐字逐句地阅读绘本

7. 儿童出现想象萌芽的时期是（　　）。

A. 1.5—2 岁　　　　B. 2—2.5 岁　　　　C. 2.5—3 岁　　　　D. 3—3.5 岁

8. 幼儿抱着一个青蛙玩具,只是静静地坐着,当老师说"青蛙要游泳了",幼儿的想象才活跃起来,这说明（　　）。

A. 经验性想象对幼儿的重要作用　　　　B. 成人的语言提示对幼儿有意想象的影响

C. 实际行动对幼儿想象的影响　　　　D. 幼儿的想象受个人愿望的影响

9. 以下说法正确的是（　　）。

A. 从小班开始,幼儿的想象就有了一定的独立性

B. 有意想象在幼儿期开始萌芽,幼儿晚期有了比较明显的表现

C. 在创造想象发展的基础上,再造想象开始发展起来

D. 幼儿的想象不需要依赖于成人的言语描述

10. 鲁迅在小说中塑造了"阿 Q"的形象,这种想象属于（　　）。

A. 无意想象　　　　B. 幻想　　　　C. 再造想象　　　　D. 创造想象

二、简答题（每题 5 分,共计 20 分）

1. 简述幼儿想象发展的特点。

2. 简述幼儿无意想象的发展特点。

3. 简述幼儿将想象与现实混淆后的具体表现。

4. 简述幼儿想象发展的策略。

三、论述题（20 分）

谈一谈如何培养幼儿的想象能力。

四、材料分析题（每题 15 分,共计 30 分）

1. 陆昊是幼儿园小班的小朋友。这天婷婷老师让他们画一画春天的景色,只见陆昊在纸上画了一片青草地,一抬头看见对面的天天在纸上画了一个奇特的小人,于是陆昊也画了一个小模小样的小人,画完以后,两人开心地讨论起来。

案例中陆昊的绘画行为,说明了幼儿想象的什么特点?

2. 康康特别喜欢听古典音乐,他也很崇拜音乐家。有一天,他跟妈妈说:"今天,肖邦叔叔到我们幼儿园来了,还给我们弹了钢琴呢!"妈妈听到后生气地对康康说:"你这孩子,怎么学会说谎了?"

康康为什么会出现这种现象? 成人应该怎样引导?

第七章

思维——理性的光辉

本章学点

1. 情感：正确认识儿童思维发展的规律及特点，理解儿童在现实生活中的行为表现，激发学习的热情和研究兴趣。

2. 认知：了解思维的概念、过程及种类，理解儿童思维发展的意义，掌握儿童思维发生与发展的规律和特点。

3. 技能：能够根据儿童思维发展的基本规律及其特点对儿童进行教育，为儿童思维发展奠定坚实的基础。

思政园地

有一年夏天，鲁国国王要鲁班监工建造一座宫殿，期限为3年。但是这座宫殿所需的木料，工匠们到山上砍上3年也完不成任务。这可急坏了鲁班，为了加快砍伐木料的进度，鲁班每天都要提前上山选择好要砍的树木。鲁班抄小路往山上走，可是坡陡路滑，而且横七竖八地长满了小树、杂草，行走非常不便，只好攀着树木、拽着茅草往上爬。突然，脚底一滑，身体便顺着山坡往下滚去，鲁班急忙抓住一把茅草，由于没有抓牢，反而感到手掌心无比疼痛，伸开手掌一看，掌心已是鲜血淋漓。

鲁班非常惊奇，为何一把茅草能够划破人的手掌。他顾不得疼痛，沿着滑下来的山坡，爬上去一看，这丛茅草与别的草没有两样。鲁班不甘心，便揪下一根茅草仔细地观察起来。这茅草的叶子很怪，两边长着锋利的小细齿，手握紧茅草一拽，手掌就会被划破。鲁班正想俯身探究其中的道理，忽然看到近处有一只大蝗虫，两枚大板牙一开一合吃着草叶。鲁班把蝗虫捉住细看，发现蝗虫的大板牙上也排列着许多小细齿。

鲁班从这两件事中得到启发，心想：如果仿照茅草和蝗虫的细齿，来做一件边缘带有细齿的工具，用它来锯树，岂不比斧砍更快、更好吗？鲁班忘记疼痛，转身下山，做起试验来。在金属工匠的帮助下，鲁班做了一把带有许多细齿的铁条。鲁班将这件工具拿去锯树，果然又快又省力。

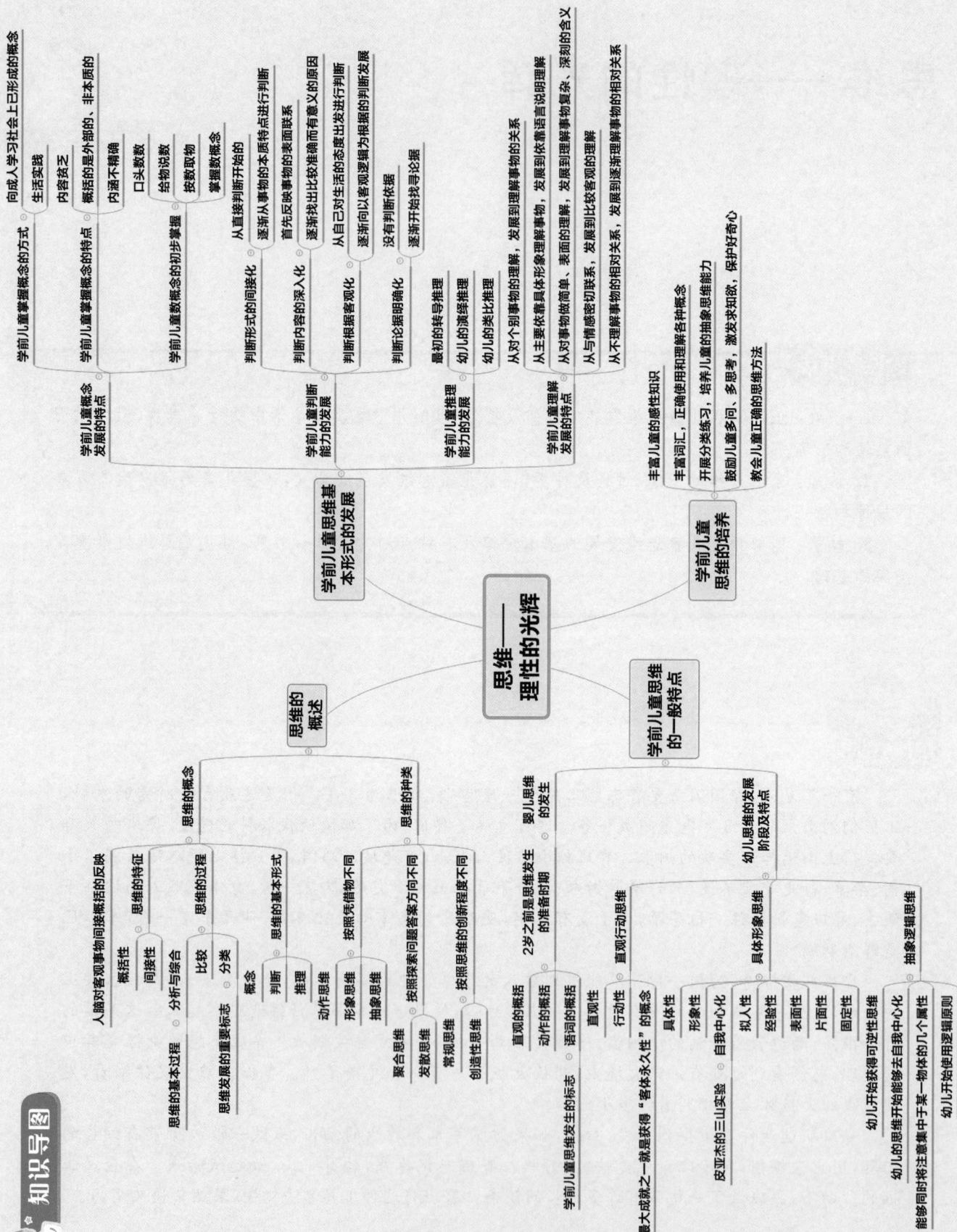

知识导图

思维——理性的光辉

思维的概述

- **思维的概念**
  - 人脑对客观事物间接概括的反映
- **思维的特征**
  - 概括性
  - 间接性
- **思维的过程**
  - 分析与综合
  - 比较
  - 分类
- **思维的基本形式**
  - 概念
  - 判断
  - 推理
- **思维发展的重要标志**
  - 动作思维
  - 形象思维
  - 抽象思维
- **思维的种类**
  - 按照思维探索答案方向不同：聚合思维、发散思维
  - 按照思维的创新程度不同：常规思维、创造性思维

学前儿童思维基本形式的发展

- **学前儿童概念发展的特点**
  - 学前儿童掌握概念的方式
    - 向成人学习社会上已形成的概念
    - 生活实践
  - 学前儿童掌握概念的特点
    - 内容贫乏
    - 概括的是外部的、非本质的
    - 内涵不精确
  - 学前儿童数概念的初步掌握
    - 口头数数
    - 给物说数
    - 按数取物
    - 掌握数概念
- **学前儿童判断能力的发展**
  - 判断形式的间接化 —— 从直接判断开始的 —— 逐渐从事物的本质特点进行判断
  - 判断内容的深入化 —— 首先反映事物的表面联系 —— 逐渐地比较准确地发生进行判断
  - 判断根据客观化 —— 从自己对生活的态度出发根据判断 —— 逐渐向以客观逻辑为根据的判断发展
  - 判断论据明确化 —— 没有判断依据 —— 逐渐开始找寻论据
- **学前儿童推理能力的发展**
  - 最初的转导推理
  - 幼儿的演绎推理
  - 幼儿的类比推理
- **学前儿童理解发展特点**
  - 从对个别事物的理解，发展到理解事物的关系
  - 从主要依靠具体形象理解，发展到依靠语言说明来理解
  - 从对事物做简单、表面的理解，发展到比较复杂、深刻的理解
  - 从与情感密切联系，发展到客观的理解
  - 从不理解事物的相对关系，发展到逐渐理解事物的相对关系

学前儿童思维的培养

- 丰富儿童的感性知识
- 丰富词汇，正确使用和理解各种概念
- 开展分类练习，培养儿童的抽象思维能力
- 鼓励儿童多思考，多提问，激发求知欲，保护好奇心
- 教会儿童正确的思维方法

学前儿童思维的一般特点

- **婴儿思维的发生**
  - 2岁之前是思维发生的准备时期
    - 直观的概括
    - 动作的概括
    - 语词的概括
  - 直观行动思维
    - 直观性
    - 行动性
  - 学前儿童思维发生的标志
  - 最大成就之一就是获得"客体永久性"的概念
    - 皮亚杰的三山实验
- **幼儿思维的发展阶段及特点**
  - 具体形象思维
    - 具体性
    - 形象性
    - 自我中心化
    - 拟人性
    - 经验性
    - 表面性
    - 片面性
    - 固定性
  - 抽象逻辑思维
    - 幼儿开始获得可逆性思维
    - 幼儿的思维开始能够去自我中心化
    - 幼儿的思维集中于某一物体的几个属性
    - 能够同时将注意集中……幼儿开始使用逻辑原则

第一节　思维的概述

思维是人类重要的心理过程,它能够揭示事物产生的原因及规律。牛顿通过掉落的苹果发现了万有引力的存在,考古学家通过化石和历史遗迹能够分析推测出这个地区数百年乃至数千年之前的样子,这些都是思维活动的表现。除此之外,思维也与我们的日常生活紧密相连。如看到地面结冰了,就会知道外面的天气很冷,需要多穿衣服。由此可见,思维与人类的日常活动是密不可分的。

一、思维的概念

（一）什么是思维

思维是人脑对客观事物间接、概括的反映。它是借助言语、表象或动作实现的,能揭示事物本质特征及内部规律的认识过程。我们看到地面湿了,推测曾经下过雨或者有洒水车经过,这就是通过思维认识客观事物的过程。而生活中,当我们遇到一些难以解决的问题时会"想一想"或"思考一下",这也是思维的表现。

（二）思维的特征

思维具有概括性和间接性。

1. 思维的概括性

思维的概括性是指思维所反映的是一类事物的共性,反映的是事物之间普遍的、必然的联系。因此,人们能通过事物的表面现象和外部特征,认识事物的本质和规律。例如,人们通过观察天空出现朝霞就会下雨,出现晚霞就会放晴,从而得出"朝霞不出门,晚霞行千里"的结论。

2. 思维的间接性

思维的间接性是指思维能对感官所不能直接感知的事物,借助某些媒介进行加工反映。例如,科学家可以通过一些动物的反常现象预报地震,医生能够根据病人的一些化验报告、血压和体温来推断病人的病情。

（三）思维的过程

思维的基本过程主要包括分析与综合、比较与分类、抽象与概括以及具体化四个部分。其中,幼儿思维基本过程的发展主要体现在分析与综合、比较以及分类三个方面。

1. 分析与综合

思维的基本过程就是分析与综合。通过分析综合在头脑中获得对客观事物更全面、更本质的反映。

在不同的认识阶段,幼儿的分析与综合有不同的水平。学前初期,受到感知觉发展的影响,幼儿对事物进行的分析综合过程,是感知水平的分析综合。随着语言在幼儿分析综合中作用的增加,幼儿逐渐学会凭借语言在头脑中进行分析综合。

2. 比较

比较是在大脑中把各种事物进行对比,并确定它们的异同。比较是分类的前提,通过比较才能进行分类概括。幼儿对物体进行比较,有以下特点和发展趋势:

① 逐渐学会找出事物的相应部分;

② 先学会找物体的不同处,后学会找物体的相同处,最后学会找物体的相似处。

3. 分类

分类能力的发展是思维发展的重要标志。对于幼儿来说，分类活动体现了其概括水平的发展。学前儿童的分类情况，可以归纳为以下五类。

① 不能分类。

② 依据感知特点分类。主要是根据事物的颜色、大小或其他特点分类。例如，因为桌子和椅子都有四条腿，所以幼儿会将它们归为一类。

③ 依据生活情境分类。把日常生活情境中经常在一起的东西归为一类。例如，书包是放在桌子上的，所以把书包和桌子归为一类。

④ 依据功能分类。例如，笔是写字用的，勺子是吃饭用的等。这一阶段儿童只能说出物体的个别功能，而不能加以概括。

⑤ 依据概念分类。能够根据事物的本质属性，给概念下定义，并能说明分类的原因。

不同年龄儿童分类情况又有所不同。一般来说，4岁以下儿童基本不能分类。5—6岁是儿童由不会分类向初步具备分类能力过渡的时期。5.5—6岁，儿童发生了从依靠外部特点向依靠内部隐蔽特点进行分类的显著转变。6岁以后，儿童开始逐渐摆脱具体感知和情境的束缚，能够依据物体的功用及其内在联系进行分类。

（四）思维的基本形式

思维的基本形式有概念、判断和推理。

1. 概念

概念是人脑对客观事物的一般特征和本质特征的反映。例如，"水果"这个概念，反映了苹果、香蕉、西瓜等一类事物所具有的本质属性（主要味觉是甜味跟酸味、水分较多的植物果实），而不涉及它们彼此不同的具体特征（如大小、形状、颜色等）。

2. 判断

判断是概念与概念之间的联系，是事物之间或者事物与其特性之间的联系的反映。

判断可以分为两大类：感知形式的直接判断和抽象形式的间接判断。一般来讲，直接判断主要反映的是事物之间的因果、条件等方面的联系。因此，在实际生活中，人们常常利用因果关系来了解学前儿童的判断、推理能力。

3. 推理

推理是根据已有的判断在头脑中形成新判断的过程，是判断与判断之间的联系。推理可以分为归纳推理、演绎推理和类比推理。

概念、判断和推理是相互联系的。概念的形成往往要通过一定的判断、推理过程。获得判断也需要经过推理，实际上，推理是思维的最基本的形式。而抽象逻辑思维就是主要通过推理进行的。因此，我们也可以通过学前儿童判断、推理能力的发展来了解其抽象逻辑思维的特点。

二、思维的种类

（一）按照凭借物不同，可分为动作思维、形象思维和抽象思维

动作思维是以具体动作为凭借物的思维过程。例如，儿童在算数时凭借手指头进行运算，他是边做动作边思考的，操作的动作是思维的支撑。

形象思维是以直观形象和表象为凭借物的思维过程。例如，创作一幅画，要在头脑里先构思图画的画面，这种构思的过程是以人或物的形象为素材的，所以叫形象思维。

抽象思维是用概念进行判断、推理并得出结论的过程。抽象思维以词为中介来反映现实，这是思维的

最本质特征,也是人的思维和动物心理的根本区别。例如,"这是苹果",并没有说是大苹果、小苹果、红苹果还是绿苹果,这就是以词的形式对事物的反映。

(二)按照探索问题答案方向不同,可分为聚合思维和发散思维

聚合思维是按照已知的信息和规则进行的思维。例如,利用公式解题,按照说明书把购买的电子产品的各种性能调试出来,都是聚合思维。

发散思维是沿着不同的方向探索问题答案的思维。例如,一题多解、脑筋急转弯等都是发散思维。除此之外,问题没有现成的途径和方法可以借鉴,没有过去的经验可以参考的时候,也要进行发散思维,从不同的方面去寻找问题的答案,所以,发散思维更具创造性。

(三)按照思维的创新程度不同,可分为常规思维和创造性思维

常规思维是用已知的方法去解决问题的思维。例如,完成课后练习时用到的就是常规思维。而创造性思维是用独创的方法去解决问题的思维。例如,科学家发明新型机器人。

第二节 学前儿童思维的一般特点

感知觉是人们认识世界的第一步,而思维的发展使人们不再满足于感知事物的表面现象,还想知道各种现象背后的原因。那么,幼儿是什么时候开始出现这种改变的? 他们的思维活动具有哪些特点呢? 下面,让我们一起来了解学前儿童思维的发生及发展。

一、婴儿思维的发生

婴儿思维处在人类思维发展的低级阶段,具有思维的本质特点:间接性和概括性。但是由于受到生理水平的制约,婴儿抽象概括水平很低。

大约在2岁,儿童思维开始发生,这与言语真正发生的时间相近。2岁之前是思维发生的准备时期。出现最初的语词概括,是学前儿童思维发生的标志。学前儿童概括地反映客观事物的能力,是逐渐发展起来的。研究表明,学前儿童概括能力的发展经过了三个阶段。

第一阶段,直观的概括:概括事物最鲜明和突出的外部特征。

知识拓展

> 曾有人做过这样的实验:实验共用7套玩具,小井—小亭子,船—熨斗,桶—砂锅,玻璃瓶—高脚玻璃杯,塔—磨,柜子—炉子,耙子—刷子。每套玩具的大小相同,每种形状相同的玩具又都有红、绿两种颜色。
>
> 实验者首先用一种颜色的玩具(如红井、绿亭子)使儿童学会了颜色的名称以后,要求儿童按照指定名称从整套玩具中找出该玩具。例如,用绿色的亭子进行教学后,向儿童提问:"亭子在什么地方?"这时,11个月至1岁7个月的65名被试儿童中,29名儿童(占45%)不仅指出绿色的亭子,也指出了绿色的井。而36名儿童(占55%)则动摇于颜色和形状之间。也就是说,在被问到"亭子在哪里"时,指出了绿色的井,被问到"井在哪里"时,也指出了绿色的井。有的儿童被问到"亭子在哪里"时,时而指出红井,时而指出红亭子,还指出了绿亭子。但听到问"井在哪里"时,却一个事物也指不出来。

上述实验结果表明，幼儿在学会玩具的名称以后，会将这一名称推广到其他玩具上，将玩具最突出的特征——颜色作为玩具概括的依据，这就是直观的概括。

第二阶段，动作的概括：随着幼儿逐渐掌握了各种物体的用途，也开始慢慢学会用这些物体表达自己的意愿。例如，婴儿通过用手指向物体表达想要某种东西。通过不断地练习，幼儿慢慢学会了用动作表达自己的想法，这就是幼儿动作概括的初始阶段。

随着大动作的发展，幼儿开始学会利用身边的工具来表达想法。例如，玩"过家家"时，利用手绢给娃娃盖被子或者让娃娃坐在小汽车上，然后推动小汽车。但这时期只能概括某个单独物体，而不是对一类事物的共同特征进行概括。因此，这不是最初的概括。

第三阶段，语词的概括：2岁左右，幼儿开始能按照物体较稳定的主要特征加以概括，并且舍弃非本质、可变的次要特征。例如，对于"车"这个概念，幼儿可以舍弃车的颜色、大小等差别，将"车"这个词作为交通工具的标志，并且能够根据需要使用车的主要特征，如驾驶、运输等。

二、幼儿思维的发展阶段及特点

幼儿思维发展呈现出三种不同形态，分别是直观行动思维、具体形象思维和抽象逻辑思维。幼儿早期的思维以直观行动思维为主，幼儿中期的思维以具体形象思维为主，幼儿晚期抽象逻辑思维开始萌芽。

（一）直观行动思维

直观行动思维是幼儿依靠对事物的感知，依靠动作来进行的思维，是最低水平的思维，其典型活动方式是尝试错误。这种思维的主要特点是直观性和行动性。

① 直观性。直观行动思维离不开幼儿自身对物体的感知，依赖直观的事物和情景。例如，幼儿只有抱着娃娃才会玩"过家家"，一旦离开娃娃，游戏就停止了。

② 行动性。直观行动思维不能离开自身的动作。因此幼儿常常出现先做后想，或者边做边想的现象。例如，在儿童绘画的时候，往往画之前不知道要画什么，完成之后才知道画的是什么。

在皮亚杰看来，这一阶段的幼儿思维发展的最大成就之一就是获得"客体永久性"的概念，即幼儿明白了消失在眼前的物体仍将继续存在。

真题链接

（2015年下半年真题）小班幼儿玩橡皮泥时，往往没有计划性。把橡皮泥搓成团就说是"包子"，搓成条就说是"面条"，把长条橡皮泥卷起来就说是"麻花"。这反映了小班幼儿（ 　 ）。

A. 具体形象思维特点　　　　　　　　B. 直觉行动思维特点

C. 象征性思维特点　　　　　　　　　D. 抽象逻辑思维特点

参考答案

（二）具体形象思维

具体形象思维是指幼儿依靠事物的形象和表象来进行的思维。一般认为2.5—3岁是幼儿从直观行动思维向具体形象思维转化的关键期。3—6岁儿童的思维主要以具体形象思维为主，这种思维的特点为以下八点。

① 具体性。幼儿在思考问题时，总是借助具体事物或具体事物的表象。幼儿容易掌握那些代表实际

东西的概念,不容易理解比较抽象的概念。如"交通工具"这个概念比较抽象,而"小汽车"这个概念就比较具体,因此幼儿掌握"小汽车"这一概念要比"交通工具"更容易。此外,幼儿在语言的理解上,也同样存在这一特点。如老师说:"喝完水的小朋友把杯子放到柜子里去!"刚入园的幼儿都没有反应。但老师如果说:"明明,把杯子放到柜子里去吧!"明明就能够理解老师说的话的意思了。

② 形象性。幼儿依靠事物的形象来思维,头脑中充满着各种各样颜色和形状的生动形象。比如,爷爷总是长着白胡子,兔子总是小白兔,穿警服的才是警察叔叔等。

学习思考

如果成人问幼儿 2+3=？ 的计算题,幼儿虽然可以进行计算,但实际上他们在计算的时候并不是对数字进行分析综合,而是依靠头脑中对事物的表象的再现而得来的,如 2 根手指加上 3 根手指,再数一数结果是 5 根手指。

具体性和形象性是具体形象思维的两个最为突出的特点。此外,幼儿的具体形象思维还派生出一系列的特征,如自我中心化、泛灵性、经验性、表面性、片面性和固定性。

③ 自我中心化。皮亚杰认为,在心理发展的初期,自我和外部世界还没有明确分化开来。儿童把每一件事情都与自己关联起来,好像自己就是宇宙的中心一样。也就是说,儿童只能根据自己的需要和感情去判断和理解事物、情境同人的关系等,而完全不能采取别人的观点,不去注意别人的意图,不会从别人的角度去看问题,同样不能按事物本身的规律和特点去看问题。

④ 拟人性。也称为泛灵性,幼儿往往把动物或一些物体当作人来看待,赋予动物或一些物体以自己的行动经验和思想感情,和它们交流,把它们当作好朋友。如幼儿认为太阳公公能看见小朋友们在玩,并感觉太阳公公一直在看着他。

⑤ 经验性。幼儿的思维活动常常根据自己的生活经验来进行。比如,媛媛往鱼缸里浇开水,当老师询问原因时,媛媛回答说:"老师说,多喝开水,才能预防感冒,我怕鱼也感冒了,所以给它浇开水。"

⑥ 表面性。幼儿思维活动只是根据接触的表面现象来进行。因此幼儿的思维往往只是反映事物的表面联系,不能反映事物的本质联系。比如,一个 5 岁孩子认真地看阿姨给新生儿喂奶,看见奶水从阿姨的乳房流出来时,认真地问:"阿姨,那里面有没有咖啡?"由于幼儿只能从表面理解事物,所以难以理解反话,成人应避免对幼儿说反话。

真题链接

1.(2016 年下半年真题)青青的妈妈说:"那孩子小嘴真甜!"青青问:"妈妈,您舔过她的嘴吗?"这主要反映青青( )。

参考答案

A. 思维的片面性　　　　　　　　　B. 思维的拟人性

C. 思维的生动性　　　　　　　　　D. 思维的表面性

2.(2014 年上半年真题)幼儿难以理解反话的含义,是因为幼儿理解事物具有( )。

A. 双关性　　　　B. 表面性　　　　C. 形象性　　　　D. 绝对性

3.(2021 年上半年真题)妈妈带 3 岁的岳岳在外度假,阿姨打来电话问:"你们在哪里玩?"岳岳说:"我们在这里玩"。这反映了岳岳思维具有什么特征?( )

A. 具体性　　　　B. 不可逆性　　　　C. 自我中心性　　　　D. 刻板性

4.（2019年上半年真题）教师出示饼干盒，问亮亮里面有什么，亮亮说"饼干"。教师打开饼干盒，亮亮发现里面装的是蜡笔。教师盖上盖子后再问："欣欣没有看过这个饼干盒，等一会儿我去问欣欣盒子里面装的是什么，你猜她会怎么回答？"亮亮很快就说："蜡笔。"

（1）亮亮更可能是属于哪个年龄班的幼儿？

（2）你判断的依据是什么？

⑦ 片面性。由于幼儿思维的表面性，所以幼儿只能理解事物的表面，并且只关注事物的某一部分。如给幼儿出示两个一样大小的橡皮泥球，孩子知道是一样大的，把其中的一个球变成长条，这时幼儿认为两块橡皮泥就不一样大了。

⑧ 固定性。幼儿思维的具体性使其思维缺乏灵活性，所以生活中幼儿常常表现出"认死理"。比如，在美工活动中，小朋友们都在等着教师发剪刀，可是发到中途发完剪刀了，教师又去拿。另一位老师给他们拿手工区的剪刀，他们说什么都不肯要。这时他们的老师回来说："没有剪刀了，你们就用手工区的吧！"可是这几个小朋友仍不愿意用手工区的剪刀。

（三）抽象逻辑思维

学前儿童抽象逻辑思维萌芽的表现主要有以下四点。

第一，幼儿开始获得可逆性思维。例如，幼儿开始认识到如果在一堆珠子中减去几个，然后增加相同数目的珠子，这堆珠子的总数将保持不变。

第二，幼儿的思维开始能够去自我中心化。所谓去自我中心化就是幼儿认识到他人的观点可能与自己的有所不同，幼儿能站在他人的立场和角度考虑问题。例如，幼儿开始能够解决"三山问题"。

第三，幼儿开始能够同时将注意集中于某一物体的几个属性，并开始认识到这些属性之间的关系。

第四，幼儿开始使用逻辑原则。幼儿获得的重要逻辑原则是不变性原则，即 A＝B，B＝C，所以 A＝C 的原则。

第三节　学前儿童思维基本形式的发展

一、学前儿童概念发展的特点

（一）学前儿童掌握概念的方式

概念是人脑对客观事物的一般特征和本质特征的反映，是在概括的基础上形成的。幼儿掌握概念的特点受概括水平的制约，以掌握词为标志的概念，是逻辑思维发展的表现。儿童掌握概念的方式大致有两种类型。

1. 向成人学习已形成的概念

学前儿童在日常生活中经常接触各种事物，其中有些就被成人作为概念的实例特别加以介绍，同时用词来称呼它。例如，带孩子外出的时候，看到各种车辆就告诉他，这是"汽车"，那是"马车"。成人在教给幼儿概念时，也会通过列举实例进行。例如，指着画面上的物品告诉他："这是牛，这是马。"研究表明，学前儿童获得的概念几乎都是通过这种方式获得的。

需要注意的是，儿童并不是简单、机械地接受成人所教的概念，而是把成人传授的知识纳入自己的经验系统之中，经过概括形成概念。

2. 在生活实践中掌握概念

除了向成人学习概念以外，儿童掌握概念也可能在生活实践中进行。因此，丰富幼儿的生活，提供多样的实践活动可以帮助幼儿提高概念的获得水平，从而促进幼儿思维的发展。

（二）学前儿童掌握概念的特点

思政园地

> 鲁相国公仪休喜吃鱼，各地官员纷纷送鱼投其所好，但都被他一一谢绝。他的门生莫名其妙，问道："先生爱吃鱼，为何又把送到眼前的鱼拒之门外？"公仪休说："恰恰因为我爱吃鱼，才不得不谨小慎微。如果我来者不拒，说不定哪天会因徇私受贿丢官罢相，甚至性命难保。那时，想吃鱼能吃上吗？现在我廉洁自律，奉公守法，保有鲁国相位，才可以常常吃到鱼。"公仪休的话看似浅薄，实际上却说出了一个深刻的公私关系的道理。

学前儿童的概括能力主要属于形象水平，后期开始向抽象概括水平发展，具体特点主要有以下三点。

1. 概括的内容比较贫乏

幼儿初期儿童只能进行初步的概括，概括的内容极其贫乏。例如，"猫"只代表自己家里的小花猫或少数他所看过的猫，"树"只代表自己家门前的树或少数他所看过的树。到了幼儿晚期，概念所概括的内容才逐渐比较丰富。

2. 概括的特征很多是外部的、非本质的

儿童常常把外部的和内部的、非本质的和本质的特征混在一起，还不能很好地对事物的内部的、本质的特征进行概括。正是由于这个原因，学前儿童大多以功用性的定义来说明事物的概念。

3. 概括的内涵往往不精确

儿童概括的内涵不精确，往往会出现概念的范围过大或过小的情况。例如，把桌椅、柜子概括为"用的东西"；认为"儿子"一词就代表小孩。因此，有一天看见一个高大而嘴上有短胡须的男人，当被告知是幼儿园里保安的儿子，就感到非常惊奇。正是由于这些特点，学前儿童一般只能掌握比较具体的实物的概念。只有到了幼儿晚期，儿童才有可能掌握一些比较抽象的概念，如野兽、动物、家具、种子、勇敢等。

（三）学前儿童数概念的初步掌握

数概念是反映事物数量和事物间序列的概念。学前儿童掌握数概念也是一个从具体到抽象的发展过程。学前儿童数概念发展大致经历了四个阶段：

第一阶段：口头数数。3—4岁的幼儿一般能从1数到10，但多数都像背儿歌似的背诵这些数字，带有顺口溜的性质，并没有形成每一个数词与实物间的一对一的联系，这表明幼儿尚不理解数的实际意义。

第二阶段：给物说数。用手逐一指点物体，同时有顺序地说出数词，使说出的一个数词与手点的一个物体一一对应。要求幼儿做到手口一致，既不重复，也不漏数，手、眼、口、脑要协同活动。要求儿童需把数过的物体作为一个总体来认识，即能理解数到最后一个物体，它所对应的数词就表示这一组物体的总数，即回答"一共是几个"的问题。

第三阶段：按数取物。这一时期，儿童能够按一定的数目拿出同样多的物体。这是对数概念的实际运用。按数取物首先要求儿童能记住所要求取物的数目，然后按数目取出相应的物体。

第四阶段：掌握数概念。这一时期，以儿童能够把事物的数量关系从各种对象中抽出，并和相应的数字建立联系为标志。也就是说，这一时期，儿童真正掌握了数字的含义。例如，正确理解数字"3"，知道"3"

不仅代表 3 个苹果,同样代表了所有数量为 3 的物体。

此外,学前儿童数概念的掌握也可划分为掌握数的顺序、数的实际意义及数的组成三个阶段。其中,掌握数的顺序对应了口头数数阶段,能够口数 10 以内的数,但不会真正地去数物体;数的实际意义对应给物说数和按数取物两个阶段,这一时期幼儿具备了初步的计算能力,但未形成数概念;数的组成是儿童形成数概念的关键时期,儿童能够用实物进行 10 以内的加减。

真 题 链 接

1.(2017 年上半年真题)桌面上一边摆了三块积木,另一边摆了四块积木。教师问幼儿:"一共有几块积木?"从幼儿的下列表现来看,数学能力发展水平最高的是( )。

参考答案

A. 把三块积木和四块积木放在一起,然后一个一个点数

B. 看了一眼三块积木,说出"3",暂停一下,接着数"4、5、6、7"

C. 左手伸出三根手指,右手伸出四根手指,然后掰手指数出总数

D. 幼儿先看了三块积木,后看了四块积木,暂停了一下,说七块

2.(2022 年上半年真题)某大班几个小朋友在讨论有关动物的问题。老师问:"你们刚才说了很多动物,我想问问,到底什么是动物?"丁丁说:"我们刚才说的大象、猴子、孔雀、斑马都是动物!"鹏鹏说:"动物有的有腿,有的有翅膀,有的会跑,有的会飞,有的会在水里……"蓝蓝马上接着说:"有的吃草,有的吃米,有的喜欢吃肉……"睿睿说:"我觉得会自己动的,会吃东西的,都是动物。"

问题:请分析上述儿童概念发展的水平。

二、 学前儿童判断能力的发展

学前儿童判断能力随年龄增长而不断发展,一般来说,学前儿童判断能力的发展特点有以下四个。

(一) 判断形式间接化

学前儿童的判断发展是从直接判断开始的,例如,一个孩子为了偷吃食物而打碎了 1 个盘子,另一个孩子为了帮助妈妈而打碎了 10 个盘子,年龄小的孩子会认为摔碎盘子的数量越多的人应该受到更严厉的批评。随着年龄的增长,儿童开始意识到应从事物的本质特点出发进行判断,所以 6—7 岁的儿童认为为了偷吃食物而打碎盘子的孩子更应该受到惩罚。

(二) 判断内容深入化

从判断的内容上看,儿童的判断首先反映事物的表面联系。幼儿初期儿童往往把直接观察到的物体表面现象作为因果关系进行判断。例如,对物体浮沉现象,该年龄儿童说:"火柴浮起来,因为它在水里。"

在发展过程中,幼儿逐渐找出比较准确而有意义的原因。例如,"球在斜面上滚下来,因为这儿有小山,球是圆的,它就滚了,如果不是圆的,就不会滚动了"。5—6 岁幼儿,开始能够按事物的隐蔽的、比较本质的联系作出推理。例如,"皮球是圆的,它要滚""(桌子)断了三条腿,它站不稳""(乒乓球)空,会漂""(磁球)不是空的,是石头做的,就会落下去"。

(三) 判断根据客观化

从判断依据上看,幼儿初期常常从自己对生活的态度出发进行判断。这种判断一般按照"生活逻辑"或"游戏逻辑"进行。因此判断没有一般性原则,不符合客观规律,属于前逻辑思维。随着年龄的增长,幼

儿逐渐从以生活逻辑为根据的判断,向以客观逻辑为根据的判断发展。在这个过程中,还要经过以事物的偶然性特征(颜色、形状等)为根据,过渡到以孤立的、片面的、不确切的原则为根据(重的沉、轻的浮),然后,开始出现一些正确的或接近正确的客观逻辑的判断(木头做的东西在水里浮)。

(四)判断论据明确化

幼儿初期儿童没有意识到判断的依据,如3—4岁幼儿常以别人的论据作为论据,如"妈妈说的,老师说的"。随着幼儿的发展,他们开始设法找寻论据,但是最初出现的论据往往是游戏性的或猜测性的。

三、学前儿童推理能力的发展

学前儿童在其经验可及的范围内,已经能进行一些推理,但其整体水平比较低。具体体现在以下三个方面。

(一)最初的转导推理

儿童最初的推理是转导推理。转导推理是从一些特殊事例到另一些特殊事例的推理。如根据奶牛能产奶,山羊能产奶,会做出山羊就是奶牛的判断。因此严格来说,这种推理还不是逻辑推理,因为缺乏相关的知识经验,而且不能进行分类、概括。

(二)幼儿的演绎推理

归纳推理和演绎推理都属于逻辑推理,演绎推理的简单而经典的形式是三段论。三段论是由三个判断、三个概念构成,每个概念出现三次。它是从两个反映客观事物的联系和关系的判断中推出新的判断。实验证明,学前晚期经过专门教学,幼儿能够正确使用三段论式的逻辑推理。

(三)幼儿的类比推理

类比推理是根据两个或两类对象有部分属性相同,从而推出它们的其他属性也相同的推理。在某种程度上来说属于归纳推理,它是对事物或数量之间关系的发现和应用。例如,从"耳朵是用来听的"推出"眼睛是用来看的"。

> **真题链接**
>
> (2016年上半年真题)下雨天走在被车轮碾过的泥泞的路上,小雪问:"爸爸,地上一道一道的是什么啊?"爸爸说:"是车轮压过的泥地,叫车道沟。"小雪说:"爸爸脑门上也有车道沟(指皱纹)。"小雪的说法体现的幼儿思维特点是( )。
>
> 参考答案
>
> A. 转导推理 B. 演绎推理 C. 类比推理 D. 归纳推理

四、学前儿童理解发展的特点

理解是个体运用已有知识经验去认识事物的联系、关系乃至本质规律的思维活动,学前儿童对事物的理解有以下发展趋势。

1. 从对个别事物的理解,发展到理解事物的关系

从理解的内容上来看,儿童对图画和故事的理解都遵循这一趋势。如儿童对图画的理解,最初只

理解图画中最突出的个别人物,然后理解人物形象的姿势和位置,最后理解主要任务或物体之间的关系。

2. 从主要依靠具体形象理解事物,发展到依靠语言说明理解

从理解的依据来看,由于言语发展水平及幼儿思维特点的影响,幼儿常常依靠行动和形象来理解事物。随着年龄增长,儿童逐渐能够摆脱直观形象的依赖,而只靠言语描述来理解。

3. 从对事物做简单、表面的理解,发展到理解事物复杂、深刻的含义

从理解的程度来说,受到思维形式的影响,幼儿的理解往往比较直接,年龄越小越是如此。

4. 从与情感密切联系,发展到比较客观的理解

从理解的客观性来说,儿童对事物的情感态度直接影响他们对事物的理解。这种影响在 4 岁之前尤为突出。随年龄增长,儿童能够逐渐摆脱情感联系,能根据事物的客观逻辑来理解。

5. 从不理解事物的相对关系,发展到逐渐理解事物的相对关系

儿童对事物的理解常常是固定或极端的,不能理解事物之间的相对关系或中间状态。例如,幼儿认为好人永远是好的,没有任何缺点。随着年龄增长以及思维水平的发展,幼儿能逐渐理解事物之间的相对关系。

第四节　学前儿童思维的培养

思维是智力的重要组成部分,而儿童思维能力的高低与对其培养的策略有非常大的关系,教师可以通过以下方法提高儿童的思维能力。

一、 丰富儿童的感性知识

思维是在感知基础上发展起来的,是通过感知觉获得具体材料之后,再经过一系列的思维过程才达到的。感知的信息越丰富,思维就越深刻。因此要有意识地引导儿童重点观察周围事物的变化,每天开展集体谈话活动,他们就会有许多新的发现,例如:"教室里的植物长高了。""幼儿园重新粉刷了墙壁。""大家脱掉了厚厚的棉服。"

同时,教师还要引导儿童对问题进行深刻的思考,并通过多种途径探索,寻找答案。例如:"堆好的雪人为什么第二天就融化了?"教师可以通过引导儿童观察和思考,使其懂得是因为受热融化的。

二、 丰富词汇,正确使用和理解各种概念

通过词汇和语法规则,儿童得以逐渐摆脱直观行动思维和具体形象思维的束缚,利用抽象逻辑思维进行思考。所以,一个语言混乱的人,思维也必然是混乱或没有条理的。因此,培养学前儿童的语言表达能力,对发展其思维能力是至关重要的。

三、 开展分类练习,培养儿童的抽象思维能力

在心理测验中,检测儿童概括能力和概念水平常常采用分类法,因此进行分类练习,有利于儿童的概括能力、抽象思维能力的发展。在日常生活中,进行分类练习的方法有很多,如在儿童面前摆好已正确分类的图片组,告诉儿童每组(类)的名称,并说明理由,然后打乱顺序,让儿童尝试分类并说明理由。

四、 鼓励儿童多问、多思考，激发求知欲，保护好奇心

好奇心是儿童的年龄特征之一，儿童对陌生环境充满了探索欲，因此要注意保护儿童的好奇心，鼓励儿童好问、多问、多动脑，这样才能使儿童的思维活跃，不断地获取知识的同时，还有助于提高儿童思维能力的发展。例如，提问："两个颜色、大小完全相同的球，一个是石头做的，另一个是木头做的。怎样才能把两个球区别出来？"

五、 教会儿童正确的思维方法

随着年龄的增长，儿童有了更多的感性知识和生活经验，语言也发展到了较高的水平，这些都为思维发展提供了必要的条件和工具。但儿童还需要掌握正确的思维方法，才能更好地利用已有条件和工具。在这一过程中需要教师的引导，当儿童遇到问题时教师应帮助其通过分析、综合、比较和概括来做出逻辑判断和推理。

学习小结

思维是人脑对客观事物间接概括的反映，思维具有概括性和间接性。

思维的过程有分析与综合、比较与分类、抽象和概括以及具体化。

思维的基本形式有概念、判断和推理。

思维依据不同的划分标准，分为以下种类：

根据思维过程中的凭借物不同，可分为直观动作思维、具体形象思维和抽象逻辑思维；

按照探索问题答案方式的不同，可分为聚合思维和发散思维；

按照思维的创新程度不同，可分为常规思维和创造性思维。

思维具有两大重要意义：

一是思维的产生使儿童的认识过程发生重要质变；

二是思维的产生和发展使儿童的个性开始萌芽。

婴儿的思维在2岁左右发生。学前儿童思维发生的标志是语词概括的出现。

学前儿童思维的发展阶段包括直观行动思维、具体形象思维和抽象逻辑思维。其中，直观行动思维的特点是直观性和行动性；具体形象思维的特点是具体性、形象性、自我中心化、泛灵性、经验性和表面性、片面性、固定性。

学前儿童获得概念的方式有：通过实例获得概念；通过语言理解获得概念。

学前儿童掌握概念的特点：概括的内容比较贫乏；概括的特征很多是外部的、非本质的；概括的内涵往往不精确。

学前儿童数概念发展大致经历了四个阶段：口头数数；给物说数；按数取物；掌握数概念。

学前儿童判断能力的发展特点：判断形式的间接化；判断内容的深入化；判断根据客观化；判断论据明确化。

学前儿童推理能力的发展特点：抽象概括性差；逻辑性差；自觉性差。

学前儿童理解能力的发展特点：

从对个别事物的理解，发展到理解事物的关系；

从主要依靠具体形象来理解事物，发展到依靠语言说明来理解；

从对事物作简单、表面的理解，发展到理解事物较复杂、较深刻的含义；

从与情感密切联系，发展到比较客观的理解；

从不理解事物的相对关系,到初步能理解事物的相对关系。

学前儿童思维培养的策略有以下五个方面:

丰富儿童的感性知识;

丰富词汇,正确使用和理解各种概念;

开展分类练习,培养儿童的抽象思维能力;

鼓励儿童多问、多思考,激发求知欲,保护好奇心;

教会儿童正确的思维方法。

?? 聚焦国考

一、单项选择题(每题 3 分,共计 30 分)

1. 以下说法正确的是(　　)。

A. 动作概括是儿童思维发生的标志

B. 思维的发生标志着儿童的各种认识过程已经齐全

C. 幼儿早期的思维属于具体形象思维

D. 具体形象思维阶段儿童的思维是可逆的

2. 幼儿听妈妈说:"看那个女孩长得多甜!"他问:"妈妈,你舔过她吗?"这反映出幼儿(　　)。

A. 思维的片面性　　　　　　　　　B. 思维的拟人性

C. 思维的生动性　　　　　　　　　D. 思维的表面性

3. 直观行动思维活动的典型方式是(　　)。

A. 认知地图　　　　B. 试探搜索　　　　C. 尝试错误　　　　D. 顿悟

4. 2 岁以前幼儿的直观行动思维使其动作具有一些特点,以下表述错误的是(　　)。

A. 动作有试误性　　　　　　　　　B. 动作无计划性

C. 精细动作发展迟缓　　　　　　　D. 动作停止思维停止

5. 儿童掌握概念的方法主要是(　　)。

A. 生活实践　　　　B. 自己获得　　　　C. 语言理解　　　　D. 顿悟

6. 幼儿难以理解反话的含义,是因为幼儿理解事物具有(　　)。

A. 片面性　　　　B. 经验性　　　　C. 自我中心化　　　　D. 具体形象性

7. 思维萌芽的时间是(　　)。

A. 1 岁左右　　　　B. 2 岁左右　　　　C. 3 岁左右　　　　D. 4 岁左右

8. 以下说法错误的是(　　)。

A. 思维的发展使其他认识过程产生质变

B. 思维发生在感知、记忆过程之后

C. 思维的基本形式为概念、判断和推理

D. 幼儿的思维常常按照逻辑推理进行思维

9. 以下说法正确的是(　　)。

A. 幼儿最初的推理是演绎推理

B. 幼儿的理解发展从对个别事物的理解发展到理解事物的关系

C. 幼儿的判断以间接判断为主

D. 幼儿掌握的概念主要是数概念

10. 具体形象思维的工具是(　　)。

A. 动作　　　　B. 表象　　　　C. 语词　　　　D. 感知觉

二、简答题（每题 5 分，共计 20 分）

1. 什么是思维？
2. 思维的种类有哪些？
3. 思维的过程有哪些？
4. 学前儿童掌握数概念经历了哪几个阶段？

三、论述题（每题 10 分，共计 20 分）

1. 试述学前儿童思维发展的阶段及特点。
2. 结合实例，谈谈促进学前儿童思维发展的策略有哪些。

四、材料分析题（每题 15 分，共计 30 分）

1. 幼儿教师在幼儿园教学中要使用大量直观形象教具，以帮助幼儿理解教学内容；在给孩子讲故事时，讲到"大象用鼻子把狼卷起来"总是用手做出"扔"的样子。孩子们也学着老师的样子做出相应的动作，脸上会露出会意的笑容。

分析案例中的现象回答以下问题：

（1）此案例体现了儿童思维发展中的什么特点？

（2）根据该特点，教师应如何有针对性地教学？

2. 教师为幼儿制作了一列"小火车"，在每节车厢上分别贴了不同品种与数量的"水果"标签，要求幼儿能按标签投放"水果"。雪儿看看标签，然后往不同的车厢装进与标签品种一样的"水果"，每节车厢都装满了"水果"。莉莉看着标签，并用手点数标签上的"水果"，嘴里还念着数字，然后拿出相应品种和数量的"水果"放进车厢。民民看看标签，就取出相应品种和数量的"水果"放进车厢，然后看着车厢里的"水果"，自言自语道："嗯，都放对了。"

问题：（1）根据上述三名幼儿各自的表现，分析其数学能力发展的水平。

（2）该材料对教育的启示是什么？

第八章

言语——能说会道的秘密

本章学点

本章学点

1. 情感：正确认识儿童在言语发展过程中存在的问题,激发学习学前儿童言语发展知识的热情。
2. 认知：了解言语的概念、种类及功能,掌握儿童言语发展的基本规律及特点。
3. 技能：能够根据儿童言语的发展特点制定合理的教育策略。

思政园地

周恩来总理具有极高的语言天赋,在国际外交的舞台上,他多次用自己的语言智慧维护国家和民族的尊严。有一次外国记者问周总理:"你们中国一向反对美国,为什么还要使用美国制造的商品?"只见周总理从上衣口袋抽出一支钢笔,说道:"事实的确如此。诸位请看,这支派克笔就是美国制造的,但大家有所不知,这可是在抗援朝战场上缴获的战利品啊!"还有一次外国记者问总理:"我们西方人走路总是挺起胸堂,中国人走路总是弯腰驼背,这是为什么?"周总理答道:"这是因为我们中国人正在走上坡路,而你们西方人正在走下坡路。"

所以,《这十年,强语助力强国》强调:一词一句、一笔一画,生活中习以为常的语言文字却是一个国家的文化资源、经济资源、安全资源、战略资源,是一项基础性、全局性、社会性、全民性事业。强国必须强语,强语助力强国。

知识导图

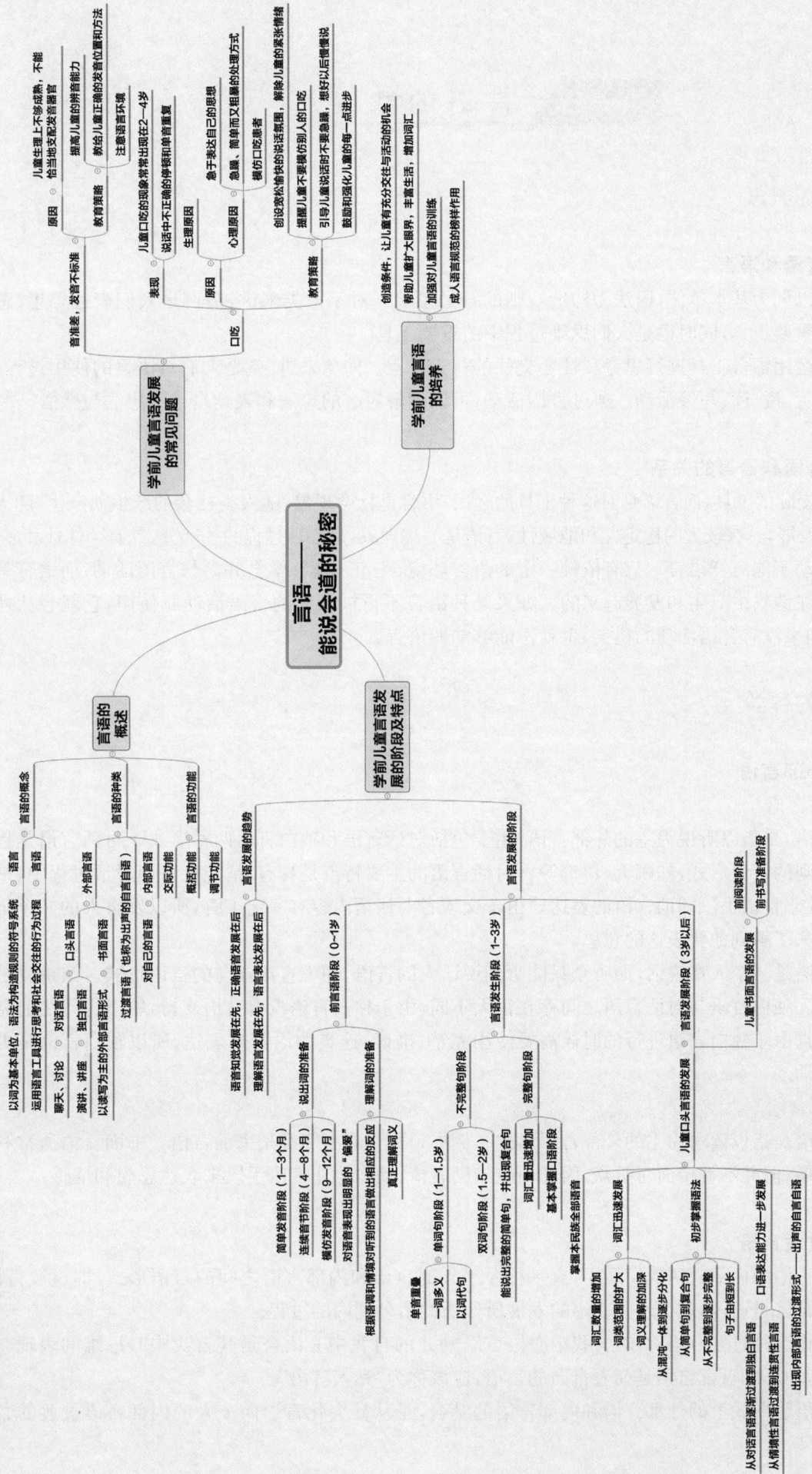

言语——能说会道的秘密

学前儿童言语发展的常见问题

- 音准差，发音不标准
  - 原因：儿童生理上不够成熟，不能恰当地支配发音器官
  - 教育策略
    - 提高儿童的辨音能力
    - 教给儿童正确的发音部位和方法
    - 注意语言环境
- 口吃
  - 表现
    - 儿童口吃的现象常出现在2~4岁
    - 说话中不正确的停顿和单音重复
  - 原因
    - 生理原因
    - 心理原因
      - 急于表达自己的思想
      - 急躁、简单而又粗暴的处理方式
      - 模仿口吃患者
  - 教育策略
    - 创设宽松愉快的说话环境
    - 进遍儿童不要模仿别人的口吃，解除儿童的紧张情绪
    - 引导儿童说话的不要急躁，想好以后慢一点进步
    - 鼓励和强化儿童言语的每一点进步

学前儿童言语的培养

- 创造条件，让儿童有充分交往与活动的机会
- 帮助儿童扩大眼界，丰富生活，增加词汇
- 加强对言语规范的训练
- 成人语言规范的榜样作用

言语的概述

- 言语的概念
  - 语言：以词为基本单位，语法为构造规则的符号系统
  - 言语：运用语言工具进行思考和社会交往的行为过程
- 言语的种类
  - 外部言语
    - 口头言语
      - 对话言语：聊天、讨论
      - 独白言语：演讲、讲座
    - 书面言语：以读写为主的外部言语形式
  - 内部言语（也称为出声的自言语）
    - 过渡言语（也称为出声的自言语）
    - 对自己的言语
- 言语的功能
  - 交际功能
  - 概括功能
  - 调节功能

学前儿童言语发展的阶段及特点

- 言语发展的趋势
- 前言语阶段（0~1岁）
  - 语音知觉发展在先，正确语音发展在后
  - 理解语音发展在先，语音表达发展在后
  - 说出词的准备
    - 简单发音阶段（1~3个月）
    - 连续音节阶段（4~8个月）
    - 模仿发音出现明显的"学话"（9~12个月）
  - 理解词的准备
    - 对语音表现出相应的反应
    - 真正理解词义
- 言语发生阶段（1~3岁）
  - 不完整句阶段
    - 单词句阶段（1~1.5岁）
      - 单音重叠
      - 一词多义
      - 以词代句
    - 双词句阶段（1.5~2岁）
  - 完整句阶段
    - 能说出完整的简单句，并出现复合句
      - 掌握本民族全部语音
      - 词汇迅速发展
      - 初步掌握语法
    - 词汇量迅速增加
      - 词汇数量的增加
      - 词类范围的扩大
      - 词义理解的加深
      - 从混沌一体到逐步分化
      - 从简单句到复合句
      - 从不完整到逐步完整
      - 句子由短到长
- 言语发展阶段（3岁以后）
  - 儿童口头言语的发展
    - 基本掌握口语语法
    - 口语表达能力进一步发展
  - 儿童书面言语的发展
    - 前阅读阶段
    - 前书写准备阶段
    - 出现内部言语的过渡形式
      - 从对话言语过渡到独白言语
      - 从情境性言语过渡到连贯性言语
      - 出现内部言语的过渡形式
      - 出现的自言语

第一节　言语的概述

一、言语的概念

（一）言语和语言

语言是以词为基本单位，语法为构造规则的符号系统。对于人类来讲，语言是人们表达思想、感情和进行交流的重要工具，同时也是人们思维过程中的重要工具。

言语是运用语言工具进行思考和社会交往的行为过程。简单来讲，就是人们对语言的使用过程，其中包括人们的听、说、读、写等活动。通过言语活动，可以理解对方的想法和表达自己的想法与感情。

（二）言语和语言的关系

语言是交际的工具，而言语是对这种工具的运用；语言是社会现象，随人类社会的产生而产生，随人类社会的发展而发展，具有较大的稳定性和地域性；言语是心理现象，是心理过程的一部分，具有个体性和多变性。

言语活动不能离开语言。只有依赖一定的语言环境，儿童才能够学会并参与言语活动；而语言是在具体的言语交往情景中产生和发展起来的。如果某种语言不再被人们的言语活动所使用，它就会从社会中消失；儿童如果没有言语活动的机会，也就不能够掌握语言。

二、言语的种类

（一）外部言语

1. 口头言语

简称口语，是指以听说为主的外部言语，主要包括对话言语和独白言语两种形式。对话言语是指以轮流会话为原则的言语形式，如聊天、讨论等。对话言语的主要特点是具有"情境性"，即对话过程中，是借助动作、表情等非言语手段辅助言语的表达。由于交谈者对谈话内容有一定了解，所以发言人的一个眼神有时就能使大家了解到他要表达的意思。

独白言语是一个人在说话，而听众只能听到说话人的言语，却不直接参与的言语形式。演讲就是典型的独白言语。独白言语与对话言语之间存在很大不同，由于独白言语没有言语支持，所以进行之前需要做好准备。并且由于独白言语进行的时候需要使用完整、准确、连贯的语言来表达，所以独白言语是更为复杂的言语活动。

2. 书面言语

书面言语是指以读写为主的外部言语形式。例如，写信、看书等都是书面言语。书面言语通常利用独白的形式开展，但并不直接面对听众，因此不能借助表情、动作等非言语手段来表达思想和情感。

（二）过渡言语

在外部言语向内部言语的发展中，有一种介乎外部言语和内部言语之间的言语形式，即过渡言语，也称为出声的自言自语，体现了幼儿言语的发展所经历的由外到内的过程。

皮亚杰将这种过渡言语称作"自我中心语言"，幼儿的自我中心语言是其自我中心思维的表现。而维果茨基认为，幼儿的自言自语是朝着自己的言语，应该称为"私人言语"。

过渡言语是形式上的外部言语和内部言语的结合，是从社会化言语向个人的内部言语过渡的必要阶段和中心环节。

真题链接

真题链接

（2013年上半年真题）冬冬边玩魔方边自己小声嘀咕："转一下这面试试，再转这面呢?"这种语言被称为（　　）。

参考答案

A. 角色语言　　　　　　　　　　B. 对话语言

C. 内部语言　　　　　　　　　　D. 自我中心语言

（三）内部言语

内部言语是一种特殊的言语形式，即对自己的言语。外部言语是为了与他人交际而产生，内部言语不执行交际功能，它是为自己用的言语。因此一般来说，内部言语比外部言语更加简略，且往往是不完整的。

三、言语的功能

（一）交际功能

言语是儿童与他人交往的主要途径，在言语发生的准备阶段，儿童主要依靠肢体动作、手势及表情等"肢体语言"与他人交流。进入幼儿期，即3—6岁，儿童的连贯性言语、陈述性言语开始逐渐发展，儿童通过言语表达自己的愿望，表示不满，请求或命令别人做事，保持自己和别人之间的关系，获得知识，发表见解等。

（二）概括功能

言语不仅标示个别对象，还可以标示某一类的许多对象。例如"电器"一词，就概括了冰箱、电脑、空调等。言语的概括功能极为重要。由于概括，人就有可能根据事物的共同特征把它们在思想上联合起来，同时舍弃其余的个别特征，从而形成事物的概念。言语的概括作用，使儿童的知觉不再停留于以孤立的、表面的特征为主导，而发展到以复合的、意义的特征为主导，因而儿童对事物的感知越来越细致、精确、迅速、完整。有了言语的参加，儿童不再被动地认识世界，而有了自觉、能动的分析、综合能力。

（三）调节功能

儿童在对自己的认识过程进行分析综合基础上，逐渐具备了对注意、情绪情感等心理过程进行调节的能力。如阳阳和妈妈逛街时，想让妈妈给他买自己喜欢的玩具，妈妈不给买，阳阳叹了口气说："家里已经有一个跟这个差不多的玩具了，那还是不买了吧。"

第二节　学前儿童言语发展的阶段及特点

一、言语发展的趋势

言语活动包括对语言的接受（口头言语的听、书面言语的看）和理解（听懂、看懂）过程。发出语言，即说或者写。儿童言语活动的这两种过程，在发生发展过程中并不是完全同步的，存在着一定的发展趋势：语音知觉发展在先，正确语音发展在后；理解语言发展在先，语言表达发展在后。

二、 言语发展的阶段

根据言语发展的趋势,可以将言语发展分为三个阶段:前言语阶段、言语发生阶段和言语发展阶段。

(一)前言语阶段(0—1岁)

在儿童真正掌握语言之前,存在一个准备阶段,称为前言语阶段或言语发生的准备阶段。言语发生的准备阶段中,儿童的言语发展主要表现在两个方面:说出词的准备和理解词的准备。

1. 说出词的准备:包括发出语音和说出最初的词

(1)简单发音阶段(1—3个月)

新生儿因呼吸而发声,哭是儿童最初的发音。当新生儿的哭声稍停的时候,可以听到 ei、ou 的声音。两个月以后,婴儿不哭时也开始发音。当成人逗弄婴儿时,这种发音现象更明显,已能发出 d、a、e、ei、nei、ai 等音。这个阶段的发音是一种本能行为,发出这类音节不需要太多的唇舌运动,只要一张嘴,气流从口腔冲出,音就发出来了,因此听障儿也能发出这些声音。

(2)连续音节阶段(4—8个月)

出生 4 个月以后,婴儿开始变得活跃起来。当他吃饱或感到舒适时,常常会自动发音。这一时期婴儿发出的音节中,不仅声母出现、韵母增多,而且会连续重复同一音节,如 a-ba-ba-ba、da-da-da 等,其中有些音节与词很相似,如 ba-ba(爸爸)、ma-ma(妈妈)、ge-ge(哥哥)等,所以父母常常以为这是孩子在呼唤他们,但这些音节在现阶段还不具备符号意义。可如果成人利用这些音与具体事物相联系形成条件反射,发出的音节就具备了符号意义。

(3)模仿发音——学话萌芽阶段(9—12个月)

这一阶段,儿童所发的连续音节明显地增加了不同音节的连续重复发音。音调也开始多样化,四声调都相继出现了。同时儿童开始模仿成人的语音,如 mao-mao(帽帽)、deng-deng(灯灯)。这一进步,标志着儿童学话的萌芽。这一阶段婴儿所说的"话"仍然是没有意义的,但为学说话做了发音上的准备。

在正确的教育下,婴儿渐渐地能够把语音和某个具体事物联系起来,用声音表示意愿或想法,虽然此时能够发出的音节只有很少的几个。因此,人们通常把这段时间称为"牙牙学语"时期。

2. 理解词的准备:包括语音辨别和对语词的理解

一般来说,出生不到 10 天的婴儿就能够对语音表现出明显的"偏爱",这就是我们所说的语音偏好。婴儿具备的这项能力为他理解词义奠定了基础。8—9 个月时,婴儿已经能够对听到的语言做出相应的反应。但需要注意的是,引起婴儿反应的是说话者的语调和整个情境,而不是词本身的含义。

知识拓展

给 9 个月的婴儿出示"老虎"与"兔子"的图片。每当婴儿看到"兔子"时,就用温柔的声音说:"兔子,兔子,这是小兔子。"而婴儿看到"老虎"的图片时,就用凶狠的声音说:"老虎,老虎,这是大老虎。"若干次以后,用温柔的声音说:"兔子呢?兔子在哪里?"婴儿就会指兔子的图片。如果突然改变说话的语调,用凶狠的声音说:"兔子呢?兔子在哪里?"婴儿毫不犹豫地指向画着老虎的图片。

这说明,引起婴儿反应的不是词的内容,而是说话者的语调和说话时的整个情境,这一时期的婴儿没有理解"老虎"与"兔子"的含义,还不能把词从语音复合情境中分离出来,真正作为独立的信号而引起相应的反应。

11 个月左右,词语逐渐从语调和情境中分离出来,作为独立信号引起婴儿的反应。因此,直到这个时候,婴儿才真正理解词的意义。而 1 岁左右时,婴儿能理解几十个词,但能说出来的很少。所以我们把这一时期的言语称为"被动式言语"。"被动式言语"很难发挥交际作用,因此只有当主动式言语出现,也就是婴儿能理解所说出的语言时,才标志着言语交际的正式开始。

(二) 言语发生阶段(1—3 岁)

从 1 岁开始,儿童正式进入学习语言的阶段。在短短的两三年内,儿童便初步掌握了本民族的基本语言。1—1.5 岁儿童理解言语的能力发展很快,在此基础上,开始主动说出一些词;2 岁以后,言语表达能力迅速发展,儿童逐渐能用较完整的句子表达自己的思想。这一时期,儿童口语的发展可以分为两大阶段。

学习思考

小亚快两岁了,已经能够简单地说出一些话,但是有时小亚说的话妈妈总是听不懂,需要猜测很久才能够明白小亚说的是什么。有时说"出去妈妈",其实小亚是想说"妈妈我想出去玩";有时又说"妈妈,美",其实说的是"妈妈,这个小兔子很美"。这可把小亚妈妈急坏了,如果小亚总是这样说话,以后可怎么办呢?

1. 不完整句阶段

(1)单词句阶段(1—1.5 岁)

这一阶段,儿童言语发展主要反映在言语的理解方面。同时,他们开始说出具有一定意义的词,但能够说出的词很少。这一阶段,儿童能够说出的词具有以下三个特点。

① 单音重叠。由于儿童的大脑发育不成熟,加之发音器官缺乏锻炼,所以这一阶段的儿童喜欢说叠音的词,而且喜欢用象声词代替物体的名称,如把汽车叫作"呜呜"或"嘀嘀"。

学习思考

下面是两位母亲的自述:

(1)我每次和孩子说话时都尽量用完整的句子。例如,如果宝宝想说:"喜欢吃苹果。"我就会说:"某某喜欢吃苹果。""饿吗?"我都是说:"某某,你饿吗?"还有"爱妈妈",我每次都会教宝宝说:"某某爱妈妈。"

(2)我每次和孩子交流时基本都用短语,如"饭饭""抱抱""觉觉"等,因为我觉得这样孩子会更容易理解我说的话,如果说得太长了,我担心孩子听不懂。

对于以上两位母亲的做法,你认为哪位母亲的做法是正确的? 为什么?

② 一词多义。由于儿童对词的理解不够精确,因此说出的词往往带有多重含义。例如,儿童说出的"鸟",可能指的是实际的鸟,也可能指的是会飞的物体或动物。

③ 以词代句。由于这一时期儿童词汇量不够丰富,所以表达时会出现用一个词代表一个句子的现象。例如,儿童说出"皮球"这个词,有时代表"我要玩皮球",有时也代表"我想要这个球"。

（2）双词句阶段（1.5—2 岁）

这一时期儿童言语发展主要表现在开始说由两个词或者三个词组成的句子。例如，一个儿童说："妈妈，抱。"意思就是"妈妈抱抱我"。这种句子的表意功能明确，但其形式是断续的、简略的，而且结构不完整，类似成人的电报式文件，因此也被称作"电报句"或"电报式语言"。一岁半以后，儿童说话的积极性会高涨起来，在很短的时间内从不爱说话变得很爱说话。

真题链接

1.（2016年上半年真题）一岁半的儿童想给妈妈吃饼干时，会说"妈妈""饼""吃"，并把饼干递过去，这表明该阶段儿童言语发展的一个主要特点是（　　）。

参考答案

A. 电报句　　　　　　　　　　　B. 完整句

C. 单词句　　　　　　　　　　　D. 简单句

2.（2014年下半年真题）1.5—2 岁的儿童使用的句子主要是（　　）。

A. 单词句　　　　　　　　　　　B. 电报句

C. 完整句　　　　　　　　　　　D. 复合句

3.（2023年上半年真题）婴儿说的"妈妈抱""要牛奶""外面玩"等句式，一般被称为（　　）。

A. 单词句　　　　　　　　　　　B. 双词句

C. 简单句　　　　　　　　　　　D. 复合句

---

2. 完整句阶段

2 岁以后，儿童表达思想时，开始使用合乎语法规则的完整句。许多研究表明，2—3 岁是人生初学说话的关键期，如果有良好的语言环境，那么这一时期将成为言语发展最迅速的时期。儿童语言发展在这一阶段主要表现在三个方面。

① 能说出完整的简单句，并出现复合句。这一年龄段的儿童能够用简单句表达自己的意思，说出的句子较长，且日趋完整、复杂，由各种词类构成。在语言表达的内容上，也开始发生本质的变化。从 2 岁开始，儿童能够通过语言将过去的经验表达出来。

② 词汇量迅速增加。2—3 岁儿童的词汇量增长非常迅速，而且儿童学习新词的积极性非常高，到 3 岁左右，儿童大概能掌握 1 000 个词。到这个阶段，儿童的言语就基本形成了。

③ 基本掌握口语。2—3 岁同时也是儿童基本掌握口语的阶段。儿童在掌握语音、词汇、语法和口语表达能力方面迅速发展，为入学后学习书面言语奠定了基础。

（三）言语发展阶段（3 岁以后）

进入幼儿期后，儿童的言语发展表现为口头言语的发展阶段和书面言语的准备期。

1. 幼儿口头言语的发展

儿童口头言语的发展，主要表现在语音、词汇、语法以及口头表达能力等方面。

（1）掌握本民族全部语音

随着生理成熟、言语知觉的发展，儿童的发音能力也迅速发展，特别是 3—4 岁期间的发展尤为迅速。儿童在学习语音过程中，存在两种先后不同的趋势：起初是扩展趋势，婴儿从不会发音到能够学会越来越多的语音，正是因为处于语音的扩展阶段，所以 3—4 岁的儿童无论学习哪种语音都是相当容易的。但是，在此之后，语音发展进入收缩阶段，儿童掌握母语的语音后，发音习惯已经稳定，再学习新的语音会产生一定的困难。

思政园地

据贵州地区的一项研究报道，当地少数民族地区的儿童，入小学读书之后辍学率很高，其关键原因是听不懂普通话的发音，因此无法接受教学内容。发现问题后，有关部门开始在这些地区大量举办学前班，将学习普通话作为学前班的重要内容。结果表明，凡是在学前班学习过普通话的儿童，入学后的学业成绩大大提高。可见，对于民族众多和地域性语言发音差异较大的我国来说，让孩子从小把普通话作为"母语"，为其创造一个普通话的语言环境是十分重要的。

（2）词汇迅速发展

词汇是语言的基本构成单位。用词是否恰当，词汇是否丰富，直接影响儿童的言语表达能力。因此，词汇的发展是儿童言语发展的重要指标之一。学前儿童词汇的发展主要表现在以下三个方面。

第一，词汇数量的增加。人一生中词汇量增加最快的时期就是幼儿期。一般来说，幼儿的词汇量是呈直线上升的趋势。1岁左右，儿童才开始说出词，但能说出的很少；3—4岁时儿童掌握的词汇量为1 000—1 200个；而6岁左右，儿童就已能掌握3 000—4 000个词。由此可见，在入学之前，儿童就已经能够掌握口语表达中的基本词汇。

第二，词类范围的扩大。随着生活经验的丰富及年龄的增长，儿童掌握的词类范围也在不断扩大，具体表现在：词的类型逐渐增加；先掌握实词，后掌握虚词；掌握实词词类顺序由先到后依次为名词、动词和形容词。这与儿童思维发展中概念掌握的主要方式是密不可分的。而儿童在词的使用频率上，由高到低依次为代词、动词和名词。

真题链接

1.（2016年下半年真题）2—6岁儿童掌握的词汇数量迅速增加，词类范围不断扩大，该时期儿童掌握词汇的顺序通常是（　　）。

参考答案

A. 动词、名词、形容词　　　　　　　B. 动词、形容词、名词

C. 名词、动词、形容词　　　　　　　D. 形容词、动词、名词

2.（2022年上半年真题）关于幼儿言语的发展顺序，下列说法正确的是（　　）。

A. 言语理解先于言语表达　　　　　　B. 言语表达先于言语理解

C. 言语理解与言语表达平行发展　　　D. 言语理解与言语表达独立发展

第三，词义理解的加深。随着词汇量的不断增加，词类范围的不断扩大，儿童掌握词类的含义也在逐渐加深。不同年龄的儿童对同一个词的理解存在很大差异。例如，对"猫"一词，1岁的儿童认为"猫"可以代表一切毛茸茸的物体（如小猫、小狗、毛外衣、毛手套等）；而到了幼儿期，儿童已经理解了"猫"一词的确切含义——专指猫这种动物，并且在说出"猫"这个词的时候，也包含了对猫的习性的理解。

总体来说，整个幼儿期，儿童掌握的词汇是比较贫乏的，理解和使用上常常会发生错误。因此，在教育过程中，应该注意丰富幼儿的词汇量，帮助其理解和运用词汇。

（3）初步掌握语法

如果说词汇是语言的建筑材料，那么语法就是使用规则。幼儿在与环境的交往中，逐渐掌握了一些基本语法结构和句型。研究表明，我国幼儿所说出的句子存在以下发展趋势。

第一,从混沌一体到逐步分化。在儿童掌握和运用言语的过程中,最初的语句是笼统、混沌的,随着年龄增长才逐渐分化。分化过程表现在两个方面:一个是言语功能的分化。幼儿早期的言语功能有表达情感的、意动的和指物的,最初二者紧密结合,没有分化。例如,幼儿说出"皮球",既可能是"我想玩皮球",也可能表示"我喜欢皮球",更可以表示"这是个皮球"。3岁以后,这种不分化的现象会逐渐减少。另一表现是词性的分化。幼儿早期的语词是不分词性的,他们往往将名词和动词混用,如"滴滴"既可能是名词(汽车),也可能是动词(开车)。随年龄的增长,才逐渐分化出中心语和修饰语、名词和动词等词性。

第二,从简单句到复合句。3岁前的儿童,虽然出现了一些复合句,但绝大部分是简单句。据研究(丁祖荫,1986),2岁时复合句只占所有句子的3.5%,简单句占96.5%。随着年龄的增长,复合句所占的比例才逐渐增加,但总体来说,简单句所占的比例较大。

第三,从不完整到逐步完整。儿童掌握句型的顺序是不完整句—完整句—复合句,由此可以看到,幼儿早期的句子是不完整的,常常出现漏缺句子成分或者句子成分排列不合常规。例如,幼儿说:"掉了,皮球,捡。"意思是说"球掉了,妈妈帮我捡起来"。随着年龄增长,儿童说出的句子会日趋完整和严谨。

第四,句子由短到长。儿童使用句子的长度随年龄增长而增加。

(4)口语表达能力进一步发展

随着词汇的丰富和语法结构的逐渐掌握,学前儿童的口语表达能力也逐步发展起来。整个学前期儿童的口语发展有以下趋势。

一是从对话言语逐渐过渡到独白言语。3岁以前,儿童基本上都是在成人的帮助下与成人一起进行活动的,儿童与成人的言语交际也是在这样的一种协同活动中进行的。所以儿童的言语基本上都是采取对话式的。到了幼儿期,由于独立性的发展,儿童开始离开成人进行各种活动,从而获得一些自己的经验、体会、印象等。这样,独白言语也就发展起来了。但是,儿童的独白言语刚刚形成,发展水平还很低,尤其是在幼儿初期。在良好的教育下,5—6岁的儿童就能比较清楚、系统地讲述所看到或听到的故事,有的甚至能够讲得有声有色、活灵活现。

二是从情境性言语过渡到连贯性言语。情境性言语是指说话者言语表达不够完整和连贯,需要运用一定的表情和手势作为辅助手段,听者只有结合具体情境,才能明白说话人所需要表达的内容。

学习思考

一个3岁的男孩向别人讲述自己昨天做的事情时说:"看见猴子了,有好多,在动物园,吃香蕉,荡秋千,爬树,好玩极了。还有老虎,好凶的。妈妈带我去的,还有奶奶。"在讲述的过程中好像别人已经了解他要讲的内容似的,他一边讲,一边模仿猴子、老虎的动作和表情。

这与成人的表达方式有什么差异?

3岁前的儿童只能进行对话言语,因而他们的言语基本上都是情境性言语。随着年龄的增长,情境性言语的比例逐渐下降,连贯性言语的比例逐渐上升。整个幼儿期都处在从情境性言语向连贯性言语过渡的时期。6—7岁的儿童才能够比较连贯地进行叙述,但其发展水平不是很高。大班幼儿无论是在讲述自己经历过的事情,还是看图讲述,情境性言语成分都比较少,正说明大班幼儿连贯性言语的发展比较稳定。连贯性言语的发展使得幼儿能够独立清楚地表达自己的思想,在此基础上,独白言语也发展起来了。因此,幼儿园教学工作的内容之一,就是促进幼儿的表达能力从情境性言语向连贯性言语过渡,提高幼儿连贯性言语的水平。

（5）出现内部言语的过渡形式——出声的自言自语

内部言语是言语的高级形式，它不是用来和人交际的言语，它的发音隐蔽，而且比外部言语更加概括和压缩。

幼儿初期，儿童没有内部言语，到了幼儿中期，内部言语才开始萌芽。这一时期的内部言语呈现一种介乎外部言语和内部言语的过渡形式，即出声的自言自语。皮亚杰将这种语言称为自我中心语言，这种自言自语有两种形式：游戏言语和问题言语。

游戏言语是在游戏活动中出现的言语。这种言语比较完整、详细，有丰富的情感和表现力。年龄较小的儿童，自言自语的形式则多为游戏言语。而问题言语是在遇到困难或问题时产生的言语活动。相对于游戏言语，问题言语往往比较简短、零碎。需要注意的是，提问和问题言语有一定的区别，问题言语提出时，不需要他人解答。4—5岁是儿童"问题言语"最为丰富的时期。

2. 儿童书面言语的发展

儿童掌握书面言语一般要经过识字、阅读和写作三个阶段。幼儿期处于书面言语的准备阶段，《纲要》中指出，"利用图书、绘画和其他多种方式，引发幼儿对书籍、阅读和书写的兴趣，培养其前阅读和前书写技能"。

（1）前阅读阶段

前阅读阶段以图画读物为主，以看、听、说有机结合为主要手段，从兴趣入手，萌发幼儿热爱图书的情感，丰富幼儿的阅读经验，提高阅读能力。

婴儿几个月大就可以进行阅读活动，最初的阅读活动是看书，而非阅读，他们并非阅读文字，而是拿书看，主要表现为亲子共读。1岁左右，婴幼儿情绪好的时候，有时也会自己拿着书看；3岁左右，可培养幼儿爱看书的习惯。学前期的阅读，基本以图为主；水平高一点的，能认一些字，但以字为辅。这个年龄的阅读往往是依靠上下文来读，不一定认识每一个字。做好幼儿阅读的准备可以从以下方面进行：掌握有关词汇；掌握语法和表达能力；掌握基本的阅读技能，即翻书动作、按页翻书；掌握阅读顺序；培养阅读兴趣。

教师应该选择一些适合学前儿童阅读的图画书或者背景简单、颜色鲜艳、色彩对比强烈的读物，采用"点读"的方法，指导他们一边观看画面一边用语言讲解。教师还要不失时机地提出问题，引导幼儿回答，并对他们的回答给予肯定、补充或修正，这样有助于发展其语言表达能力和思维能力。

（2）前书写准备阶段

学前儿童的早期书写是与绘画紧密联系在一起的，可以说，他们的书写就是一种绘画。学前儿童的书写发展经历了画图、涂写、类似书写、连串式书写、发明的书写和真正的书写六个阶段。发展学前儿童的书写行为可以使他们获得早期的书写经验，促进其空间、动作和思维的发展。幼儿的书写处于书写的准备阶段，教师可以从以下四方面开展活动。

① 培养手部小肌肉的协调性。通过绘画活动，提高画线条的力度和流畅性，通过日常生活的自我服务和劳动任务培养手的灵活性和手眼的协调能力。

② 培养对字形的空间知觉与方位知觉。学前儿童对空间知觉和方位知觉的发展不足，会导致其不能写出正确的字形。应在行动和动作的空间与方位知觉方面、形体的空间和方位知觉的辨别能力上进行培养。

③ 了解汉字笔顺。规范笔顺有助于对汉字结构的理解，为其日后的写字及掌握字义奠定基础。

④ 掌握正确的执笔姿势。许多儿童由于学习绘画等原因较早开始握笔，有的教师认为，握笔姿势要求太严格会影响儿童作画的兴趣，有的则认为儿童的小肌肉发育较晚，做精细动作的能力较差，以后再进行系统训练也不迟。其实不然，在实践中我们经常看到，儿童不正确的握笔姿势一旦定型，纠正起来会非常困难。因此，从小班阶段开始，我们就应该重视对儿童握笔姿势的教育，将"握笔姿势"纳入日常教育。

第三节　学前儿童言语发展的常见问题

一、音准差，发音不标准

学前儿童的发音,通常韵母的正确率要高于声母,这主要是因为其生理上不够成熟,不能恰当地支配发音器官,加之声母发音时需要唇、齿、舌等运动的细微变化,因此年龄小的儿童往往在发音时分化不够明显,常常出现两个语音之间的音。例如,3—4岁的幼儿中有1/3不能发出f音,就是因为f音是唇音,幼儿不会用牙齿咬住下唇移动下颚,所以发音较困难。除了f音外,3—4岁幼儿发音错误集中在zh、ch、sh、z、c、s和n、l等音节上,常出现音节混淆。因此,幼儿园教师在教育过程中要注意以下三点。

① 提高幼儿的辨音能力。教师可以通过设置听音区和开展听音游戏培养幼儿的辨音能力。例如,发现幼儿分不清b和p,n和l时,可以发给幼儿分别画着菠萝和泼水的图片,教师发出"bo"或"po"的音,请幼儿举起相应语音的卡片。

② 教给幼儿正确的发音位置和方法。引导幼儿通过讲故事、绕口令的方法多做发音练习,从而掌握正确的发音部位和发音方法。此外,在日常生活中还要及时关注幼儿的发音情况,及时纠正错误发音。

③ 注意语言环境。教师和家长应该使用规范的普通话,有意识地选择出普通话与方言发音不一致之处,进行有针对性的训练。

二、口吃

学习思考

一天中午,4岁的楠楠从楼下跑到自己家的房间,然后大声喊:"妈妈,妈妈——"妈妈听到楠楠的声音,赶紧从厨房跑出来,问道:"怎么了?"楠楠看上去有点着急,又有点兴奋,她说:"我……我……告诉……你……一……一个……事……"看到平时说话好好的楠楠一下子"口吃"了,妈妈很着急,于是大声说道:"别着急,别结巴,好好给我说话!"

楠楠没有意识到自己"口吃",看到妈妈凶巴巴的样子,就更着急了,结果,到嘴边的话怎么也说不出来了。

为什么楠楠会出现口吃的现象呢?

口吃表现为说话中不正确的停顿和单音重复,这是一种言语的节律性障碍,俗称"结巴"。学前儿童口吃的现象常常出现在2—4岁。造成儿童口吃的原因主要有生理原因和心理原因两大类,其中部分是生理原因,更多的是心理原因。

口吃的心理原因之一是幼儿口语表达不够流畅,在急于表达自己的思想时,容易出现言语节奏的障碍。另外,父母急躁、简单而又粗暴的处理方式也会加剧孩子的紧张。还有一种原因可能是模仿口吃患者。据统计,参加口吃矫治的人中,有近2/3的人有幼年模仿口吃的经历。

除生理原因外,教师和家长可以通过以下途径帮助孩子矫正口吃:创设宽松愉快的说话氛围,解除孩子的紧张情绪;提醒孩子不要模仿别人的口吃;引导孩子说话时不要急躁,想好以后慢慢说;鼓励和强化孩子的每一点进步。

知识拓展

口吃的矫正方法

1. 发音法

在每句话的开始轻柔地发音,改变口吃者首字发音经常很急很重的特点。说话的速度要降到很慢的程度,一开始时一分钟60—100字(人们平时说话的速度要达到每分钟200字)。这样有两个效果:一是慢速让人心态平静,二是有一种节奏感。这两点都能有效地减少口吃。口吃者在朗诵和唱歌的时候不口吃,就是因为有一种稳定的节奏感在里面。

2. 呼吸法

提倡腹式呼吸法。由于深呼吸能使肌肉获得适当的运动和协调,能松弛与缓和身体各部分和颜面肌肉的紧张状态,能逐渐消除伴随运动。深呼吸能影响人的情绪,能使激动的情感得以缓和。

3. 突破法

口吃患者组织在一起或单独到人群密集的地方去演讲、唱歌,逐步克服说话的恐惧心理。

4. 森田疗法

森田疗法是治疗精神病症的方法,核心思想是"顺其自然,为所当为"。放弃口吃的治疗,接受口吃,做自己应该做的事情。这种思想类似于不治而愈。该方法能有效地缓解口吃患者的心理压力。

除此之外,我们还可以采用正确示范法、唱歌朗读法、缓慢对话法、节拍训练法、角色扮演法等矫正幼儿的口吃(http://www.yaolan.com/zhishi/kouchi/2871.shtml)。

第四节 学前儿童言语的培养

学前儿童言语的发展主要是在教育与环境的影响下进行的,言语与思维和智力发展都有着密切关系。因此,教师和家长要注重在教育和生活中促进学前儿童言语的发展。

一、 创造条件,让儿童有充分交往与活动的机会

言语本身是在社会活动及交往中产生和发展的。儿童通过人际交往,产生表达的需要后,言语活动才会积极起来。研究表明,听障人士的孩子如果只生活在自己家中,口语发展就受到限制,而生活在儿童集体中,其口语发展正常。因此,增加儿童的人际交往是发展幼儿口语的有效方法。例如,在下雪天,让幼儿去接雪花、观察雪花的形状、欣赏雪的景色,然后向他们提一些启发性的问题:"这茫茫的白雪像什么呀?"幼儿根据自己的生活经验去描述白雪"像白糖"或者"像厚厚的毯子"。

二、 帮助儿童扩大眼界,丰富生活,增加词汇量

语言的产生依赖于生活,没有丰富多彩的生活,就不可能有丰富多彩的语言。如果幼儿生活范围相对狭小,生活内容比较单调,语言发展就会迟缓,口语表达能力显得很差。例如,农村儿童与城市儿童相比,词汇丰富程度差距大,这是由农村和城市的不同生活环境造成的。因此,在日常生活中,要组织丰富多彩的活动,帮助幼儿扩大眼界、增加词汇量。

三、 加强对儿童言语的训练

从长远角度考虑,对学前儿童进行有计划的语言训练是很重要的。幼儿园主要是通过语言教学来发展学前儿童语言表达能力的。因此对儿童进行有目的、有计划的幼儿园语言教育是十分有必要的。在幼儿园的语言活动中,通过各种活动,要求幼儿正确发音,恰当用词,并纠正不良语音。除此之外,还要注意调动幼儿说话的积极性,并给予反复练习的机会,促进其言语规范化发展。例如,美术课上,幼儿画好以后,教师可以围绕幼儿的作品展开提问或讨论,在讨论过程中完成对幼儿的言语训练。此外,教师还要注意提供给幼儿单独的交往时间和空间,进一步发展其口语表达能力。例如,可以开展"悄悄话"的游戏提供给幼儿相应的互动时间和空间。

四、 成人语言规范的榜样作用

学习思考

妈妈带着 3 岁的兰兰去医院拿药,医生对妈妈说:"这药每次吃三片,一天吃三次。"结果兰兰立刻跟着医生说:"这药每次吃三片,一天吃三次。"医生听了直夸她聪明。可谁知道,此后医生每说一句话,兰兰都会跟着学一句,医生哭笑不得地问她:"你为什么总学我说话呀?"兰兰没有回答,还是开心地重复了这句话。

模仿是儿童的天性,幼儿不仅喜欢模仿他人的动作,同样喜欢模仿他人说话。因此,成人良好的榜样示范,对学前儿童言语发展起到潜移默化的作用。在教育活动中,教师要坚持说普通话,尽量做到吐字清晰、正确。需要特别注意的是,不要讥笑或者重复儿童错误的发音或语句,这样会影响儿童学习语言的积极性。

真题链接

(2022年下半年真题)发展幼儿语言表达能力的关键是让他们(　　　)。

A. 多交流、多表达　　　　　　　　B. 多模仿别人说话

C. 多认字、多写字　　　　　　　　D. 多背诵经典

参考答案

学习小结

言语是人们运用语言材料和语言规则进行交际的过程。简单来讲,就是人们对语言的使用过程,其中包括了人们的听、说、读、写等活动。

学前儿童言语通常分为三种:外部言语、过渡言语和内部言语,外部言语包括口头言语和书面言语。

学前儿童口头言语的发展主要体现在语音、词汇、语法和口头表达能力等方面。

婴儿发音准备大致经历三个阶段:简单发音阶段(1—3 个月)、连续音节阶段(4—8 个月)、模仿发音——学话萌芽阶段(9—12 个月)。4 岁时儿童基本能够掌握本民族全部语音,到 6 岁时已经能够辨别绝大部分母语中的发音,也基本上能发准母语的绝大部分语音。

学前儿童词汇的发展主要表现在词汇数量的增加、词类范围的扩大以及对词义理解的加深三个方面。其中,掌握实词顺序由先到后依次为名词、动词和形容词;使用频率由高到低依次为代词、动词和名词。

幼儿口语的发展主要有两个阶段:不完整句阶段(1—2岁)、完整句阶段(2岁以后)。其中,不完整句阶段又可以分为两个阶段:单词句阶段(1—1.5岁),儿童说出的词具有单音重叠、一词多义、以词带句的特点;双词句阶段(1.5—2岁)。

幼儿语法的发展有以下趋势:

一是从混沌一体到逐步分化。分化过程表现在两个方面:言语功能的分化和词性的分化。

二是从简单句到复合句。

三是从不完整到逐步完整。

四是句子由短到长。

整个学前儿童期的口语发展有以下趋势:从对话言语逐渐过渡到独白言语;从情境性言语过渡到连贯性言语。

幼儿的内部言语主要有"游戏言语"和"问题言语"两种形式。

促进学前儿童言语发展的策略有以下四个方面:

1. 创造条件,让儿童有充分交往与活动的机会;

2. 帮助儿童扩大眼界,丰富生活,增加词汇量;

3. 加强对儿童言语的训练;

4. 成人语言规范的榜样作用。

参考答案

一、单项选择题(每题3分,共计30分)

1. 1.5—2岁的儿童使用的句子主要是(   )。

    A. 电报句 　　　　B. 完整句 　　　　C. 单词句 　　　　D. 简单句

2. (   )是儿童学说话的关键时期。

    A. 0—1岁 　　　　　　　　　　　B. 1—2岁

    C. 2—3岁 　　　　　　　　　　　D. 3—4岁

3. 对待幼儿出声的自言自语,成人正确的处理方式为(   )。

    A. 发展为对话言语 　　　　　　　B. 发展成为真正的外部言语

    C. 任其自然发展 　　　　　　　　D. 发展成为真正的内部言语

4. 2—6岁儿童掌握的词汇数量迅速增加,词类范围不断扩大,该时期儿童掌握词汇的顺序通常是(   )。

    A. 动词、名词、形容词 　　　　　B. 动词、形容词、名词

    C. 名词、动词、形容词 　　　　　D. 名词、形容词、动词

5. 3—5岁幼儿常常自己造词,出现"造词现象",这说明(   )。

    A. 儿童词汇贫乏,词义掌握不准确 　　B. 儿童的词汇量在不断增加

    C. 儿童的智力发展有了质的飞跃 　　　D. 儿童的言语表达能力增强

6. 以下说法正确的是(   )。

    A. 儿童学习语音的过程,先后有两种不同趋势,先是收缩的趋势,后逐渐扩展

    B. 3—4岁的儿童,无论学习哪种民族语音的发音,都相当容易学会

    C. 儿童使用频率最高的词是形容词

    D. 幼儿前期的儿童多使用独白言语

7. 以下说法不属于儿童句子发展趋势的是(　　)。
　　A. 从情境性言语到独白言语　　　　　B. 从不完整句到完整句
　　C. 从简单句到复合句　　　　　　　　D. 从混沌一体到逐步分化
8. 对于儿童口吃,以下说法错误的是(　　)。
　　A. 消除紧张是矫正口吃的重要方法　　B. 口吃出现的年龄以2—4岁为多
　　C. 幼儿的口吃更多是生理原因导致的　D. 纠正口吃时注意鼓励孩子的进步
9. 单词句阶段是儿童(　　)。
　　A. 0—1岁　　　　　B. 1—1.5岁　　　　C. 1.5—2岁　　　　D. 2—3岁
10. 2—3岁儿童使用的句子主要是(　　)。
　　A. 电报句　　　　　B. 完整句　　　　　C. 单词句　　　　　D. 双词句

二、简答题(每题5分,共计20分)
1. 言语的种类有哪些?
2. 简述学前儿童口语表达能力的发展特点。
3. 简述婴儿发音准备期大致经历的阶段。
4. 简述言语和语言之间的区别。

三、论述题(每题10分,共计20分)
1. 结合实例,谈谈如何培养学前儿童的言语能力。
2. 请结合实例,谈谈如何纠正幼儿的发音错误。

四、材料分析题(每题15分,共计30分)
1. 一个14个月的孩子被成人抱着时,着急地往柜子的方向挣扎,嘴里叫着"ta,ta"(音)。成人先给他拿出奶糕粉,他又摇头又摆手,说:"xi,xi。"成人于是给他拿糖罐,问:"是这个吗?"他用力喊:"xi,xi。"成人拿一块糖放在他嘴里,他脸上露出了笑容。

分析案例中的现象回答以下问题:
(1) 此案例反映出儿童言语发展中掌握语法的什么特点?
(2) 老师和家长在教育过程中应注意什么?
2. 小强是一个出生在农村的孩子,父母文化水平不高,每天忙于工作,小强是由爷爷奶奶带大的,而且小强的家长基本不会讲普通话,普遍都说方言。现在小强马上要上小学了,在学习普通话的过程中,小强感到很吃力。

请谈谈造成小强学习普通话吃力的原因有哪些。对于小强这样的孩子,可以通过哪些方法帮助他改进呢?

第九章

情绪——快乐的源泉

本章学点

1. 情感：理解儿童日常生活中的情绪情感表现，以积极的态度接纳儿童的情绪表现。
2. 认知：了解儿童情绪情感的概念及种类，掌握儿童情绪的发展规律及特点。
3. 技能：能够根据儿童情绪情感的发展特点制定合理的教育策略，为儿童情绪情感的健康发展奠定基础。

思政园地

马云是中国著名企业家，他掌握着阿里巴巴集团的控制权，是世界上最富有的人之一。但是他的成功之路却充满了挫折和失败。在面对种种困难和挑战的时候，马云总是能够保持镇定和冷静的心态。他曾经说过："做生意就像打仗，不能激动，要冷静。"他也曾经说过："我从来没有失败过，我只是经历了一次次的尝试。"马云的这种乐观、沉着、稳定的情绪状态，为他的成功打下了坚实的基础。他告诉我们，无论在什么样的环境下，只要保持冷静、积极、乐观的心态，我们就一定能够战胜困难，实现自己的梦想。

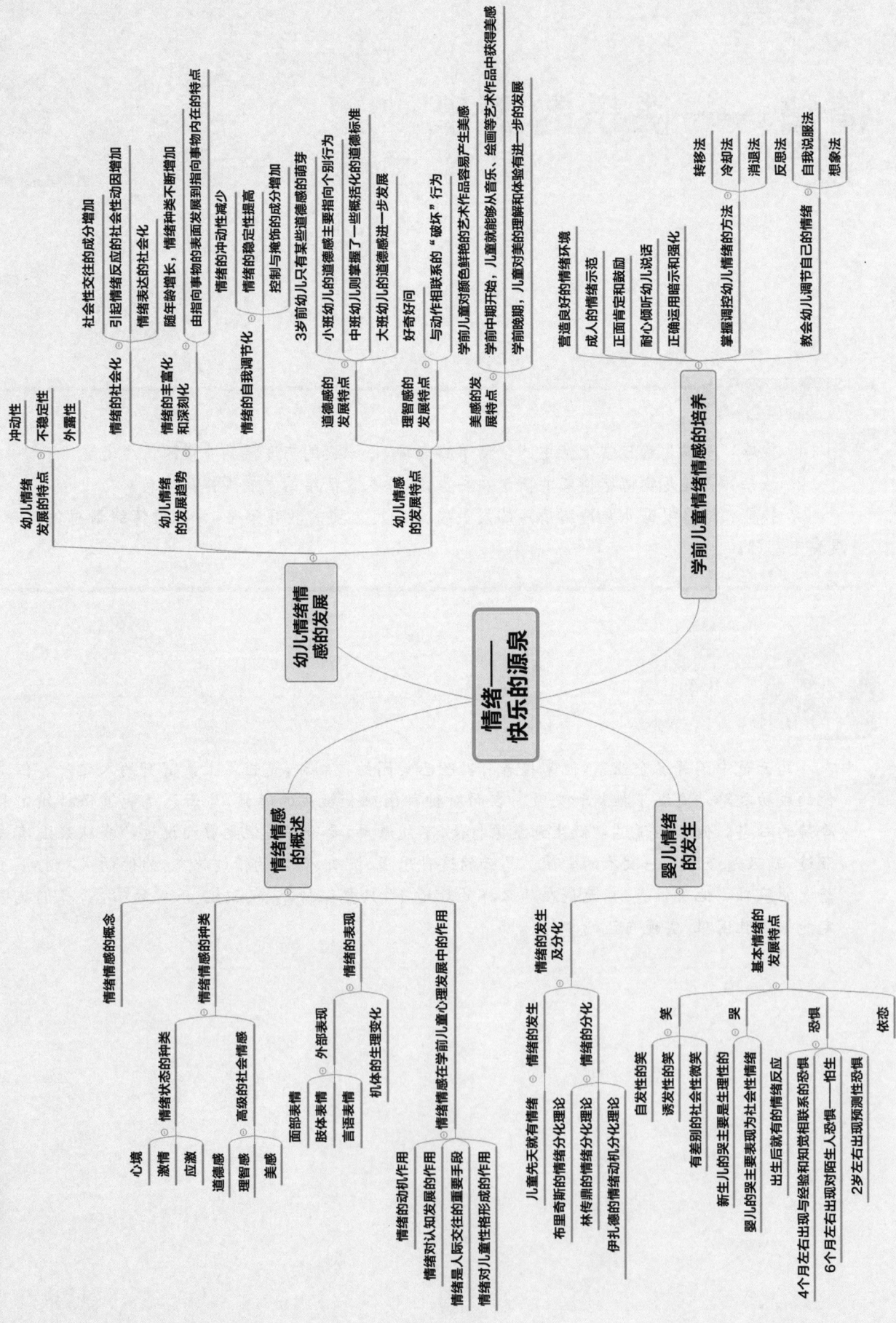

知识导图

情绪——快乐的源泉

幼儿情绪情感的发展

- 幼儿情绪发展的特点
  - 冲动性
  - 不稳定性
  - 外露性
- 幼儿情绪的发展趋势
  - 情绪的社会化
    - 社会性交往的成分增加
    - 引起情绪反应的社会性动因增加
    - 情绪表达的社会化
  - 情绪的丰富化和深刻化
    - 随年龄增长，情绪种类不断增加
    - 由指向事物的表面发展到指向事物内在的特点
  - 情绪的自我调节化
    - 情绪的冲动性减少
    - 情绪的稳定性提高
    - 控制与掩饰的成分增加
- 幼儿情感的发展特点
  - 道德感的发展特点
    - 3岁前幼儿，只有某些道德感的萌芽
    - 小班幼儿的道德感主要指向个别行为
    - 中班幼儿则掌握了一些概括化的道德标准
    - 大班幼儿的道德感进一步发展
  - 理智感的发展特点
    - 好奇好问
    - 与动作相联系的"破坏"行为
  - 美感的发展特点
    - 学前儿童对颜色鲜艳的艺术作品容易产生美感
    - 学前中期开始，儿童就能聆听音乐、绘画等体验和理解而得到美感
    - 学前晚期，儿童对美的理解和体验得到进一步的发展

学前儿童情绪情感的培养

- 营造良好的情绪环境
  - 成人的情绪示范
  - 正面肯定和鼓励
  - 耐心倾听幼儿说话
- 掌握调控幼儿情绪的方法
  - 正确运用情绪示范和强化
  - 转移法
  - 冷却法
  - 消退法
  - 反思法
- 教会幼儿调节自己的情绪
  - 自我说服法
  - 想象法

情绪情感的概述

- 情绪情感的概念
- 情绪情感的种类
  - 情绪状态的种类
    - 心境
    - 激情
    - 应激
  - 高级的社会情感
    - 道德感
    - 理智感
    - 美感
- 情绪的表现
  - 外部表现
    - 面部表情
    - 肢体表情
    - 言语表情
  - 机体的生理变化
- 情绪情感在学前儿童心理发展中的作用
  - 情绪的动机作用
  - 情绪对认知发展的重要作用
  - 情绪是人际交往的重要手段
  - 情绪对儿童性格形成的作用

婴儿情绪的发生

- 情绪的发生及分化
  - 情绪的发生
    - 儿童先天就有情绪
    - 布里奇斯的情绪分化理论
    - 林传鼎的情绪分化理论
    - 伊扎德的情绪动机分化理论
  - 情绪的分化
- 基本情绪的发展特点
  - 笑
    - 自发的笑
    - 诱发性的笑
    - 有差别的社会性微笑
  - 哭
    - 新生儿的哭主要是生理性的
    - 婴儿的哭主要表现为社会性情绪反应
    - 出生后就有的情绪反应
  - 恐惧
    - 出生就有经验和知觉相联系的恐惧
    - 4个月左右出现对陌生人的恐惧——怕生
    - 6个月左右出现与知觉相联系的恐惧
    - 2岁左右出现预测性恐惧
  - 依恋

第一节　情绪情感的概述

我们的生活充满着情绪,有时欣喜若狂,有时焦虑不安,有时孤独恐惧等。这一切使我们的生活也变得丰富多彩,形成了一个复杂的心理世界。从心理学的角度看,情绪既是人的心理过程的重要组成部分,也是个性形成的重要方面。

一、情绪情感的概念

情绪情感是人对客观事物与自身需要之间关系的态度体验,是人脑对客观现实的主观反映形式,是由某种外部的刺激或内在的身体状况作用而引起的体验。当客观现实满足人的需要时,就会产生积极肯定的情绪情感;反之则会产生消极否定的情绪情感。

广义的情绪中包括情感,因此历史上曾将情绪情感统称为感情。但由于人的感情非常复杂,既包括感情发生的过程,也包括由此产生的种种体验,用单一的感情概念难以全面表达这种心理信息的全部特征,因此心理学上分别用情绪和情感来更确切地表达感情的不同方面。情绪是与个体的生物需要相联系的体验形式,具有情境性、激动性和暂时性,往往随着情境的改变和需要的满足而减弱或消失。情绪的发生时间较早,人和动物都有情绪。而情感则是与人的社会性需要相联系的体验形式,往往具有很大的稳定性、深刻性和持久性,如羞耻感、荣誉感、成就感等都是在社会活动中产生的情感。情感是人类所独有的,是个体发展到一定年龄阶段才会产生的。情绪与情感虽有不同,但又互相联系。一方面情绪是情感的基础,并且情感通过情绪得以表达。另一方面情感的深度又影响着情绪的变化。

二、情绪情感的种类

（一）情绪状态的种类

情绪状态是指在情境或事件的影响下,在一定时间内所产生的情绪状况。通常来说,人的心理活动都带有某种情绪色彩,而且会以不同的状态表现出来。最典型的情绪状态有心境、激情和应激三种。

1. 心境

心境是一种比较持久而又微弱的情绪状态,如开心、焦虑、得意等。心境是和缓而微弱的,但持续时间比较长,少则几天,长则数月。除此之外,心境还是一种弥散性的、非定向性的情绪体验。例如,人在开心时感到精神爽快,干什么都起劲;失意时,则事事感到枯燥乏味、愁眉苦脸。

2. 激情

激情是一种爆发式的、强烈的、持续时间短暂的情绪体验,如欣喜若狂、暴跳如雷、悲恸等。激情具有冲动性,所以激情一旦产生,人往往会完全被情绪所驱使,言行缺乏理智。但激情维持的时间比较短,所以冲动一过,激情也就弱化或者消失了。除此之外,激情具有明显的外部表现,如暴怒时的面红耳赤、狂喜时的手舞足蹈等。

3. 应激

应激是人在危险和紧急的情况下所出现的高度紧张的情绪状态。例如,人们遇到某种意外危险或面临某种突发事变时,必须集中自己的智慧和经验,调动自己的全部力量,迅速做出选择,采取有效行动,此时人的身心处于高度紧张状态,即应激状态。人在应激状态下,会引起机体的一系列生物性反应,如肌肉紧张、血压升高、心跳加快等。因此人如果长期处于应激状态,会损害身体健康,严重的话还会危及生命。

（二）高级的社会情感

1. 道德感

道德感是由自己或别人的言谈举止是否符合社会道德标准而引起的情感,如敬佩、赞赏、憎恨、厌恶等。人们在社会活动中掌握一定的道德标准,并将道德标准转化为社会需要。因此人们会根据个人所掌握的道德标准对自己或他人的行为加以评价,这时人所产生的情感体验即为道德感。

2. 理智感

理智感是人们追求和认识真理的需要得到满足时产生的一种情感。理智感与对真理的追求、成就的获得以及思维任务的解决相联系:人的认识活动越深刻,追求真理的兴趣越浓厚,理智感就越深厚。理智感不只产生于认识活动之中,同时也是推动人们探索、追求真理的强大动力。

3. 美感

美感是人对事物审美的体验,是人对外界事物的美进行评价时所产生的一种情感。美感具有民族性与阶级性,受到社会条件和历史条件的制约,但仍有全世界共同享有的美感。例如,美丽的自然景观能够为人们带来赏心悦目的体验,善良淳朴的人给人美的感受。

三、 情绪情感的表现

（一）外部表现

情绪情感发生时,人的行为动作会发生明显变化,这些行为反应统称为表情。表情是人际交往的重要手段,主要有面部表情、肢体表情和言语表情三种。在日常生活中,我们通过观察表情的变化,了解其他人所传递的非言语信息(图 9 - 1)。

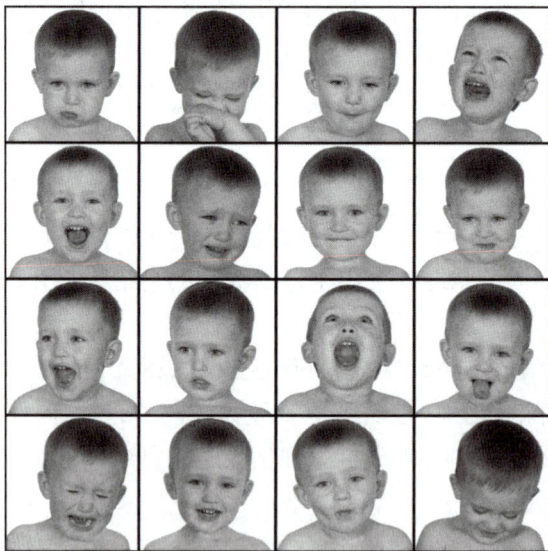

图 9 - 1 儿童的面部表情

（二）机体的生理变化

情绪情感产生过程中,人类的呼吸系统、循环系统、消化系统以及内外分泌腺也会发生变化。例如,紧张的时候,人的肾上腺活动增强,会促进肾上腺素分泌增多,引起血糖增高。同时还伴随血压升高、呼吸加快,心率加速等生理变化。当情绪恢复正常时,肾上腺活动也恢复正常,呼吸频率平缓,血压下降。

四、 情绪情感在学前儿童心理发展中的作用

学前儿童的情绪情感对其心理发展具有非常重要的意义,影响儿童心理诸多方面的发展。

（一）情绪的动机作用

情绪是儿童认知和行为的组织者与唤起者,对儿童心理活动和行为具有明显的动机作用。例如,让儿童学会早上入园时跟老师说"早上好",下午放学时说"明天见",结果许多儿童先学会说"明天见",而较晚才学会说"早上好"。究其原因,是由于情绪对儿童行为的直接指导与调控,由于儿童放学后想快快跟父母回家,因此促使儿童更快学会说"明天见"。

（二）情绪对认知发展的作用

情绪与认知过程的关系密切,因为情绪随着认知的发展而逐渐分化、发展。在儿童的认知活动中,情绪起着激发、促进或抑制、延缓的作用。例如,开心、愉悦的情绪促进儿童去积极探索,恐惧、厌恶的情绪则会抑制儿童探索。

（三）情绪是人际交往的重要手段

在儿童与人交往的过程中,情绪占有重要地位。新生儿几乎完全借助于自身的面部表情、动作及不同的声音等,与成人进行着信息交流,引起其与成人的交往,或者维持、调整交往。表情和语言一起共同实现着儿童与同伴、儿童与成人之间的社会性交往。

（四）情绪对儿童性格形成的作用

儿童在与不同的人、事物的接触中,逐渐形成了对不同人、不同事物的情绪态度。儿童经常、反复受到特定环境的影响,反复体验同一情绪状态,这种状态就会逐渐稳固下来,形成稳定的情绪特征,而情绪特征正是性格结构的重要组成部分。

第二节　婴儿情绪的发生

一、情绪的发生及分化

（一）情绪的发生

调查和研究表明,儿童先天就有情绪(图9-2),初生的婴儿就有情绪反应,如新生儿或哭或四肢舞动等,我们称之为原始的情绪反应。原始的情绪反应与生理需要是否得到满足直接相关,如尿布潮湿或饥饿等刺激,会引起婴儿出现哭闹等不愉快的情绪反应。当刺激消失后,不愉快的情绪反应也就停止,新的情绪反应随之出现。

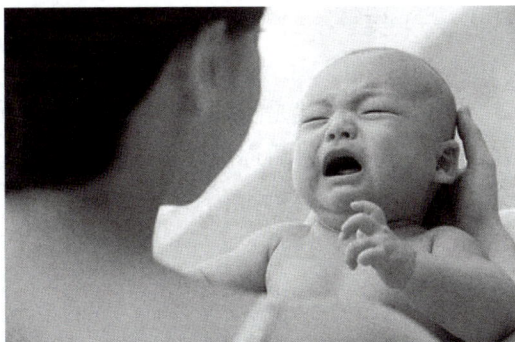

图9-2 婴儿的情绪

真题链接

(2022年下半年真题)与婴儿最初的情绪反应相关联的是（　　　）。

A. 生理的需要　　　　　　　　　B. 归属和爱的需要

C. 尊重的需要　　　　　　　　　D. 自我实现的需要

参考答案

(二) 情绪的分化

儿童情绪的发展表现为情绪的逐渐分化,初生婴儿的情绪是笼统的、不分化的,1岁以后逐渐分化,2岁左右已出现各种情绪。

1. 布里奇斯的情绪分化理论

加拿大心理学家布里奇斯的情绪分化理论是最具代表性的理论。他认为初生婴儿只有未分化的、一般性的激动,表现为皱眉和哭的反应;3个月左右分化出快乐、痛苦两种情绪;6个月时,痛苦又进一步分化为愤怒、厌恶、害怕三种情绪;12个月时,快乐情绪又分化出高兴和喜爱;18个月时,儿童分化出喜悦和嫉妒。

2. 林传鼎的情绪分化理论

我国心理学家林传鼎根据观察提出了自己的情绪分化理论。他认为,新生儿已具有两种情绪反应:一种是愉快的情绪反应,代表生理需要的满足(如温暖、舒适等),表现为某些自然动作,尤其是手脚的自然动作的增加;另一种是不愉快的情绪反应,代表生理需要的未满足(疼痛、寒冷、饥饿等),表现为自然动作的增加,如脚蹬手刨、连续哭叫等。

3. 伊扎德的情绪动机分化理论

伊扎德是当代国际著名的情绪发展研究专家。他关于婴儿情绪发展的研究及据此提出的情绪动机分化理论,在当代情绪研究中有很大的影响。伊扎德认为婴儿出生时具有五大情绪:惊奇、痛苦、厌恶、最初的微笑和兴趣。4—6周时出现社会性微笑;3—4个月时出现愤怒和悲伤;5—7个月时出现惧怕;6—8个月时出现害羞等。

真题链接

(2018年上半年真题)下列哪一个不是婴儿期出现的基本情绪体验?(　　)

A. 羞愧　　　　　　　　　　B. 伤心

C. 害怕　　　　　　　　　　D. 生气

参考答案

二、 基本情绪的发展特点

(一) 笑

1. 自发性的笑

婴儿最初的笑是自发性的或者内源性的笑。自发性的笑经常发生在睡眠中(图9-3),往往突然出现,在婴儿出生3个月后逐渐减少。另外,婴儿出生一周左右时,在清醒时间内听到柔和的声音或吃饱时,也会发出自发性的笑。

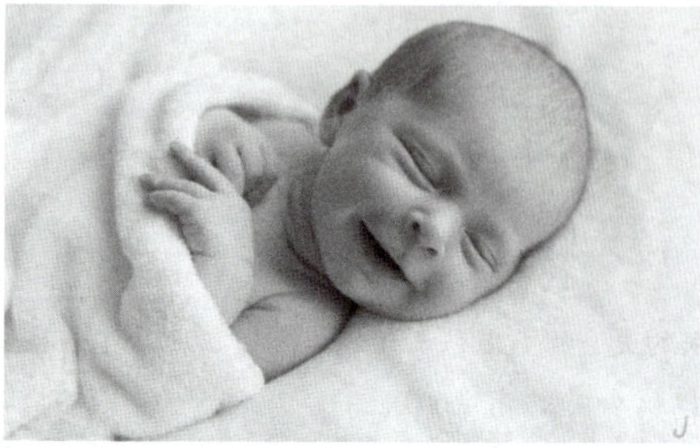

图9-3　自发性的笑 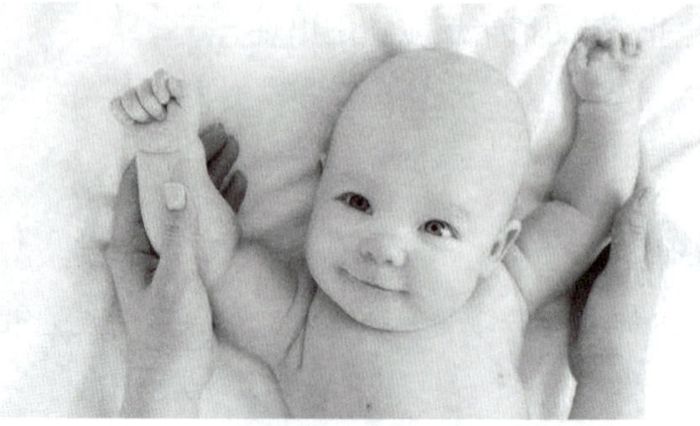　　　　　　　　　　图9-4　诱发性的笑

2. 诱发性的笑

与最初自发性的笑不同,诱发性的笑是由外界刺激引起的(图9-4)。新生儿在出生后的第3周开始出现清醒时间的诱发性的笑,如轻轻吹婴儿皮肤敏感区,婴儿就会出现微笑。研究表明,新生儿出生后的第5周开始,人的出现,包括人脸、人声最容易引起婴儿的微笑。出生后4个月左右出现有差别的社会性微笑,表现为婴儿只对亲近的人笑,此时笑已成为一种明显的社会信号。

此外,随着年龄的增长,愉快情绪进一步分化,表达愉快的表情手段也不再只停留在笑的表情上了,而较多地用手脚等动作和语言来表示。

(二)哭

新生儿的哭主要是生理性的,幼儿的哭则主要表现为社会性情绪。随着年龄的增长,儿童的啼哭会减少。一方面是由于儿童对外界环境的适应能力逐渐增强,周围成人对儿童的适应性也逐渐改善,从而减少了儿童的不愉快情绪。另一方面,儿童逐渐学会了用动作和语言表达自己的不愉快情绪和需求,取代了哭的情结。

(三)恐惧

1. 本能的恐惧

恐惧也是婴儿出生后就有的情绪反应,是本能的反映。最初的恐惧是由听觉、肤觉和机体觉引起的,如刺耳的声音、身体突然失去平衡等都会引起婴儿的恐惧,出现呼吸急促、双手乱抓、大哭等恐惧反应。

2. 与经验和知觉相联系的恐惧

4个月左右开始,不愉快经验的刺激会激起婴儿的恐惧情绪。也是从这个时间开始,视觉对恐惧的产生渐渐起主导作用。"高处恐惧"也随着深度知觉的产生而产生。

3. 怕生

即对陌生刺激物的恐惧反应。怕生与依恋同时产生,一般出现在出生后6个月左右。随着婴儿对母亲依恋的形成,怕生也越来越明显、强烈。

4. 预测性恐惧

2岁左右开始,幼儿出现了预测性恐惧,如怕黑、怕狼、怕坏人等。这是因为幼儿有丰富的想象力,并且难以区分想象与现实。这种恐惧是与想象相联系的情绪,往往是由环境的影响而形成的。

(四)依恋

依恋是指存在于婴儿与母亲或主要抚养者间的一种强烈而持久的情感联系。

第三节 幼儿情绪情感的发展

学习思考

婷婷今年3岁了,每当玩游戏的时候,婷婷就会立刻欢呼着冲进游戏区,完全不理会老师提出的要求和玩法。不高兴的时候,就会突然大哭起来,但是,如果老师拿出一块糖给她,伤心大哭的婷婷就会马上接过糖,开心地吃起来。

婷婷的情绪为什么这样呢?

一、幼儿情绪发展的特点

（一）情绪的冲动性

幼儿的情绪常常处于激动状态，不能自制。年龄越小，冲动性越明显。随着年龄的增长，幼儿逐渐学会接受成人的语言指导，调节并运用语言控制自己的情绪。到幼儿晚期，儿童情绪的调节控制能力逐渐加强。

学习思考

最近，幼儿园小班的王老师感到很苦恼，新来的笑笑只要一进幼儿园的大门，就抱着奶奶的腿号啕大哭。其他小朋友看到了，也跟着哭起来，因此，每天早上，班级里都是哭声一片。实际上，这种现象在刚入园的孩子身上极为常见。

请思考：这种现象产生的原因有哪些？王老师应该如何应对？

（二）情绪的不稳定性

幼儿的情绪常常受到外界环境支配。例如，刚入园的幼儿看见妈妈离去的背影会大声哭闹，但是当妈妈的身影消失后，很快就能参与到幼儿园活动中，可如果妈妈再次从窗口出现，又会引起幼儿的哭闹情绪。

除此之外，儿童的情绪也易受感染与暗示。例如，案例中只要笑笑大哭，其他小朋友也跟着哭，就是因为受到了其他小朋友的暗示和感染，这种现象在小班尤为明显。

（三）情绪的外露性

婴儿的情绪往往表露在外，不会加以掩饰。因此，常常想哭就哭，想笑就笑。幼儿初期，儿童初步了解了一些行为规范，知道哪些行为是要加以控制的，如一个孩子摔倒会引起本能的哭泣，但刚一哭，马上就对自己说："我不哭，我不哭……"这时孩子的脸上可能还挂着泪珠。

幼儿晚期，幼儿调节自己情绪的能力有了一定的发展，如在幼儿园里不小心摔倒了，不会马上哭泣，但当家长来接时，可能会委屈得哭出来。

真题链接

1.（2019年下半年真题）有时一名幼儿哭会惹得周围的幼儿跟着一起哭，这表明幼儿的情绪具有（　　）。

A. 冲动性　　　　B. 易感染性　　　　C. 外露性　　　　D. 不稳定性

2.（2016年上半年真题）材料分析：3岁的阳阳，从小跟奶奶生活在一起。刚上幼儿园时，奶奶每次送他到幼儿园准备离开时，阳阳总是又哭又闹。当奶奶的身影消失后，阳阳很快就平静下来，并能与小朋友们高兴地玩。由于担心，奶奶每次走后又折返回来，阳阳再次看到奶奶时，又立刻抓住奶奶的手，哭泣起来……

问题：（1）阳阳的行为反映了幼儿情绪的哪些特点？

（2）阳阳奶奶的担心是否必要？教师该如何引导？

参考答案

知识拓展

入园分离焦虑

新入园幼儿因为与亲人分离而引起的焦虑不安,或不愉快的情绪反应,又称离别焦虑。当幼儿处于入园分离焦虑时可能会出现焦虑不安、哭闹、食欲下降、精神不振、依恋物体这些表现。引起幼儿产生入园分离焦虑的原因主要有以下5点。

1. 依恋

依恋指儿童和照看者(主要是父母亲)之间亲密的、持久的情感关系。幼儿出生后,成人(母亲或主要抚养者)照顾幼儿,满足幼儿的身心需要,因此,幼儿与成人建立了亲密的情感连接,产生了持久依恋关系。依恋形成后,当幼儿与成人分离,就会表现出分离焦虑。一般依恋程度越高,分离焦虑越严重。

2. 对环境的陌生感

到了幼儿园对环境比较陌生,一切都是未知数,对于这种未知,孩子会很恐慌,也会不知所措。因为习惯了家里熟悉的环境,这种突然的更换,让孩子心理上就会自然地产生一种抗拒,也就形成了"分离焦虑"。

3. 生活习惯和规则的改变

孩子在家比较随心所欲,自己想做什么就做什么,但是幼儿园则完全不同,幼儿园生活都是有规则的,这些生活习惯和规则的改变,都会导致孩子适应新环境有难度,进而产生入园分离焦虑。

4. 家长的过分担心

很多家长在把孩子送到幼儿园后,有的在门外张望,担心老师照顾不好孩子;有的看到孩子哭又不忍离开。孩子是非常敏感的,家长的不舍他们都看在眼里,这会大大加重他们的焦虑心理。

5. 自身性格与经验

研究证明在入园之前与家长有分离经验的幼儿比较容易适应幼儿园的生活。性格外向、活泼大胆的孩子则要比那些性格内向、安静胆小的孩子更容易适应幼儿园的生活。

分离焦虑是一种正常的情绪体验,面对孩子入园的分离焦虑,教师首先可以进行家园合作,帮助家长及幼儿做好入园准备;其次可以组织丰富多彩的活动,转移注意力;再次要尊重幼儿的个体差异,给予幼儿关爱;最后可以采用渐进式入园,帮助幼儿平稳度过焦虑期。

二、 幼儿情绪发展趋势

幼儿情绪的发展趋势主要体现在社会化、丰富化和深刻化以及自我调节化方面。

(一) 情绪的社会化

最初的情绪是与生理需要相关的,随着年龄的增长,逐渐与社会性需要相联系。所以社会化是儿童情绪发展的一个主要趋势。

幼儿情绪社会化的趋势表现在:

(1) 社会性交往的成分增加

以笑为例,随着年龄的增长,社交性的微笑逐渐取代生理性的微笑,成为儿童社会性交往的主要手段。

（2）引起情绪反应的社会性动因增加

初生婴儿的情绪反应与基本生活需要能否得到满足相联系。3—4 岁幼儿情绪从主要满足生理需要，向主要满足社会性需要过渡，如越来越希望被人重视、被人关心、与人交往等。

（3）情绪表达的社会化

幼儿情绪表达的社会化主要表现在理解（辨别）面部表情的能力和运用社会化表情的能力上。如看到老师生气了，会收敛自己淘气的行为；被老师表扬了，可能会有骄傲的表现；当不满老师表扬其他小朋友时，可能出现不屑的情绪等。

（二）情绪的丰富化和深刻化

从情感指向的内容来看，儿童情绪、情感发展的趋势是越来越丰富化和深刻化。主要表现在：随年龄增长，情绪及情感种类不断增加，之前不能引起幼儿情感体验的事物逐渐能够引起幼儿的情感体验。

学习思考

被成人拥抱时，年龄越小的幼儿越会感到亲切，而年龄较大的幼儿则会感到不好意思，这是为什么呢？

随着年龄的增长，儿童情绪指向的事物的性质也发生了变化，由原本指向事物的表面发展到指向事物内在的特点。如儿童对父母的依恋，由要求父母满足基本的生活需要，发展到对父母的尊重和爱戴的需要等。

（三）情绪的自我调节化

从情绪的发展趋势看，儿童的情绪越来越受自我意识的支配。随着年龄的增长，婴幼儿情绪的冲动性逐渐减少，情绪的稳定性逐渐提高。但总的来说，幼儿的情绪仍然是不稳定的、易变化的。

四五岁后儿童的情绪较 3 岁前更稳定，他们的行为受情绪支配的比例逐渐下降，开始学习控制自己的情绪。如在商场，当他们看到喜爱的玩具，已不像两三岁时那样吵着要买，能听从成人的要求，并用语言自我安慰："家里已有许多玩具了，我不买了。"在幼儿园里，同伴间发生争执时，也能逐渐控制自己的情绪和行为。但并非对所有的事都能调节好，对特别感兴趣的事物，仍然会受情绪的支配，甚至还会出现情绪"失控"的现象，遇到不顺心的时候，仍会出现哭闹的现象。

真题链接

1.（2016 年上半年真题）在商场，4—5 岁幼儿看到自己喜爱的玩具时，已不像 2—3 岁时那样吵着要买，他能听从成人的要求并用语言安慰自己："家里有许多玩具了，我不买了。"对这一现象最合理的解释是（　　）。

参考答案

A. 4—5 岁幼儿形成了节约的概念

B. 4—5 岁幼儿的情绪控制能力进一步发展

C. 4—5 岁幼儿能够理解玩其他玩具同样快乐

D. 4—5 岁幼儿自我安慰的手段有了进一步发展

2. (2021年上半年真题)幼儿对自己消极情绪的掩饰,说明其情绪的发展已经开始( )。

A. 深刻化　　　　　　　　　　B. 丰富化

C. 内隐化　　　　　　　　　　D. 精细化

3. (2023年上半年真题)小军打针时对自己说:"我不怕,我不哭! 我是男子汉!"这表现出他初步具备( )。

A. 情绪理解能力　　　　　　　B. 情绪表达能力

C. 情绪识别能力　　　　　　　D. 情绪的自我调节能力

三、 幼儿情感的发展特点

(一) 幼儿道德感的发展特点

学习思考

中班进行角色游戏时,刘老师看到丫丫和明明两人当"乞丐",两人装出一副可怜兮兮的样子说:"给我点吃的,可怜可怜我吧! 给我点吃的吧!"刘老师起初没有在意,认为他们只是觉得好玩而已。可等到第二次角色游戏时,刘老师发现他们还是继续这个游戏,于是她仔细地观察了两个孩子,听到丫丫对明明说:"我趁老板不注意,拿了一个面包。"明明也说:"当乞丐太舒服了,什么都不用做就有东西吃。"看到他们这样,其他的小朋友也好奇地学着他们的样子当起了"小乞丐"。

道德感是自己或别人的言谈举止是否符合社会道德标准而引起的情感。儿童的道德感主要表现在爱国主义、集体主义、责任感和义务感等方面。

3岁前幼儿只有某些道德感的萌芽,如2岁的幼儿知道评价自己是不是乖孩子。当儿童逐渐掌握了各种行为规范,道德感也就发展起来了。

小班幼儿的道德感主要指向个别行为,并且往往由成人的评价引起,如小班幼儿出现打人现象时,会因为成人的评价而感到羞耻或不好意思。

中班幼儿则掌握了一些概括化的道德标准,并且会因为遵守了老师的要求而产生愉快感。因此这一时期,儿童不仅关心自己的行为是否符合道德标准,也关心他人的行为,会对他人的行为作出评价,告状现象频繁。除此之外,中班幼儿告状的原因还有维护规则、寻求安慰和帮助、说明情况、试探教师、表现自己等。

大班幼儿的道德感进一步发展,如看《白雪公主》的时候,会对白雪公主表示同情,对恶毒的皇后表示厌恶等。幼儿晚期羞愧感或内疚感也开始发展了,幼儿明显地对自己的错误行为感到羞愧,如不小心碰到正在穿鞋子的小朋友,会马上道歉。

幼儿的道德感在集体活动和成人道德评价的影响下慢慢发展起来。因此在日常生活中,教师和家长要以身作则,通过表扬和鼓励激发幼儿的道德感,使其获得道德感上的满足,进一步促进其道德感的发展。

思政园地

教师职业道德规范

一、爱国守法。热爱祖国，热爱人民，拥护中国共产党领导，拥护社会主义。全面贯彻国家教育方针，自觉遵守教育法律法规，依法履行教师职责权利。不得有违背党和国家方针政策的言行。

二、爱岗敬业。忠诚于人民教育事业，志存高远，勤恳敬业，甘为人梯，乐于奉献。对工作高度负责，认真备课上课，认真批改作业，认真辅导学生。不得敷衍塞责。

三、关爱学生。关心爱护全体学生，尊重学生人格，平等公正对待学生。对学生严慈相济，做学生良师益友。保护学生安全，关心学生健康，维护学生权益。不讽刺、挖苦、歧视学生，不体罚或变相体罚学生。

四、教书育人。遵循教育规律，实施素质教育。循循善诱，诲人不倦，因材施教。培养学生良好品行，激发学生创新精神，促进学生全面发展。不以分数作为评价学生的唯一标准。

五、为人师表。坚守高尚情操，知荣明耻，严于律己，以身作则。衣着得体，语言规范，举止文明。关心集体，团结协作，尊重同事，尊重家长。作风正派，廉洁奉公。自觉抵制有偿家教，不利用职务之便谋取私利。

六、终身学习。崇尚科学精神，树立终身学习理念，拓宽知识视野，更新知识结构。潜心钻研业务，勇于探索创新，不断提高专业素养和教育教学水平。

真题链接

1.（2013年下半年真题）中班幼儿告状现象频繁，这主要是因为幼儿（　　）。

A. 道德感的发展　　　　　　　　　　B. 羞愧感的发展

C. 美感的发展　　　　　　　　　　　D. 理智感的发展

参考答案

2.（2015年上半年真题）幼儿看见同伴欺负别人会生气，看见同伴帮助别人会赞同，这种体验是（　　）。

A. 理智感　　　　B. 道德感　　　　C. 美感　　　　D. 自主感

3.（2018年上半年真题）材料分析题：李老师第一次带班，她发现中班幼儿比小班幼儿更喜欢告状。教研活动时，大班教师告诉她说中班幼儿确实更喜欢告状，但到了大班告状行为会减少。

（1）请分析中班幼儿喜欢告状的可能原因。

（2）请分析大班幼儿告状行为减少的原因。

（二）幼儿理智感的发展特点

理智感是人在认识客观事物的过程中所产生的情感。幼儿期是儿童理智感开始发展的时期，如幼儿用积木搭建成一个简单的图形就会感到特别开心；而年龄稍大的幼儿会更多专注于一些创造性活动，如搭建更加复杂的图形、塑造千奇百怪的形状等。这些活动，既给学前儿童带来了愉悦感，同时也促进了学前儿童智力的发展。

处于理智感发展阶段的学前儿童,认识事物的强烈兴趣,不仅使他们获得更多的知识,也进一步推动了理智感的发展。学前儿童的理智感发展有两种特殊的表现形式:一种就是好奇好问,另一种特殊表现就是与动作相联系的"破坏"行为。如刚买的玩具,几天工夫就会"七零八落",有的幼儿很无辜地说:"我只是想看看里面是什么样子的。"

当学前儿童处于理智感发展阶段时,家长和教师要鼓励学前儿童探索,培养学前儿童的兴趣,帮助学前儿童扩大视野,使学前儿童理智感的发展得到保证。

思政园地

有一天,陶行知先生去一位朋友家做客,刚进门就看见朋友的夫人正在打孩子。陶先生忙问怎么回事。朋友夫人指着一块被拆得乱七八糟的手表,气呼呼地说:"陶先生,这块表是新买的,被孩子拆成这样。您说可气不可气?"

陶先生听了笑了笑,说:"表是坏了,但是中国的一个爱迪生被你枪毙了。"夫人有点愕然:"为什么呢? 难道这样做不对吗?"陶先生摇摇头,夫人又接着问:"陶先生,您是大教育家,您说对这样的孩子该怎么办呢?"陶先生把孩子搂在怀里,笑嘻嘻地问:"你为什么要把妈妈的新表拆坏呢?"孩子怯生生地望了妈妈一眼,低声说:"我听见表里有滴答的声音,想拆开看看是什么在响……"陶先生说:"你很好奇,这没有错,但你要跟大人说一声,不能自作主张,来,跟我一起到钟表店去,好吗?"孩子问:"去店里干什么?"陶先生说:"去找修表师傅啊! 看他怎么拆,又怎么修,怎么装配,你不喜欢吗?"孩子高兴得跳起来:"我去! 我去!"

(三) 幼儿美感的发展特点

幼儿对颜色鲜艳的艺术作品容易产生美感。在正确的教育下,幼儿中期开始,幼儿就能够从音乐、绘画等艺术作品中获得美感,并能体验到自然景色的美。幼儿晚期,幼儿对美的理解和体验有进一步的发展。

第四节 学前儿童情绪情感的培养

成人经常对正处于消极情绪中的大哭大闹的孩子束手无策,最常见的情况就是从一开始的耐心哄劝到最后的勃然大怒。如何培养学前儿童的积极情绪呢? 我们可以从以下七个方面入手。

一、营造良好的情绪环境

《指南》中将情绪安定、愉快作为儿童心理健康的重要目标之一。长期处于紧张和焦虑的气氛中,不仅会影响儿童的生理发展,更会对儿童的心理发展造成不良影响,因此家长和老师要注意保持良好的情绪氛围,创设有利于儿童情绪放松的环境。如教师和家长以积极良好的情绪影响幼儿,注意发现幼儿的优点,鼓励表扬幼儿,接受幼儿的缺点,营造温暖、轻松、和谐的心理环境。

二、成人的情绪示范

因为幼儿的情绪易受感染,并且幼儿爱模仿。所以,成人的情绪示范对儿童的情绪发展非常重要。日常生活中，如果成人经常表现出积极热情、乐于助人等良好的情绪，对孩子良好情绪的发展会起到潜移默化的作用。因此，优秀的幼儿教师应该将自己的消极情绪留在教室外，调整好自己的情绪状态，以积极饱满的情绪与幼儿互动，才能使幼儿保持良好的情绪状态，这也是幼儿教师职业道德的一种表现。

三、 正面肯定和鼓励

正面积极的鼓励和肯定，将极大地增强幼儿的自信心，使他们愿意做得更好。如果成人经常采用批评和惩罚的方法处理孩子的问题行为，孩子就会情绪消极、没有行动热情，久而久之会产生习得性无助感。

四、 耐心倾听幼儿说话

一些家长经常抱怨孩子怎么不喜欢和自己聊天。其实，起初幼儿是愿意将自己的见闻向亲人和老师诉说的，但成人往往没时间听幼儿说话，或觉得幼儿说话比较幼稚可笑。这些消极的回应使幼儿感到挫败和压抑，继而产生消极的情绪。当这些负面情绪累积到一定程度，幼儿可能会通过故意犯错以表达他们的不满，引起成人的注意。因此，家长要允许孩子诉说他的感受，不要妄加评论，也不要急于帮他们解决问题，要学会耐心倾听。

五、 正确运用暗示和强化

婴幼儿的情绪容易受到成人的暗示影响。如果成人经常对幼儿加以肯定，如当幼儿摔倒时，说："你最勇敢了，摔倒了从来不哭。"幼儿往往就能够控制自己的情绪。相反，如果常常对别人说："我们家孩子就是胆小、爱哭。"长此以往，幼儿很容易形成消极情绪。

六、 掌握调控幼儿情绪的方法

（一）转移法

转移法就是通过转移注意力来帮助幼儿控制情绪。例如，当小孩子吵着要玩具的时候，家长说："一会给你买个更好玩的。"孩子就会停止吵闹。但是这种方法往往越用越不好使，因为成人一会就忘记了自己的许诺，而孩子渐渐就不再"受骗了"。所以使用转移法的时候，更多的应该使用精神手段。例如，爸爸对正在大哭的孩子说："我们正缺水呢，这里这么多泪水，赶紧接住吧！"然后爸爸就拿来杯子，孩子看见就破涕为笑了，情绪也就随之转变了。

（二）冷却法

因为幼儿的情绪具有冲动性，当幼儿情绪十分激动时，老师和家长可以使用暂时不理睬的方式，他们会慢慢地停止哭喊。这时成人如果也激动起来，如对幼儿大喊："再哭，再哭我就不要你了。"往往会使得幼儿的情绪更加激动，如同火上浇油。

（三）消退法

面对幼儿的消极情绪，还可以采用条件反射消退法来帮助幼儿控制情绪。比如，有个孩子每晚睡觉要妈妈的陪伴，否则哭闹不止。妈妈就采用了消退法，每天减少一点陪孩子睡的时间，慢慢孩子就可以一个人安然入睡了。

思政园地

郑板桥：以竹抚怒

在清代艺术领域独树一帜的"扬州八怪"之一郑板桥，曾在山东范县（今属河南）和潍县担任知县。然而，他的仕途并不如意，经常受到上司的压制，于是，他心中充满了愤怒。每当郑板桥感到愤怒难平时，他便会铺开宣纸，拿起画笔，描绘竹子。他说："画竹以忘怒。"画竹的过程，仿佛与他内心的怒气进行对话，逐渐平复了他的情绪。后来，郑板桥因为得罪了豪绅而被迫罢官。罢官后，画竹成为他人生的寄托和养生之道。他通过画竹排解愤怒，找到内心的平静。这不仅展现了他的艺术天赋，更是他独特的自我疗愈方式。

作为当代大学生，当你们面对不良情绪时，你们有什么好的排解方法呢？

七、 教会幼儿调节自己的情绪

（一）反思法

当幼儿情绪表达不恰当时，可以等幼儿情绪平复后，让幼儿反思自己刚刚的表现。例如，当提出购买玩具被拒绝时，引导幼儿想一想要求是否合理；当与小朋友发生争执时，想一想是否错怪了对方；等等。通过反思法，可以帮助幼儿调节自己的情绪表现，提高其情绪的自我调节能力。

（二）自我说服法

当幼儿摔倒时，可以引导他们自己大声说"勇敢的孩子不哭"，并鼓励他们勇敢地站起来。孩子最初可能还是边抽泣边说，以后渐渐地就不哭了。日后再发生这种情况时，幼儿也能够通过自我说服，调节情绪状态，提高情绪的稳定性。

（三）想象法

当幼儿遇到困难时，可以通过想象提高情绪的控制能力，如当婷婷因为害怕打针而哭泣时，妈妈便鼓励她说："你是大姐姐了，要给小妹妹做个榜样。"以后再遇到打针时，婷婷便会说："我是大姐姐，我不害怕。"在引导幼儿想象时，除了"大哥哥""大姐姐""好孩子"之外，还可引导幼儿将自己想象成某位英雄人物，提高幼儿情绪的自控能力。

真题链接

（2016年上半年真题）婴幼儿调节负面情绪的主要策略有哪些？

参考答案

学习小结

情绪和情感是人对客观事物的态度体验,是人的需要是否获得满足的反映。情绪和情感有快乐、悲哀、愤怒、恐惧四种基本形式。

情绪状态有心境、激情和应激三种。

高级的社会情感包括道德感、理智感和美感。

情绪的表现主要有外部表现和机体的生理变化两种,其中外部表现主要体现在面部表情、肢体表情和言语表情上。

学前儿童情绪的发展:学前儿童情绪的社会化,学前儿童情绪的丰富化和深刻化,学前儿童情绪的自我调节化。

学前儿童道德感的发展特点:小班幼儿的道德感主要指向个别行为,并且往往是由成人的评价而引起的;中班幼儿比较明显掌握了一些概括化的道德标准,可以因为遵守了老师的要求而产生快感;大班幼儿的道德感会进一步发展,他们有了好与坏的区分。

学前儿童理智感的发展特点:处于理智感发展阶段的幼儿,常常会有两种特殊的表现形式,一种就是好奇好问,另一种特殊表现就是与动作相联系的"破坏"行为。在这一时期,家长和教师一定要鼓励幼儿探索,培养兴趣,并且利用各种方法帮助幼儿扩大视野,这样会使幼儿的理智感发展得到保证。

学前儿童美感的发展特点:幼儿对色彩鲜艳的艺术作品容易产生美感。在正确的教育引导下,幼儿中期能够从音乐、绘画等艺术作品中,从自己从事的美术、舞蹈唱歌、朗读等艺术活动中产生美感,并能体验到自然景色的美。幼儿晚期对美的标准的理解和美的体验有了进一步的发展。

促进学前儿童情绪情感发展的策略主要有:营造良好的情绪环境;成人的情绪示范;正面肯定和鼓励;耐心倾听幼儿说话;正确运用暗示和强化;掌握调控幼儿情绪的方法;教会幼儿调节自己的情绪。

聚焦国考

一、单项选择题(每题 3 分,共计 30 分)

1. 儿童把刚刚买来的玩具拆得七零八落,这是由于( )。
   A. 理智感的发展   B. 道德感的发展
   C. 破坏行为   D. 不喜欢这个玩具

2. 以下说法错误的是( )。
   A. 幼儿不会掩饰自己的行为   B. 幼儿的告状行为是孩子道德感发展的表现
   C. 幼儿是无忧无虑的   D. 幼儿存在情绪健康的问题

3. 以下不属于情绪状态种类的是( )。
   A. 心境   B. 激情   C. 应激   D. 恐惧

4. 幼儿最初出现的情绪是与( )相联系的。
   A. 社会性需要   B. 生理需要
   C. 安全感的需要   D. 爱与被爱的需要

5. 刚入园的孩子哭着要妈妈,会引起其他幼儿也跟着哭,这是因为( )。
   A. 情绪的外露性   B. 情绪的不稳定性
   C. 情绪易受感染与暗示   D. 情绪的易冲动性

6. 幼儿想要一个玩具而得不到,就会大哭大闹,短时间不能平静,这是因为( )。
   A. 情绪的外露性   B. 情绪的不稳定性
   C. 情绪易受感染与暗示   D. 情绪的易冲动性

7. 幼儿由于得不到喜欢的玩具而大声哭泣时,成人递给他一块糖,幼儿就会立刻笑起来,这是因为（　　）。
  A. 情绪的外露性   B. 情绪的不稳定性
  C. 情绪易受感染与暗示   D. 情绪的易冲动性
8. 婴儿期的孩子常常想哭就哭,想笑就笑,这是因为（　　）。
  A. 情绪的外露性   B. 情绪的不稳定性
  C. 情绪易受感染与暗示   D. 情绪的易冲动性
9. 中班幼儿的告状行为是由于（　　）。
  A. 道德感的发展   B. 理智感的发展
  C. 美感的发展   D. 道德标准的发展
10. 幼儿喜欢问问题,这是由于（　　）。
  A. 道德感的发展   B. 理智感的发展
  C. 美感的发展   D. 道德标准的发展

二、简答题（每题 5 分,共计 20 分）
1. 情绪情感的种类有哪些?
2. 情绪情感的外在表现有哪些?
3. 简述学前儿童道德感的发展特点。
4. 简述学前儿童理智感的发展特点。

三、论述题（每题 10 分,共计 20 分）
1. 结合实例,谈谈促进学前儿童情绪情感发展的策略。
2. 结合实例,谈谈儿童情绪发展的特点。

四、材料分析题（每题 15 分,共计 30 分）
1. 幼儿园里打预防针,小班幼儿打针时哇哇大哭,有的甚至还没有打针就声泪俱下、奋力反抗。而大班幼儿虽然也很疼,却忍住不哭,并且打完针后还在小弟弟、小妹妹面前表现出"不疼""不怕"的勇敢样子。
用所学的关于幼儿情绪情感发展特点的知识,解释和分析案例中小班和大班幼儿的行为表现差异。
2. 红红 3 岁,喜欢的小鸭子玩具碎了,她就伤心地哭起来,妈妈给她一块巧克力,她又笑了;看见小朋友哭了,她也跟着哭起来。
根据幼儿情绪发展的特点加以分析。

第十章

意志——奋斗的品质

本章学点

1. 情感：不断反思自己的意志品质，树立为幼儿教育事业克服困难、努力奋斗的精神。

2. 认知：了解意志的意义，理解意志及其品质的含义和内容，掌握学前儿童意志的发展特点和培养策略。

3. 技能：学会根据学前儿童意志发展的特点，分析其行为表现，能初步运用所学知识培养学前儿童良好的意志品质。

思政园地

　　雷庆瑶，四川省夹江县人，1990 年出生，毕业于乐山师范学院心理学专业。她 3 岁时因电击失去双臂，但却克服困难学会了用双脚吃饭、穿衣、做饭、写字、缝衣裳、骑车、游泳、打字、绘画等。2006 年参加四川省第六届残疾人运动会，获得 4 枚银牌和 2 枚铜牌。2007 年因成功出演电影《隐形的翅膀》女主角，获华表奖优秀少儿演员奖，同年又获得印度国际儿童电影节最佳演员奖。2009 年成立"四川博爱感恩文化传播有限公司"。2011 年 8 月，荣获第二届"四川省助人为乐道德模范"称号；9 月，获第三届全国道德模范提名奖。2014 年 5 月，荣获第十八届"中国青年五四奖章"。

　　从案例中我们看到，雷庆瑶作为一名残疾人，实现了健全人都难以实现的成就，这与她从小到大不断克服困难、努力奋斗分不开。本章我们将学习这种个体克服困难和挫折并不断奋斗的品质——意志。

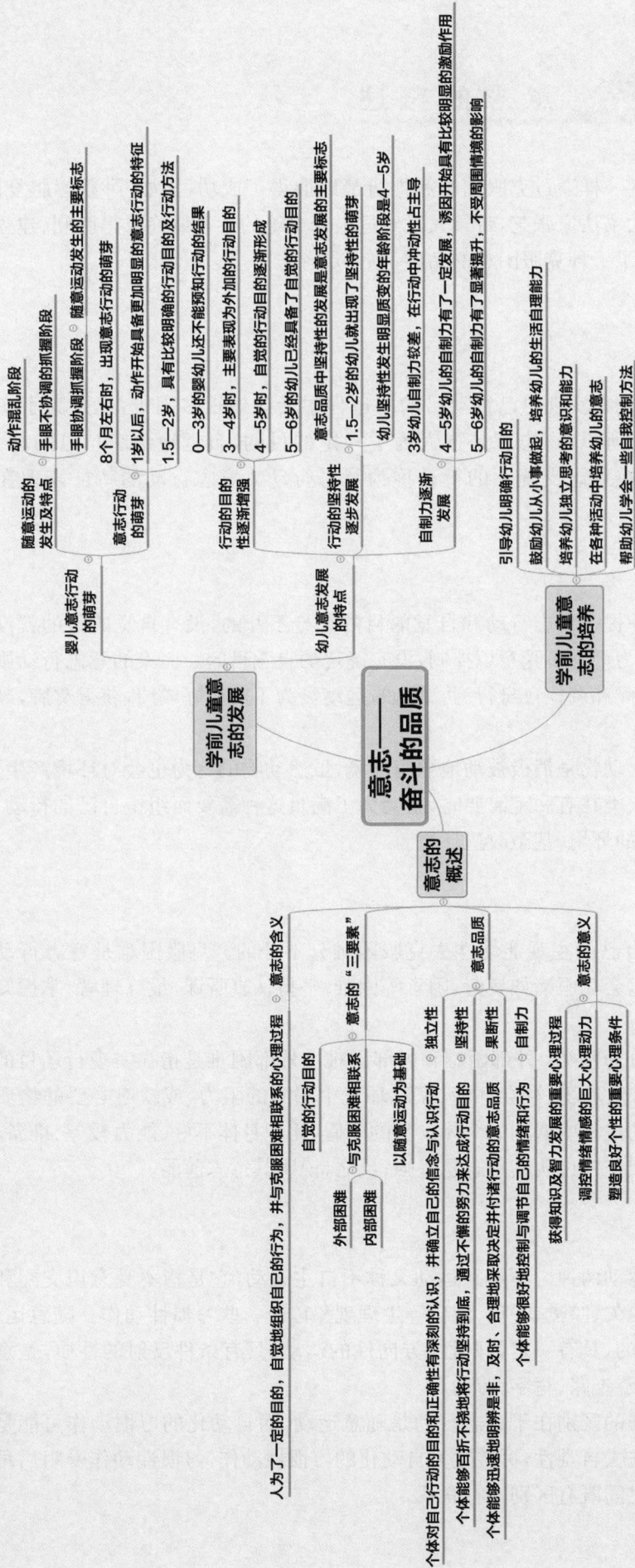

知识导图

意志——奋斗的品质

学前儿童意志的发展

婴儿意志行动的萌芽

- 随意运动的发生及特点
  - 动作混乱阶段
  - 手眼不协调的抓握阶段
  - 手眼协调抓握阶段 ◎ 随意运动发生的主要标志
  - 8个月左右时，出现意志行动的萌芽
- 意志行动的萌芽
  - 1岁以后，动作开始具备更加明显的意志行动的特征
  - 1.5～2岁，具有比较明确的行动目的及行动方法

幼儿意志发展的特点

- 行动的目的性逐渐增强
  - 0～3岁的婴幼儿还不能预知行动的结果
  - 3～4岁时，主要表现为外加的行动目的
  - 4～5岁时，自觉的行动目的逐渐形成
  - 5～6岁的幼儿已经具备了自觉的行动目的
- 行动的坚持性逐步发展
  - 意志品质中坚持性的发展是幼儿坚持性意志发展的主要标志
  - 1.5～2岁的幼儿就出现了坚持性的萌芽
  - 幼儿坚持性发生明显品质变化的年龄阶段是4～5岁
- 自制力逐渐发展
  - 3岁幼儿自制力较差，在行动中冲动性占主导
  - 4～5岁幼儿的自制力有了一定发展，透因开始有比较明显的激动作用
  - 5～6岁幼儿的自制力有了显著提升，不受周围情绪觉的影响

学前儿童意志的培养

- 引导幼儿明确行动目的
- 鼓励幼儿从小事做起，培养幼儿的生活自理能力
- 培养幼儿独立思考的意识和能力
- 在各种活动中培养幼儿的意志
- 帮助幼儿学会一些自我控制的方法

意志的概述

- 意志的含义
  - 人为了一定的目的，自觉地组织自己的行为，并与克服困难相联系的心理过程
- 意志的"三要素"
  - 目的
    - 自觉的行动目的
  - 与克服困难相联系
    - 外部困难
    - 内部困难
  - 以随意运动为基础
- 意志品质
  - 独立性
    - 个体对自己行动的目的和正确性有深刻的认识，并确立目的行为
  - 坚持性
    - 个体能够百折不挠地将行动坚持到底，通过不懈的努力来达成行动目的
  - 果断性
    - 个体能够迅速地明辨是非，及时，合理地采取决定并付诸行动的意志品质
  - 自制力
    - 个体能够很好地控制与调节自己的情绪和行为
- 意志的意义
  - 获得知识及智力发展的重要心理过程
  - 调控情绪情感的巨大心理动力
  - 塑造良好个性的重要心理条件

第一节　意志的概述

中国从古至今有许多人如雷庆瑶一样通过克服困难和挫折最终取得了成功,比如"卧薪尝胆复国"的勾践、"临池学书,池水尽墨"的东汉大书法家张芝,带领人民经过艰苦卓绝的斗争最终取得胜利、建立新中国的中国共产党人等,这些人都具备了一种克服困难的品质,也就是意志。

一、意志的含义

人的行动都会有一定的目的,人们在实现自己行动目的的过程中会遇到很多困难,但是为了实现自己的目的,人们会不断地克服困难。所以,意志就是指人为了一定的目的,自觉地组织自己的行为,并与克服困难相联系的心理过程。而在意志支配下的行动称为意志行动。意志行动的特征表现在以下三个方面。

(一) 自觉的行动目的

自觉的行动目的是意志行动的前提。意志行动和自觉的目的是分不开的,没有自觉的目的就没有意志。比如,无条件反射等一些本能行为都是不受意识控制,没有确定的自觉目的。而人的意志行动则完全是有目的的,并为了实现这个目的支配和调控自身行为。比如,运动员为了获得好成绩,获得奖牌,就会刻苦努力地训练。

意志是人类所特有的心理过程。动物是消极被动地顺应环境,虽然动物的行为也会对环境产生作用,但却并不是动物有意识发生的。而人类在有一定需要时,就会为了满足这种需要而组织自己的行动,在这个过程中,就会积极主动地影响周围的环境,甚至改造环境。

(二) 与克服困难相联系

个体的意志行动常常是与调动自己的主观能动性去克服困难分不开的。克服困难是意志行动的核心。例如,我们为了学习知识和技能,会克服诸如疲劳、困意等困难,坚持认真听课,最终理解、掌握知识和技能。

在意志行动中会遇到的困难可分为两类:外部困难和内部困难。外部困难是指在实现行动目的的过程中遇到的客观上的障碍,比如说自然环境、社会环境、家庭环境中遇到的阻力,或缺乏必要的物质条件等。内部困难是指在实现行动目的的过程中遇到的个体本身的障碍,比如身体不好、能力较差、准备不足、懒惰拖延等。个体克服的困难越大、越多,说明其意志越坚强;反之,说明其意志薄弱。

(三) 以随意运动为基础

运动可分为不随意运动和随意运动两种。不随意运动又称不自主运动,它是指不受意识支配和调节的不由自主的运动。比如,眨眼、打哈欠、咳嗽、呼吸、消化等生理现象以及一些习惯性动作。随意运动,又称自主运动,是指意识调节和支配下的,具有一定目的性、方向性的运动,具有条件反射的性质,是意志行动的必要组成成分。例如,穿衣、吃饭、走路、写字、劳动等。

意志行动与自动化的习惯性动作的区别在于意志行动是随意运动,而自动化的习惯动作可能是不随意运动。随意运动经由重复、熟练、失去自觉性,可转化为自动化的习惯性动作,习惯性动作受阻后可以被意识到,变为随意运动。所以,二者之间既有区别又有联系。

二、 意志品质

意志品质是指构成意志的诸多稳定因素的总和,包括独立性、坚持性、果断性和自制力四个方面。个体的意志品质是衡量其意志发展水平的重要指标,意志品质存在着极大的个体差异。

(一) 独立性

独立性也被称为自觉性,该意志品质表现为个体对自己行动的目的和正确性有深刻的认识,能根据自己的信念与认识行动,不屈服于外界的压力,并且愿意对自己行动的结果负责。

与独立性(自觉性)相反的表现是武断和受暗示性。其一,武断表现为不考虑具体情况,对他人的意见或建议置之不理,一意孤行。而独立性则是在理智地分析和吸取他人的合理意见的基础上作出决定。其二,受暗示性表现为行动缺乏主见、盲从、易受他人的影响。而独立性则是表现为对自己行动的目的和正确性有深刻的认识,即自己行动的目的和执行决定是正确的,并且是可行的,是符合道德和事物发展规律的。

(二) 坚持性

坚持性也被称为坚韧性,表现为个体能够百折不挠地将行动坚持到底,通过不懈的努力来达成行动目的。具有高度坚持性的人不仅具备顽强的毅力,而且不怕困难,不怕挫折,坚持不懈。比如,忍辱负重写出《史记》的司马迁。

与坚持性相反的表现是顽固、执拗与动摇性。顽固、执拗表现为不能理性、客观地认识、评价自己的行为,执迷不悟、自以为是。动摇性则表现为对自己的行动缺乏坚定的信念,遇到困难、挫折后就会怀疑自己行动的正确性,放弃对预定目标的追求,做事有始无终。顽固、执拗和动摇性虽然存在一些差别,但实质上都是面对困难的错误态度,是消极的意志品质。而坚持性则是表现为能够顽强地坚持至实现预定的行动目的。

(三) 果断性

果断性是指个体能够迅速地明辨是非,及时、合理地采取决定并付诸行动的意志品质。能够明辨是非是果断性的前提,具备果断性的人能够充分、正确地认识客观事实,能够全面、深刻地思考行动的目的和方法。在这个基础上,当形势发展到紧急关头时,可以做到当机立断,抓住时机,敢作敢为,并且在情况发生变化或在行动中出现问题时,立即停止行动,迅速而合理地解决问题。

与果断性相反的表现是冒失轻率和犹豫不决。冒失轻率是"不当决而决",具体表现为缺乏明辨是非,没有对客观事实正确的认识及对现实的理性判断;而犹豫不决则是"当决而不决",具体表现在需要决定时优柔寡断,患得患失,思虑过多,却没有真正地判断出事情的轻重缓急,思想斗争时间较长,于是容易在紧急关头仓促地作出决定。这两种表现都是消极的意志品质。

(四) 自制力

自制力表现为个体能够很好地控制与调节自己的情绪和行为,这是体现自我控制的能力。人们在实现行动目标的过程中,总会有许多诱惑或干扰,自制力强的人不但促使自己抵抗诱惑,执行已经做出的决定,而且还善于在实际行动中克制自身不利于行动目标实现的行为,如冲动、消极的情绪和行为等,促使自己实现目标。

与自制力相反的表现是任性。任性的人不能很好地约束、控制自己,感情用事、冲动,不能很好地抵抗外在的诱惑或干扰,于是,出现诸如放纵、自由散漫等,无法实现行动目的。

三、 意志的意义

意志是人的主观能动性和积极性的集中体现，它具有两种功能：发动和抑制。意志的发动功能具体表现为激发和维持个体能够从事与达到预定目的相符且必需的活动；意志的抑制功能则具体表现为压抑和阻止与预定目的不相符的欲望和活动。意志对个体的意义主要体现在以下三个方面。

（一）获得知识及智力发展的重要心理过程

我们可以设想这样一幅场景：当你在教室认真复习背诵时，旁边的同学在谈论你最近特别感兴趣的一件事情，这时，你会怎样做？根据以往经验，基本上会有两类表现：一种是加入同学的话题一起谈论感兴趣的事情；另外一种则是努力克制自己，集中注意力继续背诵。两种不同表现的学习效果也是可想而知的。

所以，在人们认识世界时，尤其是学习系统性知识和技能以及创新时，时常会遇到各种各样的困难和挑战，比较容易失败。在这个过程中，意志就显得尤为重要。已有研究也表明，意志对人们获得知识及智力发展有重要的影响，坚强的意志会促进个体知识及智力的发展。

（二）调控情绪情感的巨大心理动力

失败、挫折几乎是我们每个人的人生中都要经历和面对的事情，但面对失败、挫折，有的人能够很好地调节、控制自己的消极情绪和行为，恰当看待失败、挫折，不断努力；而有的人则难以克服自己的沮丧、难过等消极情绪，一直沉浸在其中，不能缓解。实验研究和事实均表明，意志薄弱的人易被消极情绪所压倒，往往难以将执行决定的行动贯彻到底。只有意志坚强的人能够很好地调节、控制自己的情绪，克服消极情绪的干扰，把行动进行到底，实现预定目标。

（三）塑造良好个性的重要心理条件

古人说得好："夫志，气之帅也。"对于人的个性形成和发展来说，意志是不可或缺的。因为，从意志品质的水平而言，可以认为意志水平是一种个性心理特征。我们经常说一个人的性格坚强、果断或做事坚持不懈等，这实际上都是某种意志品质的表现。可以说，良好的意志品质不仅是良好个性形成的基础，也是构成良好个性的核心成分。

思政园地

毛泽东同志一生爱好读书，青年时期为了锻炼专注力，在街头闹市读书；在战争时期最紧张、最危险的环境中，依然在马背上读完了列宁的《国家与革命》；中华人民共和国成立后，他为了可以更方便地读书，还将一半的卧床上都放置着书……

他在战争的艰苦条件下，仍逐字逐句地阅读了《辩证法唯物论教程》《辩证唯物论与历史唯物论》《社会学大纲》《哲学选辑》等哲学书籍，并在书中留下大约两万字的批语。其中许多内容是他联系中国革命实际写下的学习心得和研究成果，为其后续撰写《论持久战》提供了思想基础。正是他意志坚强，专注且坚持，才使得他博览群书。在勤思的基础上，写下了诸如《星星之火，可以燎原》《论持久战》《论联合政府》等重要著作。

第二节　学前儿童意志的发展

一、婴儿意志行动的萌芽

对于儿童来说，意志不是一出生就存在的心理过程，它是在随意运动和言语的发展过程中逐渐形成的。

（一）随意运动的发生及特点

新生儿出生时，只有一些本能动作，其他动作是混乱的，无法做到协调。出生半个月以后，新生儿双眼可以慢慢协调运动了。这个阶段被称为动作混乱阶段。

相比之下，手部的协调动作发展在4个月左右才开始。4个月之前的婴儿，都是无意的、没有目的的动作，即便出现手偶然碰到被子或别的东西时会去抚摸物体（无意抚摸阶段），或抓握手中的物品也都是无意识动作（无意抓握阶段）。4个月左右的时候，婴儿看见在眼前的物体时会有抓握的愿望，比如婴儿看到挂在床上的玩偶会伸手想要碰触、抓握，或是看见妈妈的脸想要摸。但是，这时婴儿手眼动作还没有协调，所以，他们想要触碰、抓握物品时，手却总是在物品周边打转，很难成功碰触或抓到。该阶段称为手眼不协调的抓握阶段。

直至婴儿4—5个月时，才会出现手眼协调动作。手眼协调动作指眼睛和手部的动作能够配合，手部的运动和眼球的运动能够协调一致，即能够用手抓住所看见的东西。当婴儿出现手眼协调动作后，就会主动而且准确地用手抓握物品。该阶段称为手眼协调抓握阶段。

所以，在手眼协调抓握阶段，手眼协调动作才真正发生。手眼协调动作是随意运动发生的主要标志。也就是说，随意运动是在不随意运动的基础上产生的。

真题链接

1.（2013年上半年真题）婴幼儿手眼协调的标志性动作是（　　）。

A. 无意触摸到东西　　　　　　　B. 握住手里的东西

C. 伸手拿到看见的东西　　　　　D. 玩弄手指

2.（2014年下半年真题）婴儿手眼协调动作发生的时间是（　　）。

A. 2—3个月　　　　　　　　　　B. 4—5个月

C. 7—8个月　　　　　　　　　　D. 9—10个月

参考答案

（二）意志行动的萌芽

婴儿8个月左右时，会出现意志行动的萌芽，此时，婴儿不但可以坚持指向某个具体目标，还可以通过努力排除一定的障碍以实现目标。

幼儿1岁以后，其动作开始具备更加明显的意志行动的特征。婴儿会通过尝试、探索多种方法去排除困难，以实现预定目标，这种表现可以称为"尝试错误"。例如，17个月的洋洋口渴了，想要拿餐桌上的水壶，他想直接抓取到水壶，可因为身高太矮而失败了，他又想爬到椅子上，可是试了几次，却都爬不上去。这时，他看到了平时洗脸洗手时用的儿童垫脚凳，他将垫脚凳拿了过来，放在离水壶较近一侧的地上，登上垫脚凳后拿到了水壶。

1.5—2岁的幼儿,不但开始具有比较明确的行动目的,并且会为了实现预定目的而确定了比较明确的行动方法。这时,婴儿就很少运用"尝试错误"或"摸索性调节"来达到目的了。

二、 幼儿意志发展的特点

意志是一种比较复杂的高级心理机能,所以,幼儿需要在成人的教育引导下,才能够逐渐克制冲动,抑制某些不利于目的实现的行为。虽然幼儿阶段是意志品质发展的重要时期,但是由于幼儿的生理水平和心理发展水平的限制,其意志行动仍处于意志整体发展的低级阶段,幼儿行动的目的性、坚持性、自制力等方面有了初步的发展。

(一)行动的目的性逐渐增强

0—3岁的婴幼儿还不能预知行动的结果,也很难用言语表达自己的行动目的,婴幼儿的行动常常是由周围环境的影响和当前感知到的情景所决定的。因为缺乏明确目的的行动会带有很大的冲动性,所以,婴幼儿就会出现正在执行的行动易停止或改变方向等表现。比如,2岁的芳芳看到妈妈给她新买了一本绘本,拿起来刚翻开第一页,就听见电视播放动画片《小猪佩奇》,她马上放下了绘本,跑去看动画片。

学习思考

刘老师为了让小班幼儿学会擦鼻涕,设计了一节集体活动。在活动中,她先运用手偶表演使小朋友对如何擦鼻涕产生了兴趣,然后刘老师边念儿歌《擦鼻涕》边拿出纸巾做擦鼻涕动作,并且在鼻涕擦干净后把纸巾扔进垃圾桶。接着刘老师让小朋友自己练习,通过个别指导,让小班幼儿都学会了如何擦鼻涕。

为什么在刘老师设计的集体活动中,幼儿学习效果好?

幼儿3—4岁时,其意志行动的目的性有所增强,但与自觉的行动目的还有差距。成人外加的行动目的对幼儿的行动仍起着相当重要的作用。成人提出行动要求,用具体示范和语言提示等方法为幼儿明确行动的目的,引导幼儿按照目的去行动,可使幼儿在活动中能够反复实践练习,并能强化其对行动目的性的确定。这个时期,幼儿的行动目的在具体活动中能够保持5—10分钟。

幼儿4—5岁时,自觉的行动目的逐渐形成了。这一时期,幼儿在成人的组织下,逐渐学会提出行动目的,并且逐渐尝试在某些活动中独立地预见行动的结果,来确定行动任务。但此时幼儿的这种目的性不稳定、不明确,还需要依赖成人的帮助。这个阶段的幼儿不仅可以在活动中独立地确定自己个人的行动目的,而且还可以提出共同的行动目的(约占80%)。另外,幼儿在活动中也常常同时确定两至三个行动目的,但是能够坚持一个行动目的的人数与3—4岁的幼儿相比显著增加。4—5岁的幼儿可以在游戏、绘画等各种活动中确定自己的活动主题,并且自己选择行动的方法。此时,幼儿坚持某个行动目的的时间可以保持15—25分钟。比如,中班的秦老师正在组织小朋友进行区角活动,有三个小朋友进入了医院的区角。他们分别选择扮演医生、护士、病人。"医生"拿着听诊器给"病人"检查心跳,"护士"正在收拾药品和针筒,准备给"病人"打针。十几分钟后,扮演"病人"的小朋友觉得听诊器很有意思,也想拿听诊器听心跳的声音,就和扮演"医生"的小朋友商量调换了彼此的角色。我们可以看到,三个小朋友在医院的区角中能够确定自己想要扮演的角色,并且能够做出符合该角色的社会期望行为。但是由于中班幼儿的行动目的不够稳定,一个小朋友因为想要玩听诊器,就放弃了扮演病人。

5—6岁的幼儿已经可以提出较为明确的行动目的了,即具备了自觉的行动目的。此时,幼儿不仅能提出个人的行动目的,也能提出共同的行动目的。有时,他们在游戏活动中,还可以将个人的行动目的与共同的行动目的统一起来。在活动中,大班幼儿的行动目的通常能够保持 35—55 分钟。

(二) 行动的坚持性逐步发展

意志品质中坚持性的发展是意志发展的主要标志。已有研究表明,1.5—2 岁的幼儿就出现了坚持性的萌芽。在一项研究中发现,婴儿坚持玩耍某种玩具的时间可达 3—9 分钟,研究者把幼儿每次连续坚持 3—9 分钟的时间段相加来考察每个幼儿的坚持时间。结果显示,70% 的幼儿累加坚持时间占被观察的 90 分钟的一半以上,即 45 分钟以上。而且,从幼儿所摆弄的玩具看,其数量也是相当稳定的。

但是,3 岁幼儿坚持性发展的水平还是很低的,他们在一定的条件下虽然能够有意识地控制自己的行动,但是他们的行动过程不能完全受行动目的的制约。比如,他们常常违反成人的语言指示,或者不善于让自己的行动配合成人的指示。3 岁幼儿坚持的时间极短,在实现行动目的时,即使遇到了很小的困难,或是任务比较单调枯燥,幼儿也会容易失去坚持实现目的的愿望和动力。

已有研究结果证明,幼儿的坚持性随年龄的增长而提高。幼儿坚持性发生明显质变的年龄阶段是 4—5 岁,而且,外界条件对 4—5 岁幼儿坚持性的影响最大。因此,我们要抓紧对 4—5 岁幼儿坚持性的培养。

知识拓展

苏联的马努依连柯所做的著名的"哨兵站岗"研究,是以 3—7 岁的幼儿为被试,要求幼儿在空手的情况下做出哨兵持枪站岗的姿势并保持。研究设计了 5 个实验,对被试的要求都相同,但实验条件不同,具体如下:

实验 1:在实验室内,对幼儿逐个个别进行。没有告诉被试动作的名称,只要求维持主试示范的动作。

实验 2:在幼儿园的活动室内进行。其他条件同实验 1,只增加了分心因素,即活动室内有小朋友在玩耍。

实验 3:以游戏方式提出要求。使被试感到不是在完成成人交代的任务,而是在游戏中担当站岗哨兵的角色。小朋友们扮演工人,坐在桌子旁包装糖果,哨兵则在旁边为保护工厂而站岗。

实验 4:要求被试在游戏外担当角色。告诉被试让大家看看他是否能持久地维持哨兵的姿势,但是没有让他加入游戏。

实验 5:让被试在大门外离开集体的地方担当哨兵的角色。

实验结果如表 10-1,从中能够得出以下结论:

第一,无论在哪一种条件下,幼儿有意保持特定姿势的时间都是随年龄增长而增加。

第二,4—5 岁是幼儿自觉坚持行动能力发生明显质变的年龄阶段。

第三,在实验 3,即游戏中,幼儿自觉坚持行动的时间比非游戏情境下长得多。

表 10-1 幼儿在不同条件下有意保持姿势的时间

年龄组	实验 1	实验 2	实验 3	实验 4	实验 5
3—4	18 秒	12 秒	—	—	—
4—5	2 分 15 秒	41 秒	4 分 17 秒	24 秒	26 秒
5—6	5 分 12 秒	2 分 55 秒	9 分 15 秒	2 分 27 秒	6 分 35 秒
6—7	12 分	11 分	12 分	12 分	12 分

注:"—"是因为 3—4 岁幼儿不能按要求行动,无法得到统计数据。

（三）自制力逐渐发展

幼儿的自制力是在成人的教育引导下，通过与外界的各种交往发展起来的，幼儿不自觉的行动逐步发展为自觉的行动，并且逐渐克服冲动性。但幼儿的行为还是容易受到当时外界事物或情境的诱惑，所以，幼儿的自制力整体上还是比较弱的。

已有研究结果发现 3 岁幼儿自制力较差，在行动中冲动性占主导，言语指导和诱因对自我控制没有产生明显作用，常常会出现语言与行为脱节的现象。例如，晨晨平时最喜欢吃排骨。这天，妈妈做好排骨后，就把装着排骨的盘子放到了桌子上，然后继续做其他的菜肴。这时晨晨过来想要吃排骨，妈妈制止了他，对他说："等妈妈把其他的菜做好，我们一起吃。"晨晨点点头，表示同意。可是没过两分钟，晨晨就忍不住一边说"等妈妈做好再吃吧"，一边拿起了一块排骨。

4—5 岁幼儿的自制力有了一定发展。这时，诱因开始具有比较明显的激励作用，但是，诱因对幼儿行为的作用还很不稳定，幼儿还不能很好地通过自己的言语来调节行为。

5—6 岁幼儿的自制力有了显著提升。这时的幼儿开始不再受周围情境的影响，能较为正确地按成人的要求行动，活动结果在行动中所占的分量持续增加。幼儿逐渐学会按游戏规则活动，并且能将游戏进行到底。这时他们不仅能够开始控制自己的外部行动，也能够逐渐控制自己内在的心理活动，由此产生有意注意、有意识记和有意想象等心理过程。

知识拓展

延迟满足是指个体能够为了长远的利益而自愿选择延缓目前的享受。延迟满足能力的形成是自制力发展的一种体现，它是自制力的核心成分和重要技能，也是心理成熟的重要体现。1966 年起，美国心理学家沃尔特·米歇尔在美国的比英幼儿园开展了著名的"棉花糖实验"。他召集了一些 3—6 岁幼儿，最后有 32 名幼儿成功参与了实验。这些孩子中，最小的是 3 岁 6 个月，最大的是 5 岁 8 个月。实验内容是在每个孩子独自待在实验室的时候，都在他/她的面前摆着一块棉花糖。每个孩子们都会被告知，他们可以立刻吃掉这块棉花糖，但是如果能等待一会儿再吃（20 分钟），那么就能再得到一块棉花糖，也就是可以吃到两块棉花糖。结果显示，一些孩子立刻就把棉花糖吃掉了，有一些孩子等了一会儿（不到 20 分钟）也吃掉了，另外一些则等待了足够长的时间，于是得到了第二块棉花糖。在第一次实验后，研究者陆续又召集 600 多名孩子参加了这项实验。

综合研究结果显示，4 岁以下的幼儿往往等待不了 20 分钟以获得第二块棉花糖；5 岁以上的幼儿大多数可以运用多种策略或方法克制自己不要吃掉棉花糖，诸如闭紧双眼、头枕双臂、自言自语、唱歌游戏等，他们通过这些策略使自己能够等待足够多的时间来获取额外奖励（棉花糖）。这表明，对幼儿的延迟满足能力发展来说，5 岁是一条重要的分界线，即 4 岁以下的幼儿多数不具备延迟满足能力，而 5 岁以上的幼儿就出现了延迟满足的早期萌芽。而在针对更大年龄孩子的相关研究中发现，大多数 8—13 岁孩子都可以具备一定的延迟满足能力，该研究结论与神经发育研究的成果相吻合。

而米歇尔的追踪研究显示，多数"延迟者"注意力集中、通情达理、随机应变，有更强的社会适应能力，有更高的行动效率，能战胜生活的痛苦与挫折。而"不等者"则相反。

真题链接

（2017 年下半年真题）研究儿童自我控制能力和行为的实验是（   ）。

A. 陌生情境实验   B. 点红实验

C. 延迟满足实验   D. 三山实验

参考答案

第三节 学前儿童意志的培养

意志不是天生就具有的心理现象，而是通过后天的教育引导以及在生活实践中逐渐形成和发展起来的，所以，意志需要成人，特别是教师，对幼儿进行有意识的培养。作为教师，可以从以下五个方面培养幼儿具备良好的意志品质。

一、引导幼儿明确行动目的

自觉的行动目的是坚持意志行动的有效推动力，大多数的幼儿对自己的行动目的缺乏明确的认识，而且并不善于自己独立地提出行动目的。因此，幼儿的行为目的不稳定，很难排除外界事物的诱惑和干扰。所以，为使幼儿能够逐渐明确行动目的，并能独立提出行动目的，增加幼儿坚持活动的时间，可以对幼儿进行引导，进行目的性教育。首先在教育教学活动的设计中，注意对行动目的的确定，引导帮助幼儿在教育教学活动前能够明确行动目的，并且逐渐形成在活动前确定行动目的的习惯。另外，还要经常鼓励幼儿做事要坚持到底。针对年龄较大的幼儿可以启发他们自己提出行动目的。比如，在进行角色扮演前，请幼儿说一说想扮演什么角色，扮演这个角色需要表现出哪些动作和语言。

二、鼓励幼儿从小事做起，培养幼儿的生活自理能力

基于幼儿的生理心理发展规律，著名教育家陈鹤琴先生曾提出："凡是儿童自己能做的，应让他自己做。"这个教育原则实际上是要培养幼儿的独立性。因为我们每个人无论做什么事，都是从不会到会，从生疏到熟练的过程。所以，幼儿的独立性也要在具体的事情中经过锻炼才能不断地发展起来。因此，为培养幼儿的独立性，我们首先就要鼓励幼儿要从小事做起，从他们力所能及的事做起，真正做到尊重幼儿，不包办代替，也不要过分限制他们。当幼儿完成了事情时，我们要及时地进行表扬。当幼儿还不能完成某种独立行动时，也要及时给予帮助和示范。通过这些策略使得幼儿在独立完成事情的过程中获得成就感，增强自信心。

《指南》中也提出培养幼儿具有良好的生活与卫生习惯，以及基本的生活自理能力。如果幼儿能够具备这些良好的行为，就能为社会适应奠定良好的基础。在培养幼儿良好行为的过程中，幼儿能够感受到劳动的乐趣，提高独立意识和能力。

三、培养幼儿独立思考的意识和能力

思政园地

陈鹤琴先生曾举过这样一个例子。有一天，一个9岁的孩子问他："竹管里有空气吗？"陈先生没有直接回答，而是拿了一根两头有节的竹管，在竹管上钻了一个洞，放在水盆里，孩子见一个个小气泡从竹管里冒出，便惊喜地叫道："空气！空气！"由于他自己得出了答案，显得格外兴奋。在这个案例中，陈鹤琴先生培养了孩子独立思考的意识和能力。幼儿具有好奇、好问的天性，对待他们所提出的问题，成人应该启发他们自己动脑去想，去寻求答案，以此培养幼儿独立思考的习惯，久而久之，有利于培养他们的独立性。

我们可以从以下三方面培养幼儿独立思考的意识和能力。

一是保护并利用幼儿强烈的好奇心。幼儿的好奇心强烈,他们对新鲜事物总有着强烈的探索欲望,总爱问"为什么"。这对于获取知识、独立思考有很好的促进作用。所以,当面对幼儿不断地询问时,成人要耐心地给予解答,如果不知道答案,成人不要简单地回答"不知道"进行反馈,而是可以和幼儿一起寻找答案。在探寻答案的过程中,幼儿不但可以积累丰富的感性认识,还可以学会解决问题的思路或方法。

二是为幼儿创造独立思考情境。我们可以多与孩子交流,并且善于利用各种场合引导孩子思考,如阅读活动、集体活动、区角活动等。可以适时、恰当地向幼儿提出问题,引发幼儿思考。鼓励幼儿积极发表意见,使孩子勇于、乐于表达自己的想法。

三是鼓励幼儿敢于尝试。我们在幼儿思考之后可以适当地鼓励幼儿尝试自己的想法,这是锻炼孩子思考能力和动手能力相结合的最佳途径。通过鼓励幼儿进行各种各样有益的尝试,可以使幼儿验证自己想法的可行性、正确性,即使尝试最后失败了,也可以引导幼儿从失败中总结教训,为未来的思考积累经验。

四、 在各种活动中培养幼儿的意志

意志品质是在实践中,特别是在克服各种各样困难的实际活动中,通过有意识地锻炼逐步形成的。幼儿在喜欢、感兴趣的活动中,比较容易抵制外界的诱惑或干扰,能够较好地控制自己的行为。因此,我们可以通过多种活动为幼儿意志的发展创造锻炼机会,同时及时给予有针对性的指导。

(一)在游戏中培养幼儿的意志

心理学家皮亚杰曾提出:"任何形式的心理活动最初总是在游戏中进行的。"对幼儿来说,他们每天主要的活动就是游戏,游戏既是他们的本能,也是他们的天性。游戏对幼儿的吸引力远大于其他活动,所以,幼儿在游戏中往往能够积极主动、心情愉快地进行活动。而且,他们游戏的时间相比从事其他活动的时间也明显更长,也就是说,幼儿在游戏中坚持行动的时间更长。因此,我们可以在游戏中培养幼儿持之以恒地注意某个问题,培养幼儿动手动脑解决问题的能力,发现和体验自己的能力,由此产生成就感。比如幼儿在用积木进行搭建的过程中,会体验成功或失败,当搭建的建筑物倒塌,会再次进行搭建,直至最后搭建成功。通过这样的过程就可以培养幼儿克服困难、实现目标的意志行动。同时,在游戏中还会遇到人际交往方面的挫折或矛盾纠纷,这时,幼儿能够逐渐学会如何坚持自己的想法以及如何接纳别人的意见,并且学会独立解决纠纷,从而逐步实现提高意志品质的培养目标。

(二)创设问题情境培养幼儿的意志

在游戏活动之外,还可以设置一些问题情境来培养幼儿的意志品质,逐步训练幼儿能够遇事不紧张,能够迅速做出适当的决定和相应的行为反应。

设置问题情境有两种形式:故事启发和操作训练。故事启发是指成人在为幼儿讲解故事的过程中,有意识地设计相关问题,让幼儿站在故事中某个角色的角度思考问题、解决问题,使得幼儿能够从故事中吸取经验教训,学会处理问题的策略和方法。而操作训练则是指设置一些在日常生活中可能会遇到的突发情况,比如遇到火灾、迷路、地震等,然后教给幼儿面对突发情况时的正确处理方法,并且引导幼儿不断练习,直至掌握。

五、 帮助幼儿学会一些自我控制方法

意志品质的形成不仅仅受周围人和事物的影响,更重要的是依靠自我教育和自我锻炼。因此,可以帮助幼儿掌握一些自我控制的方法。一方面,需要成人给予良好的榜样示范,因为幼儿的很多行为都是通过

模仿成人而习得的。家长、教师应保持遇事乐观、积极的生活态度,遇到挫折不在孩子面前抱怨,不出现消极、颓废的言语和情绪。在幼儿遇到难题时成人愿意分享自己的经历,帮助幼儿学到做事自控并坚持到底的精神。另一方面,可以教给幼儿具体的自我控制方法,比如自我意念控制法、注意力转移法等,鼓励幼儿用积极的方法说服自己。

知识拓展

已有研究表明,幼儿是可以学会一些自我控制的方法的。比如,有研究者曾经做过这样一个实验:研究者要求幼儿完成一些长时间并且单调重复的任务,事先告诉实验组的幼儿在完成任务过程中会有声音干扰,教给他们可以用自言自语"我不听那个声音"来对抗干扰,对控制组的幼儿只提任务要求,不教方法。结果显示,实验组幼儿比控制组幼儿完成得更好。

学习小结

意志是指人为了一定的目的,自觉地组织自己的行为,并与克服困难相联系的心理过程。而在意志支配下的行动称为意志行动。意志行动的特征表现在以下三个方面:自觉的行动目的、与克服困难相联系、以随意运动为基础。

意志品质是指构成意志的诸多稳定因素的总和,包括独立性、坚持性、果断性和自制力四个方面。

独立性也被称为自觉性,该意志品质表现为个体对自己行动的目的和正确性有深刻的认识,并根据自己的信念与认识行动,不屈服于外界的压力,并且愿意对自己的行动结果负责。与独立性相反的表现是武断和受暗示性。

坚持性也被称为坚韧性,表现为个体能够百折不挠地将行动坚持到底,通过不懈的努力以达到行动目的。与坚持性相反的表现是顽固、执拗与动摇性。

果断性是指个体能够迅速地明辨是非,及时、合理地采取决定并付诸行动的意志品质。与果断性相反的表现是冒失轻率和犹豫不决。

自制力表现为个体能够很好地控制和调节自己的情绪和行为,这是体现自我控制的能力。与自制力相反的表现是任性。

意志的意义主要体现在三个方面:意志是获得知识及智力发展的重要心理过程;调控情绪情感的巨大心理动力;塑造良好个性的重要心理条件。

意志行动不是一出生就存在的心理过程,它是在随意运动和言语的发展过程中逐渐形成的。手眼协调动作的发生,是儿童随意运动发生的主要标志。婴儿直至4—5个月时,才会出现手眼协调动作。婴儿8个月左右时,会出现意志行动的萌芽。幼儿1岁以后,其动作开始具备更加明显的意志行动的特征。婴儿会通过尝试、探索多种方法,去排除困难,以实现预定目标。从1.5—2岁起,幼儿不但开始具有比较明确的行动目的,并且会为了实现预定目的而确定了比较明确的行动方法。

幼儿的意志仍处于发展的低级阶段,行动的目的性、坚持性、自制力都只有一些初步的表现。幼儿意志发展的特点表现为行动的目的性逐渐增强、行动的坚持性逐步发展、自制力逐渐发展。

意志不是天生就具有的心理现象,而是通过后天的教育引导以及在生活实践中逐渐形成和发展起来的。我们可以从以下途径和方法培养幼儿良好的意志品质:

1. 引导幼儿明确行动目的;
2. 鼓励幼儿从小事做起,培养幼儿的生活自理能力;
3. 培养幼儿独立思考的意识和能力;

4. 在各种活动中培养幼儿的意志;

5. 帮助幼儿学会一些自我控制方法。

聚焦国考

一、单项选择题(每题 3 分,共计 30 分)

1. 以下( )是随意运动。

    A. 眨眼   B. 咳嗽   C. 呼吸   D. 写字

2. 儿童随意运动发生的主要标志是( )。

    A. 手眼协调动作的发生

    B. 手眼不协调动作的发生

    C. 无意抓握的发生

    D. 无意抚摸的发生

3. 意志行动的萌芽发生在( )。

    A. 6 个月   B. 8 个月   C. 12 个月   D. 18 个月

4. 1—1.5 岁的婴幼儿,为实现目标会出现( )的行为。

    A. 尝试错误   B. 自觉确定目的   C. 自我控制   D. 坚持不懈

5. 3—4 岁幼儿的行动目的在具体活动中能够保持( )。

    A. 3—5 分钟   B. 5—10 分钟   C. 10—15 分钟   D. 15—25 分钟

6. 4—5 岁幼儿坚持某个行动目的的时间可达( )。

    A. 10—15 分钟   B. 15—25 分钟   C. 25—35 分钟   D. 35—55 分钟

7. 大班幼儿的行动目的通常能够保持( )。

    A. 10—15 分钟   B. 15—25 分钟   C. 25—35 分钟   D. 35—55 分钟

8. ( )幼儿开始不再受周围情境的影响,能较为正确地按成人的要求行动,活动结果在行动中所占的分量持续增加。

    A. 2—3 岁   B. 3—4 岁   C. 4—5 岁   D. 5—6 岁

9. 古代的《司马光砸缸》的故事流传至今,司马光跟小伙伴们在后院玩耍时,有一个小孩因为爬到缸沿上玩,一不小心掉到水缸里。眼看这个孩子快要没命了,别的孩子有的吓得又哭又喊,有的跑去向大人求救。只有司马光急中生智,从地上捡起一块大石头向水缸砸去,水缸破了,被淹在水里的小孩也得救了。这个故事体现了哪种意志品质?( )

    A. 独立性   B. 坚持性   C. 果断性   D. 自制力

10. 幼儿坚持性发生明显质变的年龄阶段是( )。

    A. 2—3 岁   B. 3—4 岁   C. 4—5 岁   D. 5—6 岁

二、简答题(每题 5 分,共计 20 分)

1. 意志品质有哪些?

2. 简述意志行动的特征。

3. 意志是非智力因素吗?请陈述理由。

4. 请简要叙述学前儿童自觉的行动目的形成的过程。

三、论述题(每题 10 分,共计 20 分)

1. 论述幼儿意志的发展特点。

2. 如何培养幼儿良好的意志品质?

四、材料分析题(每题 15 分,共计 30 分)

1. 在一项行为实验中,教师把一个大盒子放到幼儿面前,对幼儿说:"这里面有一个好玩的玩具,一会我们一起玩。但现在我要出去一下,你等我回来。我回来之前,你不能打开盒子看,好吗?"幼儿回答:"好的!"教师把幼儿单独留在房间里,下面是一名幼儿在两分钟独处时的表现:幼儿一会看墙角,一会看地上,尽量不让自己看面前的盒子,小手也一直放在自己腿上。教师再次进来问:"你有没有打开盒子看?"幼儿说:"没有。"

问题:请分析上述材料中的幼儿表现出的行为特点。

2. 陈帼眉等人(1982)用"找星星"和"走迷津"两个实验进行幼儿智力活动方面的坚持性研究。"找星星"实验要求被试从测试纸上的各种图形中依次找出五角星,用笔把它画掉,重点研究在克服由单调枯燥的活动所引起的心理困难时的坚持性。"走迷津"实验则要求被试用笔画线,从迷津图的中央按规则走出来,重点研究克服智力困难时的坚持性。结果见表 10-2 和表 10-3。

表 10-2 幼儿在"找星星"实验中的坚持性分数

年龄组	被试人数	平均得分	标准差	标准误
4	50	61.2	18.7	2.7
5	50	74.1	15.1	2.2
6	50	82.1	13.1	1.9

表 10-3 幼儿在"走迷津"实验中的坚持性分数

年龄组	被试人数	平均得分	标准差	标准误
4	50	40.2	21.3	3.0
5	50	62.75	22.42	3.2
6	50	71.7	20.2	3.0

请分析上述材料体现了幼儿坚持性发展的哪些特点。

第十一章

心理特征——与众不同的根源

1. 情感：形成对儿童个性差异的正确态度,热爱儿童,尊重儿童的个体差异。
2. 认知：了解儿童个性差异的表现形式,掌握对不同学前儿童进行教育引导的对策。
3. 技能：能针对儿童的不同表现,判断儿童个性差异的类型,能分析产生的原因并提出引导策略。

思政园地

《论语·先进篇》有这样一段记载：

子路问："闻斯行诸?"

子曰："有父兄在,如之何其闻斯行之?"

冉有问："闻斯行诸?"

子曰："闻斯行之。"

公西华曰："由也问闻斯行诸,子曰'有父兄在';求也问闻斯行诸,子曰'闻斯行之'。赤也惑,敢问。"

子曰："求也退,故进之;由也兼人,故退之。"

请思考：孔子为什么对子路和冉有给予不同的回答呢?

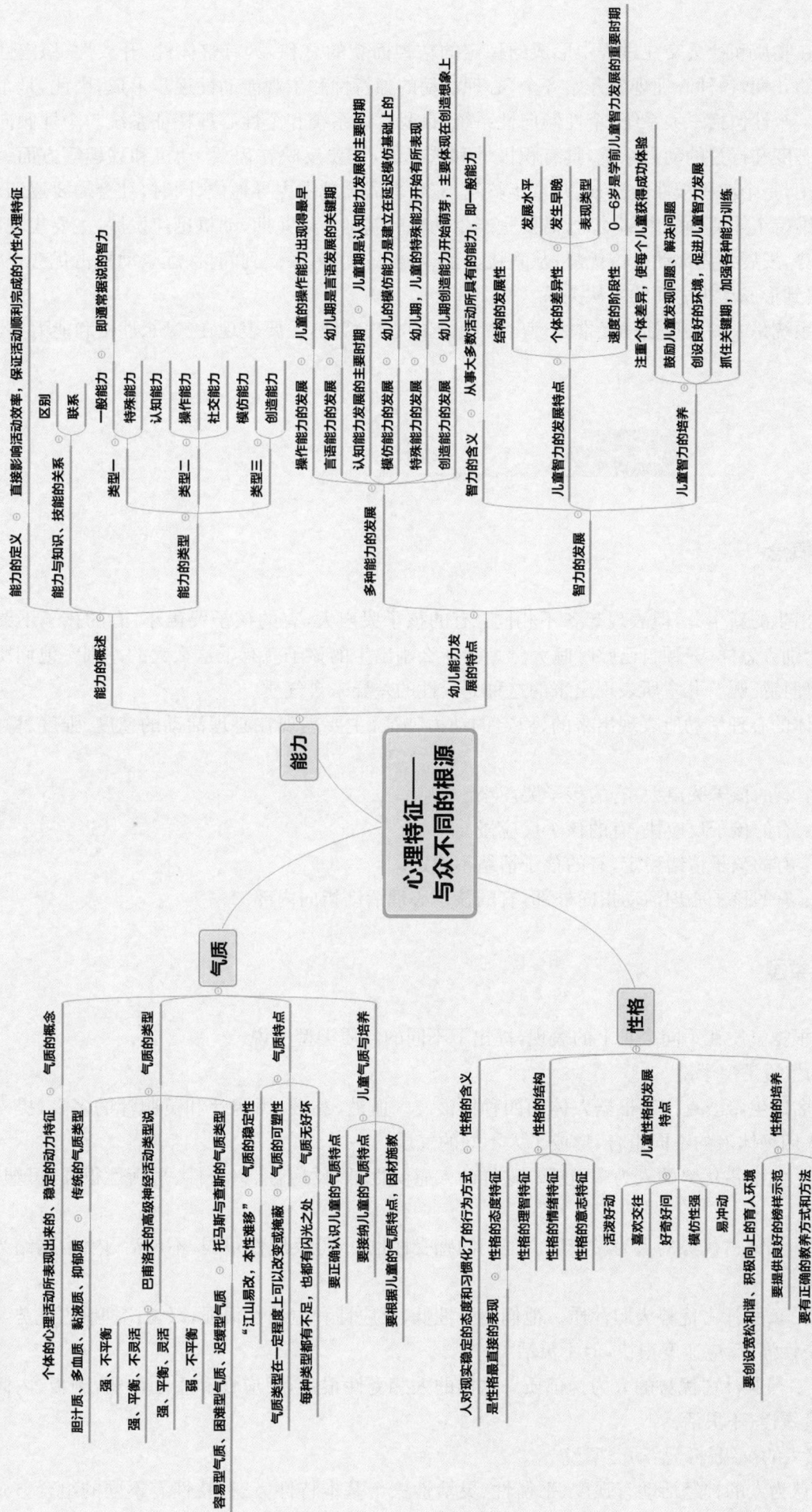

知识导图

心理特征——与众不同的根源

能力

能力的概述
- 能力的定义：个体的心理活动所表现出来的、稳定的个性心理特征
- 能力与知识、技能的关系
  - 区别
  - 联系：直接影响活动效率，保证活动顺利完成的个性心理特征
- 能力的类型
  - 类型一：一般能力（即通常据说的智力）、特殊能力
  - 类型二：认知能力、操作能力、社交能力
  - 类型三：模仿能力、创造能力

幼儿能力发展的特点
- 多种能力的发展
  - 操作能力的发展：儿童的操作能力出现得最早
  - 言语能力的发展：幼儿期是语言发展的关键期
  - 认知能力的发展：认知期是认知能力发展的主要时期
  - 模仿能力的发展：幼儿的模仿能力是建立在延迟模仿基础上的
  - 特殊能力的发展：幼儿期，儿童的特殊能力开始萌芽、主要体现在创造想象上
  - 创造能力的发展：幼儿期创造活动所具有的能力，即一般能力
  - 创造能力的含义：幼儿期创造能力主要体现在创造想象上
- 智力的发展
  - 从事大多数活动所具有的能力
  - 儿童智力的发展特点
    - 结构的发展
    - 个体的差异性：发展水平、发生早晚、表现类型
    - 速度的阶段性
  - 儿童智力的培养
    - 注重个体差异，使每个儿童都获得成功的体验
    - 鼓励儿童发现问题、解决问题
    - 创设良好的环境，促进儿童智力发展
    - 抓住关键期，加强各种能力训练
    - 0~6岁是学前儿童智力发展的重要时期

气质

气质的概念
- 气质的概念：个体的心理活动所表现出来的、稳定的动力特征
- 气质的类型
  - 传统的气质类型：胆汁质、多血质、抑郁质
  - 巴甫洛夫的高级神经活动类型说：强、不平衡；强、平衡、不灵活；强、平衡、灵活；弱、不平衡
  - 托马斯与切斯的气质类型：容易型气质、困难型气质、迟缓型气质

气质特点
- 气质的稳定性："江山易改，本性难移"
- 气质的可塑性：气质类型在一定程度上可以改变或掩盖
- 气质无好坏：每种类型都有不足，也都有闪光之处

儿童气质与培养
- 要正确认识幼儿的气质特点
- 要接纳幼儿的气质特点
- 要根据儿童的气质特点，因材施教

性格

性格的含义
- 人对现实稳定的态度和习惯化了的行为方式
- 是性格最直接的表现

性格的结构
- 性格的态度特征
- 性格的理智特征
- 性格的情绪特征
- 性格的意志特征

儿童性格的发展特点
- 活泼好动
- 喜欢交往
- 好奇好问
- 模仿性强
- 易冲动

性格的培养
- 要提供良好的榜样示范
- 要创设宽松和谐、积极向上的育人环境
- 要有正确的教养方式和方法

个性是人在物质和社会交往过程中形成的稳定的精神面貌的总和,具有整体性、开放性、稳定性和独特性的特征。幼儿期,各种心理现象开始齐全,心理活动的独特性和主观能动性逐步形成,因此,是个性初步形成的时期。个性包括三大系统:个性倾向性系统、自我意识系统和个性心理特征系统。个性倾向性是决定人对事物态度和行为的动力系统,具有积极性和选择性,主要反映在需要、动机和兴趣等方面。其中需要起主导作用,是个性积极性的源泉,儿童年龄越小,生理需要越占主导地位,同时,社会需要逐渐增强。动机是激发和维持个体活动的内部动力,需要是产生动机的基础。幼儿期,动机迅速发展,主要表现在:从外部动机占优势,发展到内部动机占优势;从直接、近景动机占优势,发展到间接、远景动机占优势;从动机互不相关,发展到形成动机之间的主从关系。

心理特征系统是人的心理活动经常表现出的、稳定的心理特征,主要表现在气质、性格和能力上。

第一节　气　质

一、气质的概念

虽然是刚出生的新生儿,但表现却各不相同:有的孩子哭声大,有的孩子哭声小,有的孩子不哭也不闹,还有的无论别人怎样,只顾自己呼呼睡大觉。为什么刚出生的孩子就有了这么大的差别? 他们所表现出的是什么心理特征呢? 儿童所表现出来的这种先天性的差异来自气质。

气质是个体的心理活动所表现出来的、稳定的动力特征,主要表现在心理活动的速度、强度、稳定性、指向性等方面。

在强度上:有的孩子哭声大,有的孩子哭声小。

在速度上:有的孩子反应快,有的孩子反应慢。

稳定性上:有的孩子情绪稳定,有的孩子情绪不稳定。

指向性上:有的孩子心理活动指向外部,有的孩子心理活动指向内部。

二、气质的类型

心理学家根据气质在不同人身上的表现,提出了不同的气质类型学说。

1. 传统的气质类型学说

古希腊著名医生希波克拉底根据人体的四种体液——血液、黏液、黑胆汁和黄胆汁的多少,提出了体液说,他认为人四种体液的不同组合,形成了人不同的气质。

① 多血质:血液占优势的人为多血质。这样的人感受性低,反应性、兴奋性、平衡性很强,可塑性强,外倾、爱交际。

② 黏液质:黏液占优势的人为黏液质。他们的感受性也低,但反应性很弱,不灵活、内倾,情绪兴奋性弱,反应速度慢。

③ 胆汁质:黄胆汁占优势为胆汁质。他们感受性低,反应性和主动性很强,兴奋比抑制占优势,刻板、外倾,情绪兴奋性强,反应速度很快,但不灵活。

④ 抑郁质:黑胆汁占优势的人为抑郁质。这样的人感受性很强,反应性和主动性弱,刻板、内倾情绪抑郁,反应速度缓慢、不灵活。

2. 巴甫洛夫的高级神经活动类型说

巴甫洛夫认为人的神经活动有强度、平衡性、灵活性三个基本特性,三种特性有不同的组合方式。在不同的人身上有不同的表现,从而产生了各自的神经活动类型,形成不同的气质和心理表现(表11-1)。

表11-1 气质类型及其表现

高级神经活动类型	气质类型	心理表现	代表人物
强、不平衡	胆汁质	反应快、易冲动、难约束	张飞
强、平衡、不灵活	黏液质	反应迟缓、安静、有耐性	猪八戒
强、平衡、灵活	多血质	活泼、灵活、好交际、浮躁	王熙凤
弱、不平衡	抑郁质	胆小、孤僻、敏感、细腻	林黛玉

不同气质的人在生活中的表现也是不一样的,如有人举例说:四个人去看戏,到剧院的时候戏已经开始了,守门人不让进入,这时候胆汁质的人非常愤怒,与守门人吵了起来;多血质的人则趁人不注意悄悄溜了进去;黏液质的人想反正也是休息,看什么不行,索性坐在门口看热闹;而抑郁质的人难过地说:"我总是这么倒霉。"

生活中四种典型气质类型的人并不多,常见的是几种类型特点混合的表现。关于儿童的气质,托马斯与查斯划分出了三种气质类型,分别是容易型气质、困难型气质、迟缓型气质。

容易型气质:是随和的儿童,脾气平和,情绪较为积极,对于新事物较为开放和适应。他们生活有规律,行为可预测。

困难型气质:这类儿童活跃、易怒、生活没规律,他们对改变常规会有过度反应,对新的事物和人适应慢。

迟缓型气质:这类儿童不怎么活跃,有点抑郁,对新的人和环境适应慢。但是与困难型儿童不同,他们对新异刺激的反应一般较为温和,不会过激和消极。例如,他们不要人抱时,会往别处看,而不是又踢又叫。

真题链接

(2012年下半年真题)有的幼儿遇事反应快,容易冲动,很难约束自己的行动,这类幼儿的气质类型比较倾向于(　　　)。

参考答案

A. 多血质　　　　　　　　　　B. 黏液质

C. 胆汁质　　　　　　　　　　D. 抑郁质

三、气质特点

(一)气质的稳定性

气质的形成受神经类型和遗传的影响,是与生俱来的,比较稳定,一旦形成就不易改变。我们通常所说的"江山易改,本性难移"指的就是人的气质很难改变。当然,这种稳定性也不是绝对的,气质还具有可塑性的特点。

(二)气质的可塑性

儿童是发展的个体,神经系统的发育还没完成,再加上环境和教育的作用,也会使儿童已经形成了的气质类型在一定程度上得到改变或掩蔽。如电影《别碰我的童年》中的文力,是一位和爷爷奶奶生活在农村的、活泼快乐的小朋友,可是后来随陌生的父母进了陌生的城市,环境变了,也失去了儿时的同伴,就变得郁郁寡欢了,原来活泼开朗的气质特点被掩蔽,但是当熟悉环境了,与父母关系融洽了以后,便又恢复了原来活泼、快乐的气质特点。

（三）气质无好坏

人的气质没有好坏之分，胆汁质的人直率热情，反应迅速，但脾气急躁，易冲动；黏液质的人安静稳重，善于自制，但是对事冷淡，反应迟缓；多血质的人情感丰富，反应灵活，但做事不专一，情绪不稳定；抑郁质的人敏感、细腻，但多愁善感，行为孤僻。俄国四位著名文学家，就是四种不同气质类型的代表：为爱情决斗而死的普希金是胆汁质；哲学家、革命家赫尔岑属多血质；写寓言的克雷洛夫黏液质；《死魂灵》的作者果戈理是抑郁质。所以，各种气质类型的人都有可能在事业上取得成就。气质没有好坏之分，每种类型都有不足，也都有闪光之处。

气质类型

测定量表

四、 儿童气质与培养

1. 要正确认识儿童的气质特点

生活中我们要根据儿童在学习和游戏等各项活动中的表现，如是不是爱哭、是不是急躁、是不是内向，来判断儿童的气质特点，并逐渐接纳孩子身上那些令人烦恼的表现，因为这些特点往往是天生的，改变起来很艰难，如果一味地指责，反而会伤害儿童的自尊心，给其心理发展带来阴影。

2. 要接纳儿童的气质特点

尽管孩子的气质会影响父母教养的方式及难易程度，但不管这个挑战有多么艰难，父母都必须接受。孩子各有各的长处，成人不要轻易给孩子贴上某种标签，如说这个孩子就是笨，那个孩子就是胆小鬼。因为言语对儿童的行为具有暗示作用，长此以往，孩子便会朝着成人贴标签的方向发展。应用积极的态度，鼓励性的语言，对儿童进行正面的引导："如果你胆子再大些会更好。""如果你再努力些老师会更高兴。"

3. 要根据儿童的气质特点，因材施教

要根据不同儿童的气质特点，提出不同的要求，采取适当的措施，区别对待。因为同样的要求在不同儿童身上会产生不同的影响。例如，难度较大的问题会激发多血质、胆汁质儿童探索的欲望，但对抑郁质的孩子来说就容易产生挫折感，所以，成人要对各种气质类型的儿童区别对待。

胆汁质类型的儿童要注意培养他们勇于进取、热情助人的特点，防止任性、冲动、行为粗暴的倾向。

多血质类型的儿童要注意发扬他们热情开朗的性格及稳定的兴趣，防止马马虎虎、虎头蛇尾、见异思迁的行为倾向。

黏液质类型的儿童要注意培养他们积极探索的精神及脚踏实地的认真态度，防止出现墨守成规、优柔寡断、做事拖拉的行为倾向。

抑郁质类型的儿童要发扬他们敏锐、细心的优点，培养自尊、自信的良好品质，防止胆小怕事、多愁善感的心理倾向。

实际上两千多年前，大教育家孔子就已经发现人与人之间的气质差异，并提出因人而异、因材施教的教育思想。

真题链接

（2014年下半年真题）小虎精力旺盛，爱打抱不平，但是做事马虎急躁，喜欢指挥别人，稍不如意便大发脾气，甚至动手打人，虽然事后也后悔，但遇事总是难以克制。根据小虎的上述行为表现，回答下列问题：

1. 你认为小虎的气质属于什么类型？为什么？
2. 如果你是小虎的老师，你准备如何根据小虎气质类型的特点实施教育？

参考答案

第二节　性　格

我们经常听说：性格决定命运。什么是性格？为什么有人说性格能够决定命运呢？

一、性格的含义

性格是人对现实稳定的态度和习惯化了的行为方式。态度是人的愿望，我们有学习态度、工作态度、交往态度、人生态度，但人与人的特点表现是不尽相同的，如有的人热情、有的人冷漠、有的人勤劳、有的人懒惰，态度直接影响行为，行为会产生结果，性格是态度和行为的结合，所以，性格对人的影响非常大。

一个人一旦形成某种性格，就会经常表现出一致的态度和行为方式。如一个热情的人，无论是在家还是在单位，对人都会非常热情。一个兴趣广泛的孩子无论看到什么都有探索的愿望，因此性格体现的是稳定的行为方式。

二、性格的结构

当人们阅读《红楼梦》《水浒传》《三国演义》等名著时，会被小说中各具风采、栩栩如生的人物形象所吸引：宝玉的多情与反叛、黛玉的抑制与聪慧、曹操的雄心与奸诈、关公的勇猛与忠诚……名著之所以流传百年而不衰，也是因为作者刻画了人物丰富多彩的性格特征，由此也体现出性格结构的复杂性。性格结构由态度特征、情绪特征、理智特征和意志特征构成。

1. 性格的态度特征

人对现实的态度是性格最主要的组成部分，是性格最直接的表现，它与人的社会性相关，如对他人的态度，是否善于交际、关心他人、正直诚实；对劳动、学习的态度，是否认真细致、勤劳刻苦；对自己的态度，是否谦虚、自信；等等。

2. 性格的理智特征

性格的理智特征是性格表现在感知、记忆、思维等认知活动方面的差异。如有的人观察细致，有的人则马马虎虎；有的人机智灵活，有的人则反应迟钝等。

3. 性格的情绪特征

情绪是人的一种体验，比如有的人总是兴高采烈，而有的人总是郁郁寡欢、情绪消沉；有的人脾气来得快，消得也快；有的人则没完没了等。

4. 性格的意志特征

性格的意志特征是指人在调节自己行为方式和水平方面的特点，如：做事的时候是否有目的？自我控制能力如何？行为表现是否具有果断、勇敢、坚持等特点？

由此可见，性格是人格的重要心理特征，它的形成受气质、环境和父母教养方式的影响，具有独特性、稳定性和可变性。

三、儿童性格的发展特点

1. 活泼好动

活泼好动是幼儿的天性，也是幼儿期儿童性格最明显的特征之一。不论何种类型的幼儿都有此种共性，即使那些非常内向、羞怯的幼儿，在家里或与非常熟悉的小伙伴在一起玩耍时，也会自然而然地表现出活泼好动的天性。

2. 喜欢交往

儿童进入幼儿期后,喜欢和同龄或相近年龄的小伙伴交往。对于大多数孩子来说,即使不经他人特别介绍,也会很快、自然而然地熟悉起来,并一起做游戏。这一点从幼儿游戏的发展中可以看出,3岁以后,儿童游戏中的社会性成分逐渐加强,个体游戏减少,而平行、联系及合作游戏增多。可见,与同龄人的交往是幼儿期一个明显的需要。

3. 好奇好问

幼儿有着强烈的求知欲和好奇心,主要表现在探索行为和提出问题两个方面。幼儿对客观事物,特别是未见过的新鲜事物非常感兴趣,什么都想看看、摸摸,甚至拆开来看看。同时,幼儿期又是儿童提出问题最多的时期。

4. 模仿性强

模仿性强是幼儿期典型的特点,小班儿童表现得尤为突出。幼儿模仿的对象既可以是成人也可以是同伴。对成人的模仿多是对教师或父母行为的模仿,这是由于这些人是幼儿心目中的"偶像",他们希望通过对成人行为的模仿而尽快长大,进入成人的世界。儿童之间的相互模仿行为往往更多。

5. 易冲动

幼儿期的儿童,由于其控制水平低,情绪不稳定,因而具有明显的易冲动的特点。

在幼儿期里,幼儿形成了共同的性格特征,以后随着行为习惯的发展,便迅速发展起来。这就是我们常说的"少小若无性,习惯成自然"。同时,3岁左右,幼儿也出现了最初的性格差异,如表11-2所示。

表11-2 儿童的性格差异

性格特点	优秀特点	不良特点	性格特点	优秀特点	不良特点
合群性	喜欢交往 乐于助人	不爱交往 对人冷漠	自制力	勇敢顽强 自我控制	不能自制 容易冲动
独立性	独立自主 自己的事情自己做	依赖性强 凡事靠等	活动性	活泼好动 精力充沛	孤僻怯懦 不爱活动

总之,幼儿期是儿童性格形成的重要时期,幼儿性格的可塑性很强,教师和家长要充分注意幼儿性格的年龄特点,有的放矢地进行教育,同时要注意采取正确的教育方式,促进良好性格的形成。

四、 性格的培养

著名心理学家威廉·詹姆士说:"播下一个行为,收获一种习惯;播下一种习惯,收获一种性格;播下一种性格,收获一种命运。"性格是在后天的环境中塑造起来的,因此,教育者要做到如下三个方面。

1. 要创设宽松和谐、积极向上的育人环境

性格是在环境中潜移默化形成的,在温馨和睦的环境中,各成员间互相关心,平等互助,儿童就能够性情稳定、乐观开朗、团结友爱、自尊自信。而在沉闷、矛盾、紧张的环境中,孩子就容易形成孤僻、冷漠、自暴自弃的性格特点。所以,《指南》指出:家庭、幼儿园应共同努力,为幼儿创设温暖、关爱、平等的家庭和集体生活氛围,促进儿童身心健康发展。

2. 要提供良好的榜样示范

洛克在《教育漫话》中写道:儿时所形成的印象,哪怕是极微小的,小到几乎察觉不出,都有着极其重大、长久的影响。这里的印象就是成人的言行,由于儿童的模仿性强,成人不经意的一言一行、一举一动对孩子来说就变成了行为的样本。孔子说:"其身正,不令而行,其身不正,虽令不从。"榜样的力量是无穷的,要求孩子做到,自己首先要做到。

3. 要有正确的教养方式和方法

家庭是孩子的第一个环境,父母是孩子的第一位老师,父母的教育方式体现了育儿的观念,对孩子性格的形成产生重大影响。教育心理学家通过研究发现不同的教养方式形成的性格是不一样的。民主的教养方式是儿童形成良好性格的基础,而民主的教育方式是在宽松、和谐、积极向上的环境中实现的。

性格是稳定的态度和习惯化了的行为方式,一旦形成就具有一定的稳定性,尤其是某些不良的性格特点,一旦形成,也不易改变。所以,在对儿童进行性格培养时,要注意采用恰当的方式和方法,常见的方法有表扬鼓励法、批评教育法、榜样示范法、游戏扮演法、尝试练习法等。一种方法对某位孩子有效,对其他孩子不一定好使,所以成人要根据不同儿童的特点,耐心细致地做好教育和引导工作,巩固儿童已经形成的良好性格,逐步克服不良的性格特点,为儿童的发展奠定基础。

学习思考

宁宁是一名中班的小女孩,一天早晨,别的小朋友都吃完早饭各自游戏去了,宁宁仍然表情痛苦地守着一碗营养粥,老师已经连续热了两次了,宁宁还是不吃,老师非常生气地说:"你可真够倔呀!"我走过去坐在宁宁身边,轻轻地说:"宁宁今天早晨在家里吃饭了吧?"宁宁摇摇头。我说:"那是宁宁昨天晚上吃多了,现在不饿?"宁宁瞅瞅我说:"不是,我饿。"我纳闷地问:"那为什么不吃饭呢?"宁宁说:"我等着爸爸晚上领我去饭店。"

这个让我哭笑不得的答案,我真没想到。多么不容易的孩子,为了晚上去饭店,竟然要饿一天。我把宁宁揽在怀里说:"宁宁,不是你要吃饭,而是我们的小肚子需要吃饭,你不吃饭,小肚子就不愿意了,因为它饿呀,饿了,就会肚子疼,你肚子疼过吗?"宁宁点点头。"就是啊,如果肚子疼得厉害了,怎么办呢?""去医院。""对了,肚子疼就是生病了,要去医院,还要打针,你看不吃饭的害处多大呀!"宁宁立刻端起碗,把粥喝光了。

由此我们也得到启示:不是孩子不好教育,是我们没有找到合适的方法。教育有法,但教无定法,贵在得法,找到适合孩子的教育方法是教育者教育艺术的体现。我们常说,要"蹲下来与孩子说话",蹲下的不是身躯,而是我们与孩子息息相通的心灵。

思政园地

马拉古兹的《其实有一百》

孩子是由一百组成的/孩子有一百种语言/一百只手/一百个念头/一百种思考问题的方式/还有一百种聆听的方式,/惊讶和爱慕的方式/一百种欢乐,去歌唱,去理解/一百个世界,去探索,去发现/一百个世界,去发明。/一百个世界,去梦想。

孩子有一百种语言(一百一百再一百),但被偷去九十九种。学校与文明,使他的身心分离。他们告诉孩子:不需用手思考,不需用头脑行事,只需听不必说,不必带着快乐来理解。爱和惊喜,只属于复活节和圣诞节。他们催促孩子,去发现已存在的世界,在孩子一百个世界中,他们偷去了九十九个,他们告诉孩子:游戏与工作、现实与幻想、科学与想象、天空与大地、理智与梦想,这些事都是水火不容的。

总之,他们告诉孩子:没有一百存在。然而,孩子则说:不,其实真的有一百!

马拉古兹的这首诗对你有哪些启示?

第三节　能　力

一、能力的概述

(一)能力的定义

能力是直接影响活动效率,保证活动顺利完成的个性心理特征。如学习能力强的孩子能够很快完成课堂的学习任务,而学习能力弱的孩子在学习的速度、准确性方面就会赶不上他们。能力的高低直接影响活动的效率。所以,能力与活动的关系是密切的:一方面,人的能力是在活动中形成和发展的,并在活动中表现出来。如在美术活动过程中幼儿锻炼了观察的能力、色彩的辨认能力、想象能力等,这些能力又在绘画活动中显示出来。另一方面,能力又是从事某项活动的前提,如果没有一定的观察能力、对色彩的辨认能力和想象能力等,就无法进行绘画活动。由此可见,要想顺利完成某项活动,单靠某种能力是不行的,任何一项活动都需要多种能力的相互结合才能完成。这种为完成某项活动,多种能力的有机结合是才能。如一位幼儿教师具有良好的观察能力、组织能力、言语表达能力、设计活动的能力,我们就说"这位幼儿教师具有从事幼儿教育的才能"等。某些才能高度发展的人称为天才,如我们熟悉的郎朗是一位钢琴演奏的天才。

(二)能力与知识、技能的关系

能力与知识、技能既有区别,又有联系:能力是顺利完成某种活动的心理特征;知识是人们在长期的实践中获得的认识和经验的总结;技能是指人们通过练习而逐渐形成的、习惯化了的、熟练的行为方式。

能力是掌握知识、技能的前提,能力的发展直接影响知识掌握、技能运用的快慢、难易等的程度。如能力强的幼儿教师能够较快地掌握幼儿教育的先进理念和相关的知识技能。反之,知识、技能的掌握又对能力的发展起着促进作用。人们在学习知识和技能的过程中也发展了各种能力,如幼师生掌握了大量的知识技能,就会使从事幼儿教育的能力得到提高。

(三)能力的类型

能力按照不同的标准,可以分为不同的类型。

1. 一般能力和特殊能力

(1)一般能力

一般能力就是指从事大多数活动所具有的能力,即通常所说的智力,包括感知能力、记忆能力、思维能力、想象能力、言语能力、创造能力等。其中抽象概括能力是一般能力的核心,创造能力是一般能力的高级表现。

(2)特殊能力

特殊能力是指在某些专业和特殊职业活动中表现出来的能力,也是一般能力在某些特殊方面的独特发展或一般能力在特殊活动中的具体化。如艺术表演能力、绘画能力、数学推理等,都属于特殊能力。

学习思考

陈冉冉1988年出生于浙江省慈溪市,她7岁时开始学习心算,小学五年级的时候就凭借优异的心算成绩通过了中国人民解放军陆军勤务学院心算队的特招,在心算队学习了10年。2004年在世界珠心算联合会第一届珠心算比赛中,获得世界珠心算比赛个人全能冠军。2005年,获得全国第二届珠心算总冠军,并创造了个人全能、乘算、除算、账表算4项全国纪录等。2007年,参加央视

《正大综艺》栏目举办的"吉尼斯之夜"活动,打破了世界吉尼斯1分钟算对5题加减心算记录,以1分钟算对8题挑战成功,陈冉冉由此也被很多观众所熟知。高考之后,陈冉冉退出心算界,进入中国政法大学,毕业之后在北京成为一名律师。2016年为了代表国家队,陈冉冉再次出山,参加了江苏卫视的《最强大脑》第三季第七期节目,在"挑战心算王中王"的环节中,超越了日本小神童辻洼凛音,为中国争得了荣誉。

如何看待陈冉冉的成功?

一般能力和特殊能力相互联系、互相包含,一方面,特殊能力的发展是建立在一般能力基础上的;另一方面,在特殊能力得到发展的同时,也发展了一般能力。

2. 认知能力、操作能力和社交能力

(1)认知能力

认知能力是个体顺利完成各项活动所必须具备的最基本和最主要的能力,如感知、记忆、思维、想象能力等。

(2)操作能力

操作能力是指人们在从事生产操作、制作和运用工具解决问题等方面表现出的能力。如曹云祥是陕西省华阴市岳庙办青山村的一位古稀老人,虽然只有小学文化程度,但他自幼喜欢民间剪纸,再加上外祖母和母亲的耳濡目染,经常利用废旧纸张练习剪各种窗花图案。在长达16年的时间里,他完成了"四大名著"中的500多个人物形象的剪纸作品,用执着的坚持和灵巧的双手实现了自己的人生价值。

(3)社交能力

社交能力是指人在社会交往活动中所表现出来的能力,如言语感召力、沟通能力和协调能力等。

3. 模仿能力和创造能力

(1)模仿能力

模仿能力是指仿效他人言行举止,引起与之相类似行为活动的能力。模仿是儿童的重要学习方式,儿童期也是模仿能力迅速发展的时期。

(2)创造能力

创造能力是指在创造性活动中表现出的独特、新颖的思想和解决问题的能力,如文学创作、科学发现、新产品研发等。创造能力的主要特点是新颖性和独特性,主要成分是发散思维。

模仿能力和创造能力二者相互联系。模仿能力是学习的基础,但也包含着创造性的因素,创造能力的发展又会促进模仿能力的提高。

二、 幼儿能力发展的特点

(一)多种能力的发展

1. 操作能力的发展

儿童的操作能力出现得最早,从1岁开始,幼儿操作物体的能力就逐步发展起来,可以进行各种游戏活动,与此同时,走、跑、跳等能力也逐渐完善。幼儿操作能力的发展为游戏在幼儿园一日生活中占据主导地位提供了帮助。

2. 言语能力的发展

婴儿期言语开始发展,并迅速掌握本民族的语音。幼儿期是言语发展的关键期,词汇的数量,言语的连贯性、逻辑性,语法的运用能力都迅速提高。

3. 认知能力的发展

儿童期是认知能力发展的主要时期,随着年龄的增长,儿童的各种认知能力如感知、记忆、思维、想象等都已出现,并由低向高迅速发展,为幼儿的学习和发展提供了条件。

4. 模仿能力的发展

模仿能力的发展对幼儿心理发展具有重要意义,幼儿的模仿能力是建立在延迟模仿基础上的。延迟模仿是皮亚杰提出的,是指对一段时间之前出现的他人行为进行模仿。要想完成延迟模仿,个体必须先进行观察,形成表象,以便在一段时间后提取出来。

5. 特殊能力的发展

幼儿期儿童的特殊能力开始有所表现,如在绘画、音乐、舞蹈、语言方面开始展现出不同的优势。

6. 创造能力的发展

幼儿期创造能力开始萌芽,幼儿的创造能力主要体现在创造想象上,是以满足现实中的愿望为主要特征的。如幼儿园生活课上,老师在给小朋友讲解睡衣的用途。老师问小朋友:"你们觉得什么样的睡衣最好呢?"有的小朋友说:"喜欢带绒毛的睡衣,穿起来暖暖的。"还有的小朋友说:"喜欢有怪兽的睡衣,晚上和怪兽一起睡是勇敢的表现。"而小飞说:"我觉得'带软管的睡衣'是最好的。"老师和其他小朋友都觉得很奇怪,就问原因,小飞说:"只要把软管的另一头接进厕所,晚上我就不用起来上厕所了,也不用叫醒妈妈,更不会尿床了,多好啊!"

为了培养儿童的创造力,成人首先要注意帮助幼儿掌握一定的知识和经验,为儿童的创造力发展奠定基础。同时,还要为儿童提供适宜的、可以启迪创新意识的生活环境和丰富多彩的创新活动材料,有助于幼儿把创造性的灵感变成现实的活动。

(二)智力的发展

1. 智力的含义

智力是指从事大多数活动所具有的能力,即前面所说的一般能力,包括注意力、观察力、记忆力、想象力和思维能力等,它是个体顺利完成某项活动所必需的综合心理能力,受先天遗传和后天环境的影响。个体的智力有高低之分,一般通过智力测验来了解智力水平的高低,斯坦福-比内智力量表是广泛使用的智力测验,是斯坦福大学的教授推孟在比内量表的基础上进行修订的。智力测验的水平即智力商数,智力商数就是两个数相除的值:心理年龄(MA)除以生理年龄(CA),再乘以100,即:$IQ = MA / CA * 100$。

知识拓展

智力水平及其分布

智力商数的分级见表11-3,通过观察智商分布的百分比就能发现一个明显的模式:智商的分布接近于一条正态曲线,大部分的智商分数接近平均数,中间多,两极少(如图11-1)。

表11-3 智商分数等级表

智商(IQ)	智力水平	比例(%)	智商(IQ)	智力水平	比例(%)
高于130	超常	2.2	80—90 中等偏下	中等偏下	16.1
120—129	高智商	6.7	70—79	正常临界线	6.7
110—119	中等偏上	16.1	低于70	智力落后	2.2
90—109	中等	50.0			

如何认识智力分布的这种现象?

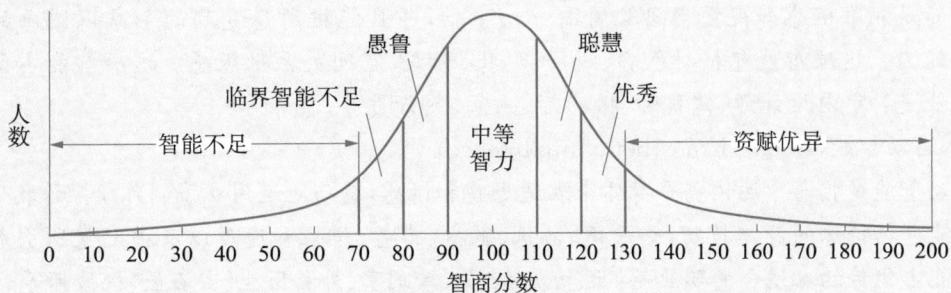

图 11-1 智商分布图

2. 儿童智力的发展特点

(1) 结构的发展性

幼儿智力的结构随着年龄的增长不断变化发展,数量由少到多,水平由低到高,趋势呈逐渐复杂化、抽象化。先出现感知觉、注意、记忆等认知活动,在此基础上逐渐产生了想象、思维等活动。

(2) 个体的差异性

儿童的智力在发展过程中表现出了发展水平、发生早晚、表现类型等方面的差异。如在发生的早晚上:有的孩子天生早慧;有的孩子大器晚成。王勃 6 岁能作诗;达尔文晚年才写出了进化论。表现在发展水平上:有的孩子智商水平高;有的孩子智商低。在表现类型上:有的儿童记忆能力较强,故事、儿歌很快就能记住;有的儿童理解能力较好,能够很快地理解故事的内容;有的儿童动手能力较强,搭积木、剪纸又快又好;有的儿童则言语表达能力较强,说话清晰连贯,能够完整表达自己的思想。

思政园地

多元智能理论

哈佛大学心理学家霍华德·加德纳提出了多元智能理论,认为智力的内涵是多元的,由 8 种相对独立的智力成分所构成。

1. 语言智能(Linguistic intelligence)

语言智能是指有效地运用口头语言或文字表达自己的思想并理解他人,灵活掌握语音、语义、语法,能把言语思维、言语表达和欣赏语言深层内涵的能力结合在一起并运用自如。这项智能占优势的人适合的职业是:政治活动家、主持人、律师、演说家、编辑、作家、记者、教师等。

2. 数学逻辑智能(Logical-Mathematical intelligence)

数学逻辑智能是指有效地计算、测量、推理、归纳、分类,并进行复杂数学运算的能力。这项智能包括对逻辑的方式和关系、陈述和主张、功能及其他相关的抽象概念的敏感性。这项智能占优势的人适合的职业是:科学家、会计师、统计学家、工程师、电脑软件研发人员等。

3. 空间智能（Spatial intelligence）

空间智能是指准确感知视觉空间及周围一切事物，并且能把所感觉到的形象以图画的形式表现出来的能力。这项智能包括对色彩、线条、形状、形式、空间关系很敏感。这项智能占优势的人适合的职业是：室内设计师、建筑师、摄影师、画家、飞行员等。

4. 身体运动智能（Bodily-Kinesthetic intelligence）

身体运动智能是指善于运用整个身体来表达思想和情感，灵巧地运用双手制作或操作物体的能力。这项智能包括特殊的身体技巧，如平衡、协调、敏捷、力量、弹性和速度以及由触觉所引起的能力。这项智能占优势的人适合的职业是：运动员、演员、舞蹈家、外科医生、宝石匠、机械师等。

5. 音乐智能（Musical intelligence）

音乐智能是指人能够敏锐地感知音调、旋律、节奏、音色等的能力。这项智能包括对节奏、音调、旋律或音色的敏感性强，是人与生俱来就拥有音乐的天赋，具有较高的表演、创作及思考音乐的能力。这项智能占优势的人适合的职业是：歌唱家、作曲家、指挥家、音乐评论家、调琴师等。

6. 人际智能（Interpersonal intelligence）

人际智能是指能很好地理解别人和与人交往的能力。这项智能包括善于察觉他人的情绪、情感，体会他人的感觉感受，辨别不同人际关系的暗示以及对这些暗示做出适当反应的能力。这项智能占优势的人适合的职业是：政治家、外交家、领导者、心理咨询师、公关人员、推销员等。

7. 自我认知智能（Intrapersonal intelligence）

自我认知智能是指能自我认识和善于自知并据此做出适当行为的能力。拥有这项智能能够认识自己的长处和短处，意识到自己的内在爱好、情绪、意向、脾气和自尊，喜欢独立思考。这项智能占优势的人适合的职业是：哲学家、政治家、思想家、心理学家等。

8. 自然认知智能（Naturalist intelligence）

自然认知智能是指善于观察自然界中的各种事物，对物体进行辨认和分类的能力。拥有这项智能的人有着强烈的好奇心和求知欲，有着敏锐的观察能力，能了解各种事物的细微差别。这项智能占优势的人适合的职业是：天文学家、生物学家、地质学家、考古学家、环境设计师等。

加德纳的多元智能理论是以多维度的、全面的、发展的眼光来评价学生的。加德纳认为，每一个孩子都是一个潜在的天才儿童。随着智能课程的实施，教师们发现，每一个孩子都有自己的"学习风格"，所以教师应注意尊重学生的学习风格，认识学生的长处，发挥学生的智能所长。在具体的评价操作方法上，加德纳推荐了"学习档案"的评价方法。重视开发儿童的多种潜在智能是具有现实意义的，也是当前素质教育所迫切需要的。

多元智能理论对你有哪些启示？

（3）速度的阶段性

0—6岁是学前儿童智力发展的重要时期。心理学家布鲁姆提出，如果以17岁为智力发展的最高点，假定智力发展水平为100%，各年龄儿童智力发展的百分比可见表11-4。

表11-4　儿童的年龄与智力发展水平

年龄（岁）	1	4	8	13	17
智力发展水平（%）	20	50	80	92	100

从表11-4能够看出，0—4岁儿童的智力发展最快，已经发展了50%，4—8岁又发展了30%。但是，

发展速度比 0—4 岁缓慢了,而在 8—17 岁的十年,才发展了 20%,发展速度明显减慢。虽然布鲁姆只是提出了一个理论假设,但大量研究证实,0—6 岁是儿童智力发展的关键时期。

3. 儿童智力的培养

智力是非常重要的心理活动,智力开发与培养是家长和幼儿教育工作者非常重要的任务,因此,要注意做好以下工作。

(1)注重个体差异,帮助儿童获得成功体验

儿童的智力类型和发展水平都表现出个体差异,要求成人在活动中要观察并了解其个体差异,有目的、有计划地对儿童进行分层指导,使每个儿童都获得成功的体验。如在认识种子的活动中,可以要求一部分儿童只说出种子的名称、形状等,并进行简单分类;另一部分儿童,则要求他们能够按照多种方法进行分类。这样,不仅每个儿童都体验了"成功的快乐",同时也发展了想象力和创造力。

(2)鼓励儿童发现问题、解决问题

探索源于问题,因此,要利用日常生活中的点滴小事,向儿童提出问题,并鼓励其积极思维,激发想象力,逐渐发现问题,对问题进行探索,提高解决问题的能力。如提问"雨滴像什么""下过雨后地上会怎么样",从而使儿童对雨产生了兴趣,然后继续探索"雨从哪里来""为什么会下雨""下雨前小动物们在干什么""下雨时小动物都到哪儿去"等。儿童在问题的基础上,进行积极的思考、观察,在探索答案的过程中促进智力水平逐渐提高。

学习思考

威威小朋友在洗手时,无意中发现肥皂泡泡在阳光的照射下呈现出一道七彩光环,小朋友都被这神奇的现象所吸引,一下子全跑去玩肥皂泡了。教师没有制止他们的行为,而是马上启发他们去观察,去发现泡泡里的光环有哪些颜色。于是小朋友们你一言我一语兴高采烈地讨论起来。教师及时抓住孩子们的好奇心,引导他们探索解释这种自然现象,通过集体讨论,引导他们认识到:阳光是来自太阳的一种能量,阳光看起来无色或是白色,实际上,只要透过水滴,就能清楚地看到赤、橙、黄、绿、青、蓝、紫七种颜色,也就是彩虹的颜色。

如果你是老师,会怎样做?

在上面的"学习思考"中,教师促成儿童发现问题、解决问题,不仅满足了幼儿的好奇心、求知欲,而且激发了儿童不断观察、探索科学现象的兴趣。

(3)创设良好的环境,促进儿童智力发展

环境是儿童赖以生存和发展的物质、社会和心理条件的基础,是其发展的根本资源,温馨、和睦、平等、关爱的良好环境,有助于激发儿童的求知欲和好奇心,促使儿童大胆探索、勇于尝试。因此,无论是在家庭还是幼儿园,成人都要充分利用一日生活的环境资源,挖掘环境中的积极因素,促进幼儿智力的发展。

(4)抓住关键期,加强各种能力训练

智力发展的关键期是儿童智力发展速度最快的时期,关键期内的智力训练可以起到事半功倍的效果。因此在这一时期内,成人要为儿童提供充分的活动材料,开展各种适宜活动,引导其多动手操作、动口表达、动脑思考,在各种活动的训练中提高各种能力,从而促进智力的发展。

学习小结

个性是人在物质交往和社会交往过程中形成的稳定的精神面貌的总和,包括三大系统:个性倾向系

统、自我意识系统和个性心理特征系统。心理特征系统反映人的心理活动进行时经常表现出的稳定特点，主要指气质、性格、能力的发展特点。

气质是个体的心理现象所表现出来的、稳定的动力特征，主要表现在心理活动的速度、强度、稳定性、指向性方面。

传统的气质类型有：多血质、黏液质、抑郁质、胆汁质。

巴甫洛夫高级神经活动有三种基本特性，即神经活动的强度、平衡性和灵活性。

关于儿童的气质，托马斯与查斯划分出了三种气质类型，分别是容易型气质、困难型气质、迟缓型气质。

气质具有稳定性、可塑性以及无好坏的特征。

关于儿童气质的培养要做到：首先，要正确认识儿童的气质特点；其次，要接纳儿童的气质特点；最后，要根据儿童的气质特点因材施教。

性格是人对现实稳定的态度和习惯化了的行为方式。

性格的结构包括：态度特征、理智特征、情绪特征和意志特征。

幼儿性格特点有：活泼好动，喜欢交往，好奇好问，模仿性强，易冲动。

幼儿最初的性格差异主要表现在：合群性、独立性、自制力、活动性等方面。

性格的培养要做到：创设宽松和谐、积极向上的育人环境；提供良好的榜样示范；有正确的教养方式和方法。

能力是直接影响活动效率，保证活动顺利完成的个性心理特征。

能力可以分为不同的类型：一般能力和特殊能力；认知能力、操作能力和社交能力；模仿能力和创造能力。

智力是指从事大多数活动所具有的能力，即所谓的一般能力，包括注意力、观察力、记忆力、想象力和思维能力等。儿童智力的发展特点表现在结构的发展性、类型的差异性、速度的阶段性等方面。儿童智力的培养要：注重个体差异，使每个孩子获得成功体验；鼓励幼儿发现问题、解决问题；创设良好的环境，促进儿童智力发展；抓住关键期，加强各种能力训练。

聚焦国考

一、单项选择题(每题3分，共计30分)

1. 气质是个体的心理现象活动所表现出来的、稳定的( )。
   A. 心理现象　　B. 心理特征　　C. 情绪特征　　D. 认识特点
2. 气质的动力特征是( )的。
   A. 稳定　　B. 固定性　　C. 明确　　D. 规范性
3. 最早提出儿童气质类型的是( )。
   A. 皮亚杰　　B. 推孟
   C. 托马斯与查斯　　D. 巴甫洛夫
4. 每种气质类型的人都能够成功，说明气质( )。
   A. 有好有坏　　B. 稳定　　C. 可控　　D. 无好坏之分
5. 江山易改本性难移，指的是人的( )难以改变。
   A. 气质　　B. 性格　　C. 脾气　　D. 意志
6. 有的人勤劳，有的人懒惰，体现的是性格的( )特征。
   A. 态度　　B. 理智　　C. 情绪　　D. 意志
7. 儿童的智力发展最快的时期是( )。
   A. 0—8岁　　B. 0—4岁　　C. 3岁后　　D. 10岁后

8. （　　）提出了多元智能理论。

A. 推孟 　　　　　B. 托马斯 　　　　　C. 皮亚杰 　　　　　D. 加德纳

9. 巴甫洛夫关于气质类型的依据是（　　）。

A. 条件反射 　　　　　B. 生理结构 　　　　　C. 神经类型 　　　　　D. 体液

10. （　　）是掌握知识、技能的前提。

A. 能力 　　　　　B. 气质 　　　　　C. 智力 　　　　　D. 性格

二、简答题（每题5分，共计20分）

1. 简述气质的基本类型。

2. 幼儿性格特点有哪些？

3. 列举能力的基本种类。

4. 简述儿童智力发展的特点。

三、论述题（每题10分，共计20分）

1. 举例说明如何培养儿童良好的性格。

2. 论述儿童智力培养的基本策略。

四、材料分析题（每题15分，共计30分）

1. 青青性子急，每次上课集体回答问题，她一般都比别人快半拍，而有时站起来又不会回答。她很难自制，做错了事，老师批评了她，她也很少马上改正，有时甚至大哭大闹，自己跑出活动室。若做对了事情，她会故意弄出声响引起老师注意，或直接叫老师，让老师表扬她。她喜欢活动量大的游戏，户外活动时总是和男孩子一起玩打仗游戏。

请分析青青的表现，并提出相应的教育策略。

2. 大班的乐乐是个能歌善舞、聪明美丽的小姑娘，深得老师和小朋友的喜爱，是孩子们心目中的"偶像"，孩子们都以能和她坐在一起为荣。一天语言课后，只听蒙蒙叹口气说："我要是乐乐多好，什么都会……"面对孩子深深的压抑，我不禁陷入了沉思：为什么孩子们年龄这么小，却有如此的烦恼？

作为幼儿教师你应该怎样做？

第十二章

自我意识——知己知彼

本章学点

1. 情感：明确自我意识的重要意义以及自信、自尊对儿童健康成长的重要性。
2. 认知：了解自我意识的基本含义和结构，掌握儿童自我意识发展的基本特点。
3. 技能：学会根据幼儿自我意识的发展特点，采取恰当的教育策略引导幼儿学会自我评价和自我调节。

思政园地

　　1917年,19岁的周恩来抱着"为中华之崛起而读书!"的壮志赴日本留学。临行前,他挥笔写下一首热血沸腾、感奋人心的七言绝句。

《无题(大江歌罢掉头东)》

周恩来

大江歌罢掉头东,

邃密群科济世穷。

面壁十年图破壁,

难酬蹈海亦英雄。

　　这首诗深刻表现了青年周恩来力图破壁而为的凌云壮志和献身救国的革命精神,也是周恩来毕生为中国人民谋幸福、为中华民族谋复兴而呕心沥血的真实写照。

知识导图

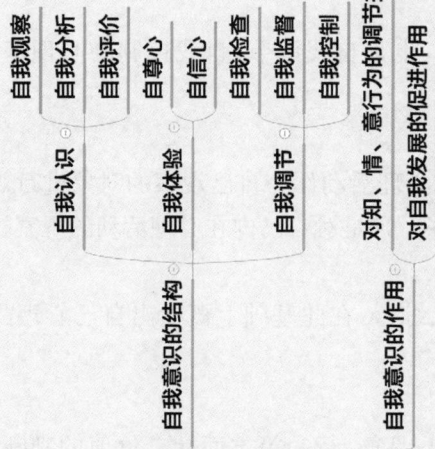

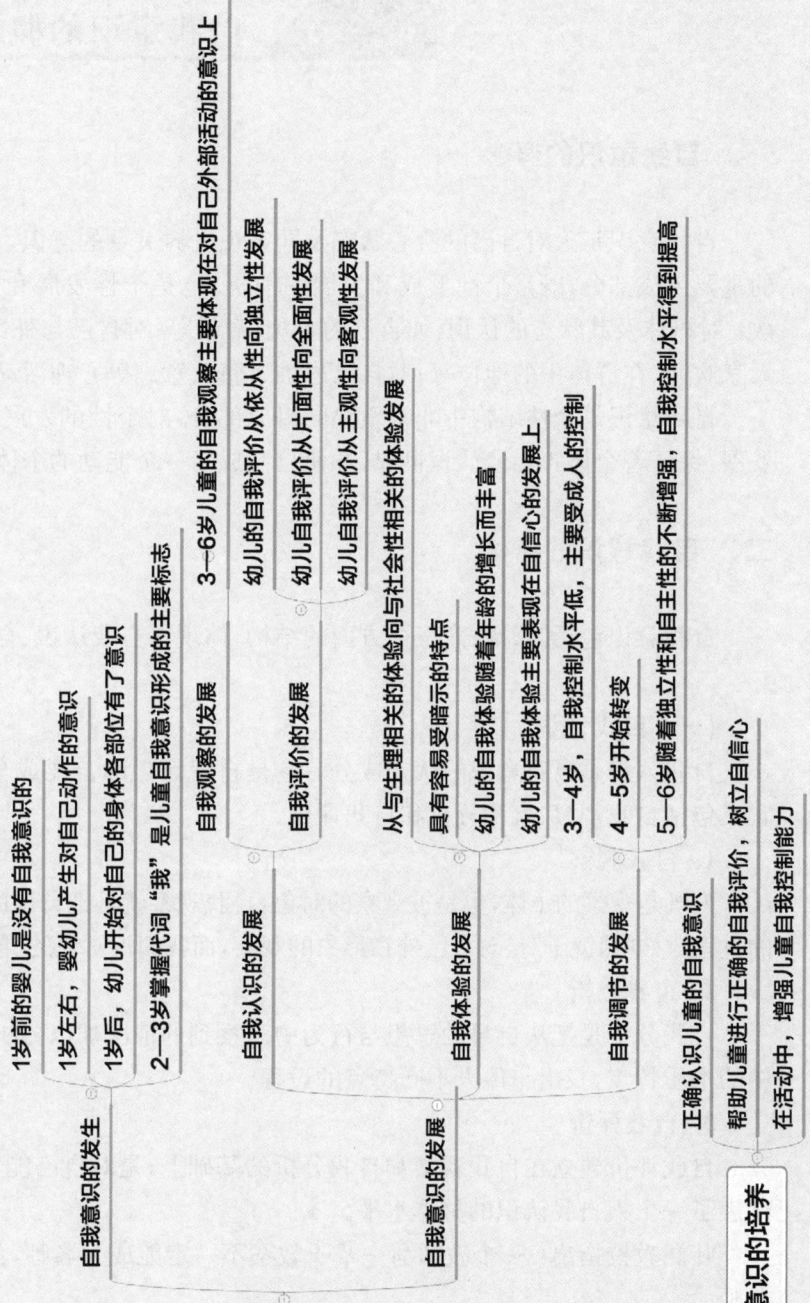

自我意识——知己知彼

自我意识的概述

- 自我意识的概念：人对自己的身心状态及同客观世界关系的意识
- 自我意识的结构
  - 自我认识
    - 自我观察
    - 自我分析
    - 自我评价
  - 自我体验
    - 自尊心
    - 自信心
  - 自我调节
    - 自我检查
    - 自我监督
    - 自我控制
- 自我意识的作用
  - 对知、情、意的调节控制作用
  - 对自我发展的促进作用

学前儿童自我意识的发展

- 自我意识的发生
  - 1岁前的婴儿是没有自我意识的
  - 1岁左右，婴幼儿产生对自己动作的意识
  - 1岁后，幼儿开始对自己的身体各部位有了意识
  - 2—3岁掌握代词"我"是幼儿自我意识形成的主要标志
- 自我意识的发展
  - 自我认识的发展
    - 自我观察的发展：3—6岁儿童的自我观察主要体现在对自己外部活动的意识上
    - 自我评价的发展
      - 幼儿的自我评价从依从性向独立性发展
      - 幼儿自我评价从片面性向全面性发展
      - 幼儿自我评价从主观性向客观性发展
  - 自我体验的发展
    - 从与生理相关的体验向与社会性相关的体验发展
    - 具有易受暗示性的特点
    - 幼儿的自我体验随着年龄的增长而丰富
    - 幼儿的自我体验主要表现在自信心的发展上
  - 自我调节的发展
    - 3—4岁，自我控制水平低，主要受成人的控制
    - 4—5岁开始转变
    - 5—6岁随着独立性和自主性的不断增强，自我控制水平得到提高

学前儿童自我意识的培养

- 正确认识儿童的自我意识
- 帮助儿童进行正确的自我评价，树立自信心
- 在活动中，增强儿童自我控制能力

第一节　自我意识的概述

一、自我意识的概念

自我意识是人对自己的身心状态及同客观世界关系的意识,自我意识是意识的最高形式,是个性结构的重要组成部分,既是个性形成和发展的前提,也是个性发展和成熟的重要标志。自我意识包含三个层次:对机体及其状态的认识,如自己的容貌、身材等;对自己与外部关系及人际行为的认识,如自己是否受大家欢迎、在群体中的地位等;对自己思维、情感、意志等心理活动的认识。

自我意识是个性结构中非常重要的组成部分,对个性的发展具有重要的调节作用。自我意识的充分发展,保证着个体正确地认识世界,并使自己成为一个能动的个体,充分与周围环境相互作用。

二、自我意识的结构

自我意识包括知、情、意三个方面的结构,体现在自我认识、自我体验和自我调节三个方面。

(一)自我认识

自我认识是自我意识的认知成分。它是自我意识的首要成分,也是自我调节、自我控制的心理基础,它又包括自我观察、自我分析和自我评价。

1. 自我观察

人既是观察的主体,也是被观察的对象,自我观察就是把自己的心理活动作为自己观察的对象进行观察的过程。如"照镜子"是对自己外在形象的观察,而我们常常说的"自省"则是对自己内在心理活动的观察。

2. 自我分析

自我分析是把从自身的思想与行为中观察到的情况加以分析、综合,在此基础上概括出自己心理品质中的本质特点,找出与他人不同特点的过程。

3. 自我评价

自我评价建立在自我观察和自我分析的基础上,是对自己能力、品德、行为等方面社会价值的判断,它代表了一个人自我认识的整体水平。

叶澜教授指出:一个教师写一辈子教案不一定能成为名师,如果一个教师写三年的反思,有可能成为名师。

(二)自我体验

自我体验是自我意识在情感方面的表现,主要表现在自尊心、自信心上。

1. 自尊心

自尊心是指个体在社会生活过程中获得的自我价值的积极的评价与体验。人们生活在一定的群体中,总希望在群体中占有一定的地位、享有一定的荣誉、得到良好的评价。当社会评价能够满足个人自尊需要时,就产生自尊感,促使自己更加奋发向上,追求实现更高的社会期望。如果社会评价不能满足个人的自尊需要,甚至产生矛盾,可能会产生两种情况:一种是产生自我压力感,使自己加倍努力,迎头赶上;另一种是产生自卑心理,自暴自弃,一蹶不振。

2. 自信心

自信心是对自己的能力是否适合所承担的任务而产生的自我体验。良好的自信建立在正确的自我评价基础上,在完成任务的过程中,既看到自己的能力,又能充分估计可能遇到的困难。不正确的自我评价会使自信心产生两种表现:在自我评价过高的情况下,自信感转为自负;自我评价过低时,自信感又转为自卑,无论是自负还是自卑,都对自我意识的发展非常不利。

(三)自我调节

自我调节是自我意识的意志成分。自我调节主要表现为个人对自己的行为、活动和态度的调控,它包括自我检查、自我监督、自我控制等。

1. 自我检查

自我检查是主体在头脑中将自己的活动结果与活动目的加以比较、对照,从而保证活动目的逐步实现的过程,如我们小时候自己给自己检查作业。

2. 自我监督

自我监督是一个人以其良心或内在的行为准则对自己的言行实行监督的过程。一个人无须任何外在的督促,只服从于自己内心的自我监督,是真正的自觉的意志行动的表现,如我们常说的良心发现。

3. 自我控制

自我控制是主体对自身心理与行为的主动调控,有发动和制止两方面的作用。如幼儿能用一些方法来调节自己的不良情绪,以继续和同伴一起做游戏,这是发动作用;看到自己喜欢的玩具,当爸爸妈妈不能满足自己的愿望时,能够控制自己的不快,这是制止作用。

三、 自我意识的作用

(一)对知、情、意行为的调节控制作用

人们在日常的学习和工作中,在与别人的交往活动中,由于意识到自己的认识特点、情绪状态、行为效果,意识到自己在别人心目中的地位,意识到自己的责任和义务,从而能自觉地调节情绪,调整和控制自己各种态度和行为,尽可能使自己与周围环境保持融洽。

(二)对自我发展的促进作用

人自我意识的发展水平集中体现在对自我认识和对自身优缺点的态度上,一个人意识到自己的优点和不足,就有助于他发扬优点、克服缺点,更好地促进自我发展。如果不能正确意识到自己的优、缺点,只看到自己的优点或者看到自己的缺点,就可能过度自负或自卑,不利于自我发展。因此,增强主体的自我意识有助于促进个体的自我发展。

> **学习思考**
>
> 几位妈妈在一起聊天,都为自己3岁左右的孩子最近的表现发愁。
>
> 我家嘟嘟最近不爱洗澡,一说要洗澡了,就说"就不要,就不洗澡"。爷爷开始在旁边念叨"现在什么都是就不要,就不洗澡,就不吃饭,就不睡觉"。后来爸爸强行抱着去洗澡,嘟嘟哇哇大哭。
>
> 我家孩子也是啊,我给他收拾玩具,他突然就哭起来,过来在我身上一通乱打,嘴里还说着"打你,打你"。
>
> 是呢,最近我家琪琪脾气也大了,出去玩老抢别人的玩具,那天还把别的小朋友的手咬了两个牙印。我都头疼死了,说了她好多次不能咬人、不能抢玩具,可是一点效果都没有,该怎么办呢?原来乖巧可爱的宝宝,怎么现在这么难搞呢?

我们在生活中也常见到许多家长和老师有这样的苦恼,原本小时候非常听话的孩子,到了3岁左右突然变得不懂事、听不进去道理了,让他往东,他偏往西。有的老师和家长问:是不是儿童的心理活动能力倒退了?

当然不是,儿童的心理发展的过程是定向的,是由低级向高级,由简单向复杂发展的。之所以出现孩子不听话的现象,是因为儿童长大了,有了自己的思想,尤其是对自我的独立性有了新的认识,出现了自我意识。

第二节　学前儿童自我意识的发展

一、自我意识的发生

儿童的自我意识不是生来就有的,有一个发生、发展的过程。

1岁前的婴儿是没有自我意识的,他们还认识不到自己的存在,所以常把自己的脸抓破,吃自己的手和脚。在他的世界里,手和脚与其他玩具没有区别,照镜子的时候,对镜子中自己的形象会感到十分惊讶。

1岁左右,婴幼儿产生对自己动作的意识,能够把自己和自己做出的动作区分开来。开始对自己的存在有了朦胧的意识。

1岁后,随着认识和语言能力的发展,幼儿开始对自己的身体各部位有了意识,能说出自己身体各部位的名称,如鼻子、眼睛、手、脚。同时,也学会了用名字来表达自己的需求,如宝宝要吃糖、明明想妈妈等。由于代名词"我"使用的难度较大,这一时期的儿童还不会用"我"来表达自己的需求。

学习思考

她舅舅买的

格格是一位2岁多的小女孩,一天,格格在小区玩一个漂亮的风车,我走上前问:"格格的风车很漂亮哦,谁给你买的?"格格看了看我没有吱声,旁边的姥姥连忙替她说:"是她舅舅买的。"格格抬起头,很认真地对我说:"是她舅舅买的。"姥姥忙说:"不是她舅舅,是你舅舅。"格格说:"是你舅舅。"姥姥生气地说:"你是个小八哥啊,就会学舌。"

格格为什么会有这样的表现?

从上面的案例中我们看到,并不是格格故意模仿姥姥的话语,而是格格还没有掌握"我"的使用方法。到了2—3岁,当儿童称呼自己,由名字变为"我"的时候,则标志着儿童已经能够清晰地把自我与非我分开了。所以掌握代词"我"是儿童自我意识形成的主要标志。儿童出现了自我意识,就会对自我格外强调,以往非常听话、顺从的孩子,也变得不听话了,表现出比较强的叛逆心理。

真题链接

（2013年下半年真题）两岁半的豆豆不会做饭,可偏要自己做;不会穿衣,可偏要自己穿。这反映了（　　）。

参考答案

A. 动作的发展　　　　　　　　　　　B. 自我意识的发展

C. 情感的发展　　　　　　　　　　　D. 认知的发展

自我意识的产生与发展是人和动物在心理上最后的分界线。动物不具有自我意识,猴子用木块换糖的实验就证明了这一点。猴子用木块换糖,换到最后,木块用完了,猴子就用自己的尾巴来换,说明猴子不能把主体与客体分开。人能够区别"我"与"非我",认识自我,并主动地调节自己与外界的关系。

随着儿童年龄的增长、生活范围的扩大、语言的使用,他们的自我评价、自我体验、自我控制逐渐发展起来。

知识拓展

鼻子上的红点

1972年,Beulah Amsterdam发布了一项实验。实验的过程很简单,首先悄悄地在6—24个月的婴幼儿鼻子上粘一小红点,然后把他们放在镜子前。孩子的妈妈指着镜子里的影像问孩子:"那是谁?"之后研究者们开始观察婴幼儿的反应,发现了三类反应:

① 6—12个月:那是别的孩子!婴儿的行为好像在镜子里的是另一个人——一个他们想友好相处的人。他们会做出接近的动作,比如微笑、发出声音等。

② 13—24个月:退缩。幼儿看到自己在镜子里面的样子不再感到特别兴奋。有些看起来有些警惕,而另一些则会偶尔微笑一下并弄出些声音。对这种行为的一种解释是幼儿这时的行为很自觉(感到自己存在,可能表现出自我概念),但是这也可能是面对其他孩子的反应。

③ 20—24个月以后:那是我!大约从这个时候开始,幼儿开始能够通过指着自己鼻子上的红点清楚地认出自己。这明确地表明他们认出镜子里的是自己,而那个红点是在自己的鼻子上。

真题链接

（2015年上半年真题）让脸上抹有红点儿的婴儿站在镜子前观察其行为表现,这实验测试的是婴儿哪方面的发展?（　　）

参考答案

A. 自我意识　　　　　　　　　　　　B. 防御意识

C. 性别意识　　　　　　　　　　　　D. 道德意识

二、自我意识的发展

（一）自我认识的发展

1. 自我观察的发展

3—6岁儿童的自我观察主要体现在对自己外部活动的意识上。对自己内心活动的意识,比对自己身体和动作的意识更为困难。因为自己的身体是看得见、摸得着的,自己的行动也是具体可见的,而内心活动则是看不见的,要有较高的思维发展水平作为认识基础。儿童3岁左右,出现对自己内心活动意识的萌芽。比如,儿童开始意识到"愿意"和"应该"的区别。以前他只知道"我愿意怎样做就怎样做",现在开始懂得了"愿意"要服从"应该"。4岁以后,开始出现对自己的认识活动和语言的意识,如上课时老师说:"注意了!"自己就应该眼睛看着老师,双手停止活动等。

2. 自我评价的发展

自我评价对于幼儿的发展有积极影响,幼儿通过对自己外部行为、内心活动和对周围人对自己态度的观察、分析来认识自己,进而在自我观察、分析的基础上,做出相应的自我评价。所以,幼儿自我认识的发展主要体现在自我评价上,自我评价发展具有如下特点。

(1)幼儿的自我评价从依从性向独立性发展

幼儿初期往往不能够独立地对自己进行评价,会不加考虑地轻信成人对自己的评价,自我评价只是对成人评价的简单重复。例如,放学了,妈妈站在小班门口问亮亮:"今天表现好吗?""好啊!"亮亮自豪地说。妈妈又问:"哪里好啊?"亮亮说:"老师说的啊,老师说我今天表现好!"

随着年龄的发展,幼儿晚期开始出现独立的评价,对成人的评价逐渐持有了自己的态度。如果成人对他的评价不符合实际情况,幼儿往往会提出疑问或申辩,因此,幼儿的自我评价是从依从性的评价发展到独立的评价。

(2)幼儿自我评价从片面性向全面性发展

幼儿初期自我评价基本上表现为对自己外部行为的评价,还不能深入到内心品质进行评价。如小朋友在回答他是好孩子的原因时说:"我不哭,不欺负小朋友。"随着年龄的增长,幼儿的自我评价从比较笼统的评价向比较具体、细致的方向发展;从最初对局部的或外部行为的评价向内在品质的评价发展;从只根据某个信息进行自我评价,发展到能够作出全面评价;从没有根据的评价,发展到有根据的评价。

(3)幼儿自我评价从主观性向客观性发展

幼儿初期,自我评价带有一定的情绪性,往往不考虑具体的实际情况。如问小班孩子:"谁的舞蹈跳得好啊?"孩子们往往不假思索脱口就说:"我呗!"随着年龄的增长,幼儿在进行自我评价时会考虑到一些客观因素,使评价逐渐客观。

(二)自我体验的发展

幼儿期,幼儿的自我体验开始发展起来。4岁左右,幼儿可以用语言表达自己内心的感受,如"我不高兴""我不喜欢你"等。

1. 从与生理相关的体验向与社会性相关的体验发展

如最初的不高兴是由生理的不舒服、困了、饿了等引起的体验,后来的不高兴可能是由于没有被表扬、被小朋友拒绝了等社会性的体验。

2. 具有容易受暗示的特点

成人的暗示对幼儿自我体验产生着重要作用,年龄越小表现越明显。如早晨幼儿园老师在与小朋友相互问好的过程中常常说:"某某小朋友,你今天真高兴。"小朋友便表现得越发兴奋。

3. 自我体验随着年龄的增长而丰富

幼儿的自我体验随着年龄的增长而丰富,并有一定的顺序性,其中愉快感和愤怒感发展较早,自尊感和委屈感发生较晚。幼儿阶段自尊心开始形成,幼儿会对自己做了不好的事情感到害羞,并希望成人能为自己保守秘密。成人对待幼儿的态度和方式直接影响幼儿自尊心的发展水平。

学习思考

起床了,孩子们各自做着自己的事情。这时壮壮走到我身边,很不好意思地对我说:"李老师,我出汗了。"看到他那紧张的样子,我马上意识到,他可能是尿床了,但又不好意思对老师说。我随他来到床前,看到被子确实湿了好大一片。我安慰他说:"出汗了没关系,一会儿我帮你把被子晾干就行了。你先去拉尿。"过了一会儿,我悄悄地把他带到无人的消毒室里,帮他换上了干净的裤子,他腼腆地笑着对我说:"谢谢李老师!"

在"学习思考"中,老师没有戳穿壮壮尿床的真相,并悄悄帮助幼儿换好裤子,让幼儿感到自己是一个被尊重的人,自尊心得到了维护。当幼儿犯错时,老师不宜当众批评幼儿,以免伤害幼儿的自尊心。

4. 幼儿的自我体验主要表现在自信心的发展上

自信心是幼儿自我体验发展的动力,自信指个体相信自己的思想、行为能力时产生的积极体验。3—6岁幼儿自信心的发展随年龄的增长呈上升趋势,4岁是幼儿自信心发展的转折年龄。

(三)自我调节的发展

自我调节是幼儿自我意识的重要组成部分。自我意识的发展程度集中体现在对自我行为的调节和监督上,自我控制是幼儿对自身的心理与行为的主动掌握,是其自觉地确定行为目标,在没有外界监督的情况下,抵制诱惑、延迟满足、控制或调节自己的行为,从而保证目标实现的一种综合能力。所以,自我控制能力是个性发展中比较稳定的个人品质。幼儿自我控制的发展,主要表现在坚持性和自制力上:3—4岁,幼儿的坚持性和自制力很差,自我控制水平低,主要受成人的控制;4—5岁时开始转变;5—6岁时随着独立性和自主性的不断增强,幼儿学会了使用简单的控制策略,能对自己的行为进行控制,自我控制水平得到提高。

第三节 学前儿童自我意识的培养

一、 正确认识儿童的自我意识

自我意识是儿童独立性发展的基础,如果家长过度压抑或纵容,都会使儿童滋生不良的行为问题。所以,要对儿童自我意识萌芽的表现有正确的态度。

(一)理解儿童叛逆期的表现

幼儿的叛逆是自我意识出现的标志,是儿童长大了,希望获得尊重、独立做事的需要。只是由于儿童还没有掌握沟通的方法,不会清晰地表达自己的愿望,所以常常让我们感觉孩子不如原来听话了,出现了与家长和老师的矛盾。

(二)尊重和培养儿童的独立性

自我意识是儿童独立性发展的基础,如果成人不注重培养儿童的独立性,对孩子自主的行为进行粗暴和专制的干预,儿童独立性的发展就会受到压抑。从而逐渐养成依赖、没主见、懒惰的毛病。因此,要在尊重、保护儿童独立性的基础上进行引导。凡是儿童自己能做的事就放手让他去做,引导儿童从小养成独立生活、自我服务的基本能力。

○ ○

学习思考

　　果果是个2岁半的小男孩，刚刚出现了自我意识。下楼的时候，总是自己开门就往外跑，妈妈担心动作还不是很协调的他会不小心摔倒。怎样既保护果果的独立性又能保障安全呢？果果妈想了一个办法：这天，还没等果果开门往外跑，果果妈就说："果果，今天你得等妈妈，妈妈的脚疼，不好使了，怕摔下去，你得领着妈妈下楼，要不然我就下不去了。"果果听了，便耐心地等在门口，等妈妈锁好门，领着妈妈小心翼翼地一层一层下楼，俨然一位小护花使者，妈妈心里偷偷乐开了花。

　　"学习思考"中果果妈的方法，既保障了果果下楼梯的安全，又促进了孩子独立意识和运动能力的发展，是一件一举两得的好事。

（三）帮助儿童克服自我中心的倾向

　　出现自我意识之后，由于儿童对自我非常强调，再加上家长的溺爱，儿童的"自我中心"思想也随着膨胀起来。为了克服这种现象，要开展各种活动引导儿童正确认识自我，通过开展"我是谁，我有什么优点、有什么缺点"，逐渐引导儿童发现自己的优点和存在的不足。在集体活动"与大家一起玩""与大家一起看""与大家一起吃"中，引导儿童逐步学会与家人、小朋友一起分享图书、玩具等物品，一起分享见闻、知识，一同分享喜怒哀乐的情绪等。学会等待、谦让、宽容、合作等良好的心理品质，从而更好地适应社会生活，促进儿童更好地自我教育和自我完善。

二、 帮助儿童进行正确的自我评价、树立自信心

○ ○

学习思考

　　奕奕是5岁的小女孩，她乖巧文静，性格内向，平时在园不善言辞，很少主动参加游戏活动。不敢主动与小朋友交往，喜欢独自游戏；和新朋友交往需要很长时间；每天来园时，在父母的多次提醒下才会轻轻说出"老师好"三个字。上课从来不主动发言，当有人向她提问时，她也常低头不语，总想躲开别人的注意。内心非常敏感，在家里也容易因小事而过度焦急、烦躁不安和担心害怕。从家长的叙述中我们得知奕奕是一个缺乏自信的孩子。自信是人类重要的心理品质，有人说"失去信心和勇气的人将失去一切"。那么，奕奕这么小的年龄，为什么就缺乏自信了呢？

　　良好的自信源于恰当的自我评价，儿童的自我评价带有依赖性、片面性和主观性的特点，还不能独立、全面、客观地对自己做出恰当的评价，常出现评价过高或过低的情况。过高的自我评价使儿童自负、膨胀，会转为自高自大；而过低的自我评价又会使儿童自卑，缺乏自尊心和自信心。因而自我评价就像一架天平，平衡才能产生美。那么怎样才能使儿童掌握好平衡，恰当地自我评价，战胜自卑，树立良好的自尊心和自信心呢？

（一）在评价方式上要以鼓励为主

我们要努力在各项活动中寻找儿童身上的闪光点，即使是儿童表现了不足，也要注意从鼓励的角度提出成人的期望，如"奕奕今天问老师好了，老师真高兴，如果明天声音再大点就更好了"，或者"明天不用妈妈提醒就更好了"等。如果我们总是说："你怎么声音这么小，怎么不主动问好"，孩子就会更加没信心，变得自暴自弃。所以，从某种程度上说评价也可以改变命运。

思政园地

罗森塔尔是一位伟大的心理学家，因为他开启了教育的一个新纪元。在他之前，教育是塑造、是改变，是严苛的，如我们奉行的严师出高徒、棍棒底下出孝子。罗森塔尔之后，人们发现，教育也可以是欣赏的，潜力是可以唤醒的，提出这些理论的依据是一则古希腊神话故事。塞浦路斯的国王皮格马利翁是一位有名的雕塑家，他精心地用象牙雕塑了一位美丽可爱的少女。他深深爱上了这个"少女"，还给她穿上美丽的长袍，并且拥抱她、亲吻她，他真诚地期望自己的爱能被"少女"接受。他的执着和真诚打动了爱神，神决定帮他复活他的雕塑，让美丽的少女成了他美丽温柔的妻子。受这则神话故事的启发，罗森塔尔用小白鼠做过一个非常有趣的走迷宫实验。

实验之初，他把一群小白鼠分成3组，分别配给A、B、C 3组实验人员，然后告诉A组："你们真是太幸运了，配给你们的小白鼠是经过几位教授特意挑选并精心训练的。它们血统高贵而且非常聪明，智力几乎接近人脑，所以你们一定要好好对待它们，努力使它们发挥出最棒的水平来。"告诉B组："你们的运气很一般，这些小白鼠只是很普通的一组。它们血统一般，智力也一般。"告诉C组："你们非常不幸，这组小白鼠简直糟糕透了。它们血统低劣，智力也很差，简直就是白痴。"

3组实验人员按照"指示"各自训练了小白鼠一个月之后，分别对3组白鼠进行了测试，最终的结果表明：A组小白鼠果然成绩最好，不但都走出了迷宫，还缩短了专家们预计的时间；B组白鼠则表现一般，只有一半走出了迷宫，所用时间也比专家预计的稍长一些；而C组最为糟糕，只有两只成功走出迷宫，而且所用时间之长简直令人无法忍受。

实验完毕之后，罗森塔尔很平静地告诉各组实验人员：其实这些小白鼠根本没有什么血统以及智力的区别，它们都是普通的白鼠，是我把它们分成了3组而已。

罗森塔尔从这个实验得到了启发，他想，这种效应能不能也发生在人的身上呢？他来到了一所普通中学，随意抽了3个班级的学生共18人，写在一张表格上交给校长，极为认真地说："这18名学生经过科学测定全都是智商型人才。"时隔半年，他又来到该校，发现这18名学生的确超过一般学生，长进很大。再后来这18人全都在不同岗位上干出了非凡的成绩。这一现象后来就被称作"皮格马利翁效应"。为什么会出现这种现象呢？正是"暗含期待"的魔力。

暗含期待：教师对学生的热爱和期待是学生前进的动力。教师是孩子最爱、最信任和最依赖的人，如果对孩子寄予厚望、积极肯定，会通过期待的眼神、赞许的笑容、激励的语言来滋润孩子的心田，使孩子更加自尊、自信！

这个故事对你从事幼儿教育工作有哪些启示？

（二）在评价语言上要客观具体

生活中我们看到许多家长或老师在评价孩子的时候，常说"你真棒""你真聪明""你真笨"之类的评价，实质上这样简单的评价不仅过于笼统，而且还给孩子贴上了各种各样的标签，不仅无助于儿童评价能力的发展,还会带来一些不良影响。由于"我真聪明",所以就不用努力了;"我真棒",那就是我做得比别人都好,所以就骄傲自满;"我真笨",我什么都做不好,干脆就不做了。所以,正确的评价要客观具体,既要对孩子的优点进行积极鼓励,还要指出孩子努力的方向。

(三)在评价内容上要注重过程

每个孩子都是不同的,不能用整齐划一的标准衡量孩子,更不能采用横向比较的方式:"明明得了一百分,你为什么没得?""贝贝有礼貌,你怎么就不行?"评价的时候要关注孩子在活动中付出的努力和获得的体验,让孩子自己与自己比,用发展的眼光看待孩子的成长。

(四)要多为孩子创造评价和自我评价的机会

成人要通过开展丰富多彩的活动,引导孩子逐渐学会评价他人和自己:"丽丽帮小朋友系鞋带,丽丽哪个地方做得好?""刚才画的这幅画,哪些地方画得好、哪些地方没画好?"丰富多彩的活动,不仅为儿童的交往和表现提供了机会,而且通过这些自我表现、自我评价,把儿童外部的行为逐渐内化为优秀的品质,真正实现自尊心和自信心的提升。

三、 在活动中,增强幼儿自我控制能力

(一)充分发挥榜样的作用

幼儿善于模仿,所以成人的榜样作用对孩子自我控制能力的培养至关重要。如果成人在日常生活中坚持原则,注重自我约束和自我控制,并能够体现在行动上,持之以恒、坚持到底,就会对孩子起到强有力的模范作用。如果成人喜怒无常,做事随心所欲、半途而废,孩子就会学到同样的风格。成人还可以利用文学作品及现实生活中英雄模范人物的形象,利用这些英雄人物严格要求自己、不屈不挠克服困难的动人事迹去感染幼儿,给幼儿留下深刻印象,进而引导他们付诸行动。

(二)在同伴交往中提高儿童的自控能力

同伴交往对于儿童行为发展有着非常重要的作用,同伴接纳水平在儿童自我控制发展中处于核心地位。研究表明,即使儿童自身控制稍差,也能通过同伴接纳的作用促进自我控制水平提高。因此,要鼓励儿童多与同伴交往,及时纠正儿童在同伴交往中的不恰当行为,引导他们在交往过程中学会轮流、等待、分享等良好的品质,促进儿童不断提高自我控制水平。

(三)在游戏中培养自我控制能力

让幼儿在单调的活动中培养自我控制能力是十分困难的,效果也是不好的。幼儿阶段的主要活动就是游戏,角色扮演游戏、智力游戏、体育游戏等都具有一定的规则性。如角色扮演游戏是通过扮演各种社会角色,承担各种社会职责,学习各种社会规范、行为准则,通过操作各种玩具,逐渐将在游戏中获得的行为规则转化为主体意识。而智力游戏,如棋类、智力竞赛等可以提高幼儿对规则的遵守及抵抗诱惑、抗干扰的能力,从而增强自我控制能力。

(四)通过"延迟满足"培养幼儿的自控能力

"延迟满足"就是当幼儿提出要求的时候,成人不立即满足,而是间隔一定的时间或有条件地满足,这可以培养幼儿抵抗诱惑的能力。"延迟满足"的范围可以是日常玩乐性或享乐性的需求。具体做法是让幼儿学会"等待",有条件地满足等。例如,幼儿要求去外面玩,却又不好好吃饭,这时候就可以告诉他,如果他能在15分钟里乖乖地把饭吃完,就陪他去,这样就既保证了幼儿能正常吃饭,又提高了其自我控制能力。

自我意识是人对自己的身心状态及同客观世界关系的意识,自我意识的心理成分有自我认识、自我体验、自我调节。

自我认识是自我意识的认知成分,它是自我意识的首要成分,也是自我调节控制的心理基础,它又包括自我观察、自我分析和自我评价。

自我体验是自我意识在情感方面的表现,主要表现在自尊心、自信心上。

自我调节是自我意识的意志成分,主要表现为个人对自己的行为、活动和态度的调控,它包括自我检查、自我监督、自我控制等。

自我意识的作用:对知、情、意行为的调节控制作用;对自我发展的促进作用。

自我意识发展:1岁儿童没有自我意识;1岁左右的儿童开始把自己和自己做出的动作区分开来,开始知道自己和物体的关系;在2—3岁的时候,掌握代词"我"是儿童自我意识形成的主要标志。

幼儿自我意识的发展:

儿童自我认识的发展:3—6岁儿童的自我观察主要体现在对自己外部活动的意识上;对自己内心活动的意识比对自己身体和动作的意识更为困难。幼儿的自我评价是从依从性的评价发展到独立的评价;从比较笼统的评价向比较具体、细致的方向发展;从最初对局部的或外部行为的评价向内在品质的评价发展;从只根据某个信息进行自我评价,发展到能够作出全面评价;从没有根据的评价,发展到有根据的评价;幼儿自我评价具有主观性。

儿童自我体验的发展:从与生理相关的体验向与社会性相关的体验发展;具有容易受暗示的特点;随着年龄的增长而丰富;主要表现在自信心的发展上。

儿童自我调节的发展:主要表现在坚持性和自制力上。3—4岁,幼儿的坚持性和自制力很差,自我控制水平低,主要受成人的控制;4—5岁时开始转变;5—6岁时随着独立性和自主性的不断增加,儿童学会了使用简单的控制策略,能对自己的行为进行控制,自我控制水平得到提高。

学前儿童自我意识的培养:正确认识儿童的自我意识;帮助儿童进行正确的自我评价,树立自信心;在活动中,增强儿童自我控制能力。

一、单项选择题(每题3分,共计30分)

1. 自我意识萌芽,最重要的标志是(　　)。
   A. 会叫妈妈　　　　B. 掌握代名词"我"　　C. 学会评价　　　　D. 思维出现

2. 自尊心、自信心和羞愧感等是(　　)成分。
   A. 自我体验　　　　B. 自我评价　　　　C. 自我控制　　　　D. 自我觉醒

3. (　　)是个性发展和成熟的重要标志。
   A. 气质　　　　　　B. 性格　　　　　　C. 自我意识　　　　D. 意志

4. 自我意识包括(　　)三个方面的结构。
   A. 能力、气质、性格　　　　　　　　B. 需要、兴趣、动机
   C. 感知、记忆、思维　　　　　　　　D. 认知、情感、意志

5. (　　)代表了一个人自我认识的整体水平。
   A. 自我评价　　　　B. 自我检查　　　　C. 自我意识　　　　D. 自我认识

6. (　　)岁前的婴儿是没有自我意识的。
   A. 1　　　　　　　　B. 2　　　　　　　　C. 3　　　　　　　　D. 4

7. (　　)岁儿童已经能够清晰地把主体——自我与非我分开了。
    A. 4　　　　　　　　B. 2—3　　　　　　　C. 4—5　　　　　　　D. 6

8. 老师说我是好宝贝,体现了儿童自我评价的(　　)特点。
    A. 情绪性　　　　　　B. 主观性　　　　　　C. 片面性　　　　　　D. 依从性

9. (　　)岁是儿童自信心发展的转折年龄。
    A. 2　　　　　　　　B. 3　　　　　　　　C. 4　　　　　　　　D. 5

10. 幼儿自我控制的发展,主要表现在坚持性和(　　)上。
    A. 自控　　　　　　　B. 自卑　　　　　　C. 自信　　　　　　D. 自负

二、简答题(4题,共计20分)

1. 简述儿童自我意识的心理成分。(9分)
2. 简述幼儿自我评价的发展特点。(3分)
3. 简述幼儿自我体验的发展特点。(4分)
4. 如何提高幼儿的自我评价?(4分)

三、论述题(每题10分,共计20分)

1. 如何对待儿童的叛逆现象?
2. 举例说明怎样提高儿童的自我监控能力。

四、材料分析题(每题15分,共计30分)

1. 4岁的馨馨原本是一个活泼可爱、开朗大方的小姑娘,最大的爱好就是画画,可是馨馨总达不到妈妈的要求,常常被妈妈"泼冷水"。馨馨画的毛线团被老师表扬画得棒,刚到家,她迫不及待地把画拿给妈妈看,谁知妈妈瞥了一眼说:"你画的什么啊? 乱七八糟!"有一次,妈妈看到班级墙上一日生活情况表,对馨馨说:"为什么人家妮妮就能得到8颗星,你只得到了5颗,你怎么就这么笨!"馨馨渐渐地改变了,如果让馨馨在众人面前画幅画,就是给她出了天大难题,总听到她支支吾吾地说"不会",好像生怕画错了被人笑话。幼儿园老师也发现馨馨现在做事畏首畏尾,无论在什么活动中都不愿意表现自己。课堂上,即使知道问题的答案也不敢主动发言……

请分析一下案例产生的问题的原因,并提出相应的教育建议。

2. "我是个儿高的""我是男孩""我是妈妈的乖宝宝""我舞蹈跳得好""我的衣服很漂亮""我字认得多""我……"幼儿园的小朋友争先恐后的是在干什么? 原来小王老师让小朋友说说"我是谁",这绝对难不倒聪明的小朋友们,于是都争着抢着你一句我一句地说个不停。老师问:"妮妮,为什么说你的舞蹈跳得好?""我妈妈和老师都是这样说的啊!"妮妮得意地说。

请分析案例中的现象,并提出相应的教育建议。

第十三章

社会关系的发展——做个受欢迎的人

本章学点

1. 情感：明确社会关系对儿童发展的重要作用，树立良好的职业道德和引导全社会关心儿童健康发展的意识。

2. 认知：了解儿童社会性发展的重要意义，理解儿童社会关系的基本内容，把握儿童社会性发展的基本特点及规律。

3. 技能：掌握儿童社会关系的引导策略，能够根据儿童的身心发展特点和个性差异对儿童进行教育，学会建立良好的师幼关系并帮助儿童和家长建立良好的亲子关系、同伴关系。

思政园地

蹲下和孩子说话

梅纽因是当代最负盛名的小提琴大师之一。他的演奏具有高超的技巧、独特的气质和动人的魅力。梅纽因之所以能取得巨大的成就，与他父亲平等、坦诚的教育方式是分不开的。有一次，梅纽因的父母要去参加一个聚会，8岁的梅纽因必须待在家里。临走前，父亲蹲下身子，热情地拥抱了梅纽因，看着梅纽因的眼睛说："孩子，我陪了你一个上午，现在可不可以放松一下呢？"

"当然可以了。"梅纽因愉快地答应了。

父亲又说："但是，还有件事我必须征得你的同意，那就是我想带上你的妈妈。当然了，如果你不同意，我也不会勉强的。"

梅纽因："那好吧。但你什么时候把她还给我呢？"

父亲想了想说："亲爱的，当然不会很晚，在你睡觉之前，她一定会出现在你面前的。"

梅纽因："好，你把她带走吧。但你要答应我照顾好她。"

父亲高兴地说："交给我好了。顺便说一句，你真是我的好孩子，我为你骄傲。谢谢！"

晚年的梅纽因在回忆录中写道："我今生都记得和父亲的那次谈话，虽然那年我只有8岁，但父亲那次蹲下来和我商量这件事，就让我觉得自己已经是个大孩子了。父亲这样尊重我，我当然也不会让他失望！这对我的影响太大了。"

只有蹲下和孩子说话，我们才能变成孩子。《指南》中指出："人际交往和社会适应是幼儿社会学习的主要内容，也是其社会性发展的基本途径。良好的社会性发展对幼儿身心健康和其他各方面的发展都具有重要影响。"

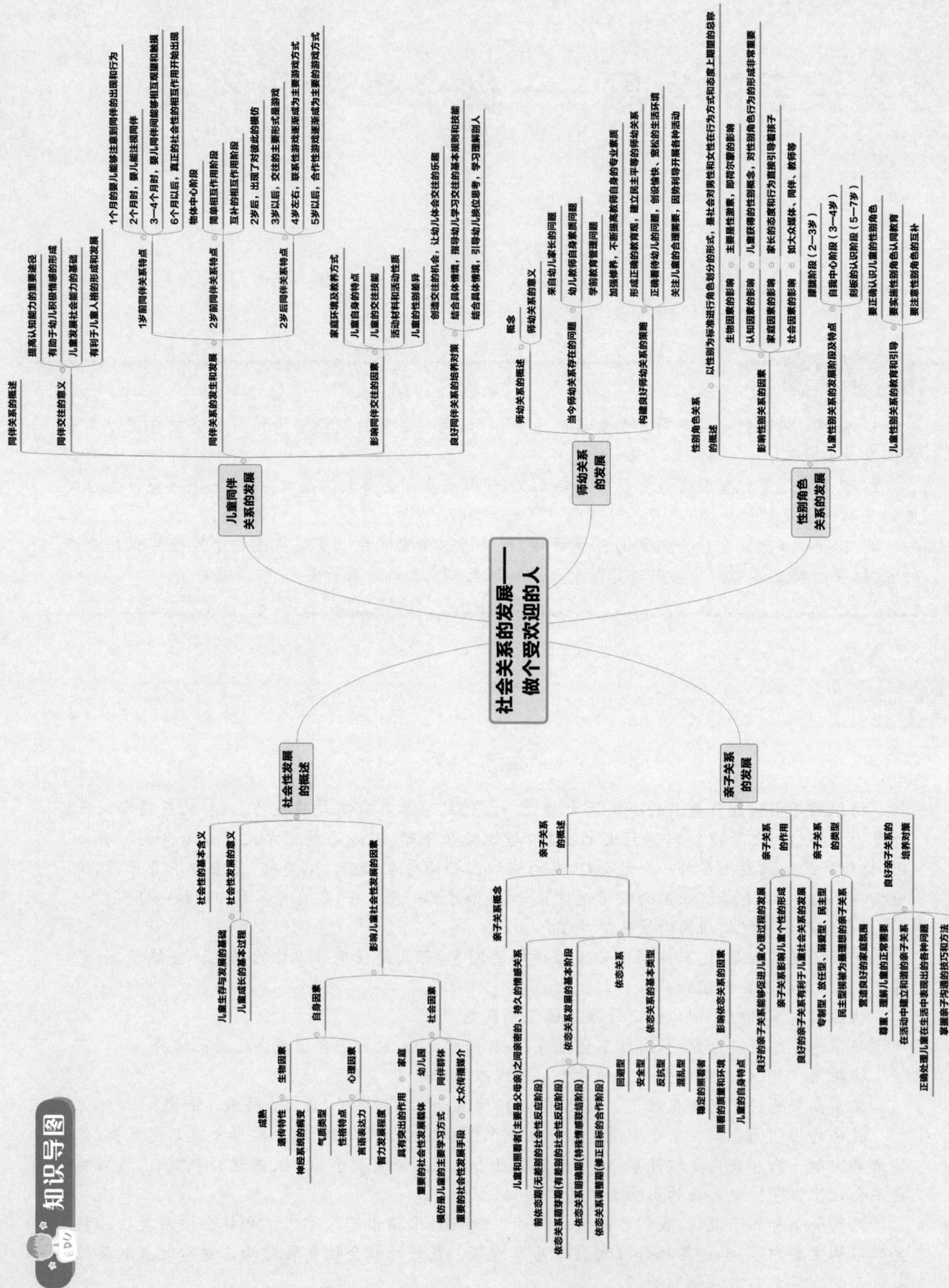

知识导图

社会关系的发展——做个受欢迎的人

儿童同伴关系的发展

- 同伴关系的概述
  - 同伴交往的意义
    - 提高认知能力的重要途径
    - 有助于幼儿积极情绪的形成
    - 儿童发展社会能力的基础
    - 有利于儿童人格的形成和发展
- 同伴交往关系的发生和发展
  - 1岁前同伴关系特点
    - 1个月的婴儿能够注意到同伴的出现和行为
    - 2个月时，婴儿相互间能够移动相互观望和触摸
    - 3—4个月，婴儿间能够相互观望和触摸
    - 6个月以后，真正的社会性交往开始出现
  - 2岁前同伴关系特点
    - 物体中心阶段
    - 简单相互作用阶段
    - 互补的相互作用阶段
  - 2岁同伴关系特点
    - 2岁以后，出现了彼此的模仿
    - 3岁以前，交往逐渐成为此是游戏
    - 4岁左右，联系性游戏逐渐成为主要游戏方式
    - 5岁以后，合作性游戏成为主要的游戏方式、学习理解别人
- 影响同伴交往的因素
  - 家庭环境及教养方式
  - 儿童自身的特点
    - 儿童的交往技能
    - 活动材料和活动性质
    - 儿童的性别差异
- 良好同伴关系的培养对策
  - 创造交往的机会，让幼儿体会交往的乐趣
  - 结合具体情境，指导幼儿学习交往的基本规则和技能
  - 结合具体情境，引导幼儿处处为他人、学习理解别人

师幼关系的发展

- 师幼关系的概述
  - 概念
  - 师幼关系的意义
    - 来自儿童自身的问题
  - 当今师幼关系存在的问题
    - 幼儿教师自身素质问题
    - 学前教育的影响
- 构建良好师幼关系的策略
  - 加强学习，不断提高教师自身的专业素养
  - 形成正确的教育观，建立民主平等的师幼关系
  - 正确看待幼儿的问题，创设愉快、宽松的生活环境
  - 关注儿童的合理需要，因势利导开展各种活动

性别角色关系的发展

- 性别角色的概述
  - 以性别为标准进行角色划分的形式，是社会对男性和女性在行为方式和态度上期望的总称
- 影响性别关系的发展阶段及特点
  - 生物因素的影响
    - 主要是激素，即角色遗传的影响
  - 认知因素的影响
    - 儿童获得稳固的性别概念，对性别角色行为方式的形成产生影响
  - 家庭因素的影响
    - 家长的态度和行为方式会引导着孩子
  - 社会因素的影响
    - 扩大大众媒体、同伴、教师等
- 儿童性别关系的发展阶段
  - 朦胧阶段（2—3岁）
  - 自我中心阶段（3—4岁）
  - 刻板的认识阶段（5—7岁）
- 儿童性别关系的教育和引导
  - 要正确认识儿童的性别角色
  - 要实施性别角色认同教育
  - 要注意性别的角色互补

社会性发展的概述

- 社会性的概述
  - 社会性的基本含义
  - 社会性发展的意义
    - 儿童生存与发展的基础
    - 儿童成长的基本过程
- 影响儿童社会性发展的因素
  - 自身因素
    - 生物因素
      - 成熟
      - 遗传特性
      - 神经系统结构的改变
    - 心理因素
      - 气质类型
      - 性格特点
      - 青春期活力
      - 智力发展程度
  - 社会因素
    - 家庭
      - 具有突出的社会发展媒体
      - 重要的社会性发展方式
    - 幼儿园
      - 照顾的质量和环境
      - 儿童的自我特点
    - 同伴群体
      - 模仿是重要的社会性学习方式
      - 重要的社会性发展手段
    - 大众传播媒介

亲子关系的发展

- 亲子关系的概述
  - 亲子关系概念
    - 儿童和照看者（主要是父母亲）之间亲密的、持久的情感关系
  - 依恋关系
    - 良好的亲子关系能够促进儿童心理过程的发展
    - 依恋关系发展的基本阶段
      - 前依恋期（无差别的社会性反应阶段）
      - 依恋关系明确期（特殊情感联结阶段）
      - 依恋关系确立期（修正目标的合作阶段）
    - 依恋关系的基本类型
      - 回避型
      - 安全型
      - 反抗型
      - 混乱型
    - 影响依恋关系的因素
      - 稳定的照看者
      - 照看的质量和方式
      - 儿童的自身特点
- 亲子关系的作用
  - 亲子关系影响着儿童个性的发展
  - 亲子关系有利于儿童社会关系的发展
  - 良好的亲子关系影响儿童个性的形成
- 亲子关系的类型
  - 专制型、放任型、溺爱型、民主型
  - 民主型则被为最理想的亲子关系
- 良好亲子关系的培养对策
  - 营造良好的家庭氛围
  - 尊重、理解儿童的正常需要
  - 在活动中建立和谐的亲子关系
  - 掌握亲子沟通的技巧方法
  - 正确处理儿童在生活中表现出的各种问题

第一节　社会性发展的概述

一、社会性的基本含义

每个人在社会生活中都具有两种属性,自然属性和社会属性。自然属性是人类在进化中形成的生物特性,包括人的生理结构和基本特性,如身高、体重、食欲、自我保护能力等。人是自然界的一部分,自然要受自然规律的制约,违背自然发展规律就要受惩罚,这是人类自然属性的表现。儿童最初表现出的就是自然属性。

社会属性是人作为社会成员活动时所表现出的特性。一方面,人类的生产劳动具有社会性,无论是古代还是现代,人类的生产劳动单靠某个人是无法完成的,必须依靠集体的活动,人类在集体生活中形成了相互合作、遵守制度、你来我往、乐于奉献等社会特性。另一方面,人类的生活也具有社会性,科学技术越发达,人类的社会分工就越精细,人对他人的依赖就越强,如我们的吃、穿、住、行、就医、娱乐等,离开了社会中其他人的帮助就寸步难行。马克思说,人的本质是一切社会关系的总和。(《马克思恩格斯选集》第1卷,第56页)所以,从某种程度上说,人的本质属性是社会性。社会性发展是指幼儿通过与社会的交互作用,逐渐掌握社会的道德行为规范与行为技能,适应并学习社会文化,从生物人成长为合格社会成员的过程。

二、社会性发展的意义

(一)社会性发展是儿童生存与发展的基础

许多动物生来就有依靠遗传获得生存的能力,而刚出生的儿童,几乎没有任何与生俱来的本领,离开了成人的照顾就难以存活,所以社会性发展是儿童生存的前提,是儿童存活的基础。同时,幼儿期也是其社会性发展的重要时期,社会性发展的水平直接关系到儿童未来人格发展的方向和水平。

(二)社会性发展是儿童成长的基本过程

儿童要成为一个符合社会要求的成员,不仅需要在身体上受到照顾,还需要与社会成员相互交往,发生精神与感情上的各种联系。这就必须学习,通过学习掌握生存的本领,掌握各种劳动技能。要想成为社会人,还必须学习社会角色与道德规范的要求,否则就无法在社会上立足。因而,社会性发展是把自然人转变成社会人的必经之路,否则发展的过程就会受到影响。狼孩早期离开了人类社会,最终,虽费尽周折,也没形成人类的心理,人类发现的豹孩、猪孩等诸多案例都说明作为个体的儿童,不经过社会性发展的过程,就无法成为一个社会人。正是在社会性发展的过程中,儿童不断向身边各种环境学习,才实现了其心理活动由简单到复杂、由低级到高级的发展。

三、影响儿童社会性发展的因素

影响儿童社会性发展的因素主要有自身因素和社会因素。

(一)自身因素

1. 生物因素

儿童社会性的发展受成熟的影响。比如,3岁左右,儿童产生了强烈的交流愿望,而恰在此时其言语发展到了一定的水平,可以比较清晰地表达自己的愿望了,这就为儿童交往活动的发展提供了帮助。遗传特性也为儿童社会性发展打上了一定的烙印。男孩在活动中攻击性行为往往多于女孩,其原因是男孩的内分泌系统与女孩不同,男孩比女孩身体更强壮,更习惯于依赖肢体行为解决问题。另外,某些神经系统的病变,也是导致儿童产生攻击性行为的原因,可见儿童的社会性要受到生物因素的制约。

2. 心理因素

儿童的心理素质也影响着社会性的发展,气质类型、性格特点、言语表达力、智力发展程度等都制约着儿童社会性发展的进程。如与抑郁质儿童相比,多血质的儿童更易出现乐群性,更容易适应陌生人和陌生的环境,社会性的发展速度和水平也相对较好。

(二) 社会因素

儿童的社会性发展主要是在社会环境中进行的,所以影响其社会性发展进程的主要是社会因素,社会因素主要有以下四个方面。

1. 家庭

儿童期是儿童社会性发展的关键时期,儿童出生后主要是通过家庭获得一定的影响。家庭在儿童社会性发展进程中具有突出的作用。家庭中的生活氛围,亲子关系状态,家长的言传身教、经济条件、社会地位等对儿童语言的发展、情绪情感的形成、知识经验的获得、技能技巧的掌握与社会规范的习得均起潜移默化的作用。

2. 幼儿园

幼儿园是按照儿童的年龄特点和身心发展规律,有目的、有计划、有组织地向儿童系统传授社会规范、行为要求的机构。幼儿园教育在促进儿童掌握社会认知、理解社会行为规范要求的同时,也为儿童提供更多实践交往的机会。同时,幼儿园还具有独特的环境创设、园本课程、办园特色等文化氛围,在儿童早期社会性发展中是不可替代的,所以幼儿园是儿童重要的社会性发展载体。

3. 同伴群体

模仿是儿童的主要学习方式,特别是对同伴群体的言谈举止、表情动作、态度行为等进行模仿。无论儿童具不具备群体的成员资格,群体都能为个体提供指导行为的参照模式,或提供自我判断的标准。

4. 大众传播媒介

在现代社会中,大众传媒是十分重要的社会性发展手段。影视、广播、电子设备等无疑是双刃剑,优秀的动画片为儿童提供了大量的学习信息,帮助儿童开阔视野,获得了新知,如《大头儿子和小头爸爸》《黑猫警长》《葫芦娃》等动画作品是许多儿童耳熟能详的优秀作品,影响了几代人的成长,非常具有教育意义。但也有一些影视作品含有色情、暴力等不良情节,成为儿童社会性发展的负面教材。因此,随着大众传媒作用的加强,指导儿童正确认识和接纳大众传媒的内容,趋利避害是非常重要的。

马克思说:"人是一切社会关系的总和。"儿童的社会性发展也自然要在社会关系中进行,儿童的主要社会关系包括亲子关系、师幼关系、同伴关系、性别角色关系等。

第二节　亲子关系的发展

一、 亲子关系的概述

(一) 亲子关系

亲子关系有广义和狭义之分,广义的亲子关系是建立在血缘上的,是父母和子女之间的权利与义务关系;狭义的亲子关系指依恋关系。

（二）依恋关系

1. 基本含义

依恋指儿童和照看者（主要是父母亲）之间亲密的、持久的情感关系。依恋是亲子关系的早期表现，是儿童社会性发展的开端。许多研究表明：早期的依恋关系对儿童以后亲子关系的发展及青少年期的人格的形成，有着非常深刻的影响。日本亲子关系研究专家冈本淳子等，通过对初、高中学生发生逃学、家庭暴力和其他不良行为的调查研究，发现这些不良行为的根源之一在于不良的亲子关系。在接受调查的 84 名学生中，有 82 名学生的不良行为都与婴儿早期紧张的依恋关系有关。可见，建立良好的亲子关系非常重要。

知识拓展

恒河猴实验

发展心理学家亨利·哈罗（H. F. Harlow），将不同年龄的小恒河猴和它们的母亲分离开长短不同的一段时间，用两种模型作代理的或装扮的"母亲"来抚养小猴（图 13-1）：一种是绒布缝制的猴形抚养者；另一种是只用光秃秃的铁丝网编成的猴抚养者。实验发现，几乎在所有的时间里，小猴都依偎于绒布抚养者身边，而只有当寻找食物时，它才短暂地去铁丝网抚养者那儿。这表明，生理上对食物的需要和心理上的接触安慰是分离开的，而且这两种需要能从不同的物体上得到满足。所以亲子联结并非像哈罗做实验之前人们普遍认为的那样，仅仅取决于食物强化，而更多的是取决于由母亲的身体提供的接触安慰。也就是说，良好的亲子关系更重要的是为孩子提供了心理上的安全感、抚慰感。

图 13-1　恒河猴实验

---

2. 依恋关系发展的基本阶段

通常情况下，婴儿的依恋关系大约在 7 个月时出现，主要是建立在"认生"的基础上。依照英国精神病学家鲍尔比的观点，儿童依恋的产生与发展一般会经历四个阶段。

（1）前依恋期（无差别的社会性反应阶段）

儿童出生后到 3 个月，这一时期婴儿对所有的人脸都能够做出反应，但不能进行区分，他常常用啼哭引起成人的注意，但对安慰他的成人没有选择，也就是说对谁都一样。所以，这个无依恋阶段称为前依恋期。

（2）依恋关系萌芽期（有差别的社会性反应阶段）

从 3 个月开始到 7 个月这段时间，随着儿童社会性交往活动的加深，婴儿出现了认生的现象，能从人群中区分出自己熟悉的人和陌生人，对熟悉的人有特殊友好的表现，愿意与之亲近，并表现出更多的微笑和交流。当抚养者与之分离时，会表现出伤感的情绪，但也能够接受陌生人的注意和关照，这一阶段是婴儿依恋关系萌芽的时期。

（3）依恋关系明确期（特殊情感联结阶段）

7 个月到 2 岁，这一时期依恋关系进一步发展，对于抚养者的偏爱变得强烈，当抚养者在身边时有安全感，可以自由活动；当抚养者离开时，情绪波动比较强烈，表现出哭闹、恐惧等强烈的分离焦虑。对陌生人的出现采取拒绝、回避的态度，出现了目标比较固定、情绪比较强烈、持续时间比较持久的依恋。

（4）依恋关系调整期（修正目标的合作阶段）

2 岁以后，随着言语理解能力的提高，儿童开始能够明白抚养者的愿望、情感和要求，能够忍耐短期的分离，在抚养者的安慰下，相信抚养者不久会返回，并学会调节自己的行为耐心等待。

3. 依恋关系的基本类型

依恋行为是客观存在的，但由于儿童与依恋对象关系的密切程度、交往质量不一样，所表现的依恋行为也不一样。在活动中，我们可以从儿童的表现中观察到他们依恋关系的类型。

（1）回避型

儿童不关心抚养者的存在，自己玩自己的，当抚养者离开时，也不予理会，很少有紧张、不安的分离焦虑的表现，也被称为"无依恋儿童"。

（2）安全型

安全型的依恋是当抚养者在场时，儿童并不表现出强烈的依赖，多数情况下能够自如游戏，经常与抚养者进行眼神与言语的交流，对陌生环境和陌生的人反应也比较积极。当抚养者离开时，儿童的游戏行为会受到影响，表现出不安、焦虑的情绪。但当抚养者回来时，儿童会立即与其接触，并很快平静下来，继续去游戏。安全型是良好的、积极的依恋模式。

（3）反抗型

这类儿童比较强烈地依赖抚养者，在抚养者离开前就显得很警惕，当抚养者离开时会非常苦恼、极度反抗，产生大喊大叫等不良的情绪表现。抚养者返回时，也很难进行安慰，儿童表现出焦虑不安的情绪状态，也被称为"焦虑型"。

（4）混乱型

这类儿童的依恋行为没有固定的模式，无论抚养者在不在，都表现出不安的情绪。

许多研究表明，婴儿早期形成的依恋，对以后的行为会产生重要的影响。一些过早离开父母，或者与父母没有在早期形成依恋关系的婴儿，往往不能很好地与人相处，他们害怕做游戏，害怕冒险，害怕探索；与人接触常常感到不安，对人和环境缺乏基本的信任感，从而影响正常的社会交往。

真题链接

（2014年下半年真题）在陌生情境实验中，妈妈在婴儿身边时，婴儿一般就能安心地玩玩具，对陌生人的反应也比较积极，婴儿对妈妈的这种依恋类型属于（　　　）。

A. 回避性　　　　　　　　　　　　B. 无依恋

C. 安全型　　　　　　　　　　　　D. 反抗型

参考答案

---

4. 影响依恋关系的因素

（1）稳定的照看者

照看者是否稳定，直接影响了依恋关系的质量。如果经常更换照看者，会使儿童产生不安全感，带来分离焦虑的情绪，影响依恋关系的建立。

（2）照看的质量和环境

照看者的照看质量决定着婴儿依恋关系形成的性质，尤其是母亲对婴儿的照看态度是形成依恋关系的关键因素。母亲接纳的态度、温柔的爱抚、亲切的话语以及温馨、安全的家庭环境，有助于婴儿安全依恋关系的形成。

（3）儿童的自身特点

儿童存在着与生俱来的气质差异，使得有的孩子容易被照料与安慰，容易形成与照料者之间安全的依恋关系；有的孩子则比较敏感、不容易被照料，难以形成安全的依恋关系。

参考答案

真题链接

（2017年下半年真题）如果母亲能具有敏感、接纳、合作、易接近等特征,其婴儿容易形成的依恋类型是（　　　）。

A. 回避型依恋　　　　　　　　　B. 安全型依恋

C. 反抗型依恋　　　　　　　　　D. 混乱型依恋

二、亲子关系的作用

无论是依恋关系还是亲子关系,都是儿童在社会生活中接触的早期社会关系。亲子关系的质量对孩子性格的形成、品质的培养、意志的磨炼、交往模式的建立,都有决定性的作用。

（一）良好的亲子关系能够促进儿童心理过程的发展

在良好亲子关系的氛围中,儿童在父母的鼓励和陪伴下,会产生积极的探索行为,仔细感知周围事物,认真观察,并且在探索的过程中进行情绪、情感的宣泄和表达,这些活动有助于提高儿童克服困难的能力,促进其知、情、意、行等心理过程的和谐发展。

（二）亲子关系影响儿童个性的形成

个性能够反映一个人全部的精神面貌,影响个性形成的因素是非常复杂的,除遗传和成熟外,还有环境。幼儿期是人一生中个性奠基的时期,家庭环境中亲子关系对儿童个性的影响远远超过其他影响。早期研究经验表明,婴儿在出生后的第一年里,如果没有得到正常的母爱,缺乏情感上的安全感,就会影响其正确态度的形成,长大后对周围的人和事容易产生怀疑心理,不能形成对他人和环境的信任。一个没有被爱过的孩子很难学会爱别人,所以,婴儿期的不良亲子关系,对儿童未来个性发展的影响比任何时期都严重。

（三）良好的亲子关系有利于儿童社会关系的发展

儿童在亲子关系中感受到的温暖、安全与信任,会奠定今后与他人良好适应的基础,有助于儿童其他社会关系的发展。亲子关系良好,父母与子女间相互信任、和谐相处,为儿童提供了交往的榜样,在此基础上,儿童逐渐理解和学会人类的各种处事方式,在被爱、被需要、被欣赏、被接受的同时,自然就学会了爱、欣赏、接受……逐渐建立了与他人友好交往的基础。所以,日本儿童教育家品川孝子先生说:"孩子与家长的关系是其一生转变的关键,也是将来他们踏入社会、待人接物的依据,关心你的孩子,别忘了重视你与孩子的关系。"总之,良好的亲子关系为儿童树立了行为的榜样,在亲子相互联系的过程中,儿童学习与他人合作的态度和方法,有助于其良好社会关系的发展。

三、亲子关系的类型

亲子关系对儿童的作用主要是通过不同的亲子关系类型表现出来的。

（一）专制型

中国传统的教育观念认为"棒下出孝子""不打不成器",家长把孩子看作自己的私有财产,认为孩子就是孩子,他们不懂事,必须由家长告诉他该做什么,孩子的事都需家长严格把关。孩子如不顺从,父母就会大发雷霆直至孩子屈服。这样的亲子关系中的孩子要么服从、依赖,缺乏独立思考的能力,或者变得自卑、自闭,甚至产生内疚和罪恶感;要么反抗,对家长产生敌意,把自己的不满情绪指向外界,性情不稳定,对他人充满仇恨、有暴力倾向。

（二）放任型

有的父母忙于工作或自身娱乐，往往忽视、不关心孩子的存在，把孩子交给老人或是保姆抚养，父母在孩子心中像个"路人"，孩子与家长的关系非常淡漠。这种亲子关系剥夺了亲子间血缘关系的依恋，孩子会陷入孤立无援的失落中，长此以往，会导致儿童形成冷漠、消极、孤僻的个性。

（三）溺爱型

这种家长认为，好父母就是把孩子照顾得无微不至。不让孩子吃一点苦，面对种种诱惑，对孩子是有求必应，在这样的亲子关系中，孩子习惯于高人一等，以自我为中心，容易形成任性自私、生活能力差、胆小怯懦、不懂礼貌、缺乏同情心等不良的性格特征。在人际交往中，他们缺乏责任感，不懂得关心别人，难以交到朋友，逐渐孤僻离群，遇到不满容易导致攻击、报复等反社会行为。

（四）民主型

在民主的亲子关系中，儿童与家长的关系是平等的，家长既是孩子的父母，也是孩子的朋友。家长与儿童之间有着积极的情感交流，父母既尊重理解孩子，又及时对孩子提出严格要求；既关注孩子的一举一动，又积极鼓励孩子自主交往，不断激励孩子去做喜欢而又力所能及的事。在这种亲子关系影响下，儿童一般具有性格乐观、情绪稳定、自信心强等特点，认知能力和社会能力都会比较出色，所以民主型被视为最理想的亲子关系。

思政园地

　　《习近平"典"亮新时代》："家风是一个家庭的精神内核，也是一个社会的价值缩影。"习近平总书记对家庭、家教和家风建设有许多重要论述。

　　中华民族历来重视家风建设，注重以家风传承育人兴家。古往今来，家庭美德铭记在中国人的心灵中，融入中国人的血脉里，是支撑中华民族生生不息、薪火相传的重要精神力量。

四、良好亲子关系的培养对策

（一）营造良好的家庭氛围

如果把孩子比作一颗种子，那么家庭就是土壤，家庭中的生活氛围便是空气和水分。完整的家庭结构、和谐的家庭关系、民主的处理问题方式、父母角色的合理分工等，会像空气和水一样于无形中滋润着儿童的成长，使他们对家庭成员形成恰当的依恋情绪，拥有生活的安全感、自尊感、自信感，自然形成活泼开朗的个性，积极健康的心态。相反，儿童如果生活在不安定的家庭中，父母天天吵吵闹闹，儿童就会被担心失去父母的阴影所笼罩，感到无比恐惧，无法形成正常的心态。

（二）尊重、理解儿童的正常需要

马斯洛的需要层次理论表明，人类的需要是像阶梯一样由低到高排列的，依次分为五层：生理的需要、安全的需要、社交的需要、尊重的需要和自我实现的需要，并且只有当低层次的需要得到满足时，才能出现比较高层次的需要。儿童虽然小，但也是一个完整的人，也存在着各种需要，所以要尊重、理解儿童的正常需要，对孩子有充分的了解，对儿童发出的各种信号做出准确的反应，及时对孩子进行爱抚、帮助和鼓励。通过使用充满感情的言语、热情洋溢的搂抱、温暖的亲吻接触，向儿童传递爱的信号。尤其是在半岁至一岁半这段时间,是亲子依恋关系建立的敏感期,作为父母,尤其是母亲,不要长期离开孩子,以免影响正常亲子关系的确立。

(三) 在活动中建立和谐的亲子关系

《指南》强调:"幼儿的社会性主要是在日常生活和游戏中通过观察和模仿潜移默化地发展起来的。成人应注重自己言行的榜样作用,避免简单生硬的说教。"

活动是亲子和谐相处的桥梁和纽带,良好的亲子关系不会自然而然产生,也不是建立在豪华物质基础上的。有的家长认为,我该给孩子的都给了,啥都是最贵的、最好的,怎么孩子就是不跟我亲呢? 殊不知,亲情是无价的,不是用物质来衡量的,而是在活动中,通过亲子之间的相互合作、相互扶持传递的。父母要对儿童负责任,多抽出时间陪孩子,带他们到大自然中去感受,到社会生活中去体验,在活动中实现亲子心灵的沟通。

(四) 正确处理儿童在生活中表现出的各种问题

有这样一个男孩:精力旺盛,非常调皮,总是闯祸,家长经常打骂都无济于事。其家长曾经带他到医院进行多动症的检查,结果不是,家长很无奈。而孩子却说:"我不是故意要把爸爸的手机弄坏,我是要看看它在浴缸里能不能浮起来,妈妈总是说不能做这,不能做那,还打我,真讨厌,我不喜欢他们。"

这个案例中的孩子淘气好动是出于想探索和好奇,这位妈妈的做法不仅扼杀了孩子的求知欲,还把亲子关系弄得很紧张。所以,我们要真正走进儿童的内心世界,就要蹲下来倾听孩子的心声,理解儿童的各种表现,并正确进行处理。

(五) 掌握亲子沟通的技巧和方法

家长要多学习儿童心理学和儿童教育方面的知识,掌握科学的亲子沟通方法和技巧。对儿童多鼓励少打击,多欣赏少挖苦,多引领少评价,多帮助少攀比,恰当使用惩罚,努力做孩子生命中的人生导师,生活中的知心朋友,成长中的啦啦队长。

第三节 同伴关系的发展

一、 同伴关系的概述

同伴关系是指年龄相同或相近的儿童,在共同的交往活动中建立起来的相互协作关系。儿童的同伴关系有两种表现形式:同伴群体关系和友谊关系。儿童与一个或多个伙伴间形成的特有的、紧密的交往关系称为友谊。由于年龄的限制,学前儿童的同伴关系多表现为同伴群体关系,还比较难以形成稳定的、相互的、一对一的友谊关系。随着年龄的增长,儿童与成人的交往逐渐减少,与其他儿童的交往持续增加,日益增多的同伴交往对儿童的发展具有重要的意义。

二、 同伴交往的意义

(一) 同伴交往是儿童提高认知能力的重要途径

我们知道,模仿是儿童的主要学习方式。由于不同的儿童拥有不同的生活背景和认知基础,在活动中也有不同的表现,这些表现就成为其他儿童活动的榜样,儿童是通过观察活动中那些"榜样儿童"的行为方式来学习的。因此,同伴交往为儿童提供了相互模仿、掌握知识经验的重要机会,同时也为儿童提供了相互交流、直接教导、协商讨论的机会。米米在用积木建高楼，可总是倒掉，米米一遍遍地搭，但总也做不好，都快没耐心了。这时她发现玲玲也在搭高楼，都已经很高了也没倒，便跑过去问玲玲，玲玲说："给你，把这个大的放最底下就好了。"米米照着做了，真的没倒！米米很高兴，和玲玲一起搭了好几座。可见，儿童在一起探索多种问题的解决方式有助于他们相互扩展知识，发展思考能力、实际操作和解决问题的能力。

（二）同伴交往有助于幼儿积极情感的形成

幼儿之间良好的交往关系，如有愿意与自己一起游戏的小伙伴、容易被群体接纳等，能够使幼儿产生安全感和归属感，对幼儿良好情感的发展具有支持作用。

（三）同伴交往是儿童发展社会能力的基础

皮亚杰认为，儿童的年龄特点决定了儿童自我中心的特性，儿童在同伴群体建立的平等互惠的活动中，通过交往体验冲突、感受矛盾、经历挫折，逐渐学会谈判协商、修正自我、解决问题，是儿童发展社会交往能力所必需的。在同伴交往中，积极、友好的行为，如帮助、分享、微笑等，能马上获得其他同伴的积极反应，得到良好的回报，使得这些良好的行为逐渐巩固下来；而消极、不友好行为，如抢夺、踢打、凶人等会马上引发其他儿童的反感，或引起不好的结果，儿童不得不思考进行改变。美术活动中有这样一幕：鹏鹏在画熊大，需要一支棕色笔，笔在菲菲手里，于是他伸手去抢，菲菲不给，便说："我还没用完呢！"鹏鹏没得到，马上将身体侧过，冲着菲菲的脸，温柔地说："我在画熊大，你得给我用一下。"菲菲仍旧不理。鹏鹏想了想，声音很低地说："我就画一下，用完了马上还你，请你给我，行吗？"菲菲点了一下头，鹏鹏拿到了彩笔，开心地画起来。儿童正是在与同伴交往的过程中通过不断地调整、修正自己不适宜的行为方式，掌握、巩固较为适宜的交往方式，逐渐提高社会交往能力。

（四）同伴关系有利于儿童人格的形成和发展

儿童间良好的交往关系，会使儿童获得更多的交往技巧和成功的体验，得到心理上的满足，使儿童产生安全感和归属感。在交往过程中同伴间积极的相互支持，乐观的学习态度，不断尝试的精神，果断地解决问题等，都影响着儿童人格的形成和发展。我们看到，许多独生子女在人格特征上表现出的霸道、高傲、胆小、依赖性强、孤单等特点，都是由于在某种程度上缺乏同伴交流所导致的。可见，儿童早期同伴交往中获得的经验对塑造其个性、态度及价值观、人生观都有独特的影响，尤其是独生子女的家庭更应该注重儿童良好同伴交往能力的培养。

思政园地

青年时期的马克思就有改造世界的强烈愿望与行动，所以，他被反动政府迫害，长期流亡在外。1844年，马克思在巴黎认识了恩格斯，共同的信仰使他们彼此吸引，马克思由于长期流亡，生活很苦。恩格斯为了帮助马克思生活，宁愿经营自己十分厌恶的商业，把挣来的钱源源不断地寄给马克思。他不但在生活上帮助马克思，也在工作上，给予大力支持。他们在伦敦时，每天下午，恩格斯总到马克思家里去，讨论各种问题。他们分开后，几乎每天通信，彼此交换对政治事件的看法和研究成果，都为对方在事业上的成就感到骄傲。马克思和恩格斯合作了40年，不仅建立起了伟大的友谊，也共同创造了伟大的马克思主义。

三、 同伴关系的发生和发展

儿童的同伴关系是随着儿童身心的发展逐渐发展起来的。

(一) 1 岁前同伴关系特点

出生 1 个月的婴儿能够对同伴的出现和行为表现出注意；大约 2 个月时，婴儿能注视同伴；3—4 个月时，婴儿同伴间能够相互观望和触摸，这个时期婴儿只是把同伴当成活动的物体或玩具，行为不具互惠性，是单向的，还不是真正的社会性的；6 个月以后，同伴间能彼此微笑和发出"咿呀"的声音，真正的社会性的相互作用开始出现。

(二) 2 岁前同伴关系特点

1 岁后，儿童间对彼此的行为有了更多的兴趣，出现较为复杂的交流。发展经历了三个阶段。

1. 物体中心阶段

这时儿童虽然有相互作用，但大部分注意都指向玩具和物体，而不是指向其他儿童，如常常把同伴看成是具有某种反应的玩具，希望能玩；两个或几个孩子争夺一个玩具。

2. 简单相互作用阶段

儿童对同伴行为能做出反应，比如直接抓同伴的鼻子、啃咬同伴的脸等，并常常试图支配其他儿童的行为。

3. 互补的相互作用阶段

这一时期，出现了一些复杂的社会性互动行为，对他人行为模仿更常见，出现了互动和互补的角色关系，如你跑，我追；你给予，我接受；你躲藏，我寻找。在良好的情境下，常伴有愉快的声音、微笑等积极的情绪。

(三) 2 岁后同伴关系特点

2 岁后，随着身体运动能力和言语能力的发展，儿童的社会性交往变得越来越复杂，交往的时间也越来越长，出现了对彼此的模仿。例如，在追逐中一个儿童摔倒了，另一个也假装摔倒；一个说"我摔倒了"，另一个说"我也摔倒了"。

3 岁以后，儿童更加喜欢交往，而且交往的范围越来越广，交往的性质也发生了变化，交往的主要形式是游戏。但 3 岁左右，儿童的游戏交往主要是非社会性的，以独自游戏或平行游戏为主，彼此之间没有联系，各玩各的。

4 岁左右，联系性游戏逐渐增多，并逐渐成为主要游戏方式。在游戏中，儿童彼此之间有一定的联系、说笑、互借玩具，但这种联系是偶然的，没有组织的，彼此间的交往也不密切，这是儿童游戏中社会性交往发展的初级阶段。

5 岁以后，合作性游戏开始发展，并逐渐成为主要的游戏方式。在幼儿游戏中，社会性交往水平最高的是合作性游戏；同伴交往的主动性和协调性逐渐发展，儿童有分工合作，有共同的目的和计划，有共同遵守的游戏规则，大家互相帮助，一起为玩好游戏而努力。

四、 影响同伴交往的因素

同伴交往是儿童社会性发展的必由之路，其影响因素主要有以下五个方面。

1. 家庭环境及教养方式

家庭环境对儿童同伴交往有影响,如儿童生活在民主和谐的家庭中,父母关系和谐,亲朋好友和睦相处并经常来往,本身就为儿童提供了一个良好交往的平台,为同伴交往奠定了基础。同时,民主平等的教养方式,亲子间和谐的交往经验也为儿童树立了自尊心和自信心,能够促进儿童更好地与同伴交往,形成良好的同伴关系。

2. 儿童自身的特点

儿童自身的特点,包括相貌、年龄、性别、名字、着装等,这些外在特点会影响儿童被同伴选择和接纳的程度。一般情况下,儿童都喜欢选择长相漂亮、穿着干净、名字好听的小朋友做自己的玩伴,尤其是具有这些特点的女孩会更受欢迎。同时,儿童的气质、性格、情绪、情感等较深层次的心理特征又影响着同伴的交往态度和交往行为的深入,那些性格开朗、乐于助人、有爱心、不爱哭闹的小朋友总是受欢迎的对象。

3. 儿童的交往技能

在同伴交往中,影响同伴交往最大的因素是儿童在交往中表现出的积极性、主动性以及交往技能掌握的水平。那些愿意与小朋友交往,具有良好交往技能的孩子往往掌握了交往的主动权,成为活动的中心。心理学家根据儿童在交往过程中的表现,把儿童分为受欢迎型、被拒绝型、被忽视型和一般型四种类型。

(1)受欢迎型

受欢迎型的儿童喜欢与人交往,在交往过程中积极主动,并且表现出友好、积极的交往行为,受同伴的接纳和喜爱,他们是同伴群体的中心,在同伴中享有较高的地位,具有较强的影响力。

(2)被拒绝型

被拒绝型的儿童也喜欢交往,在交往中也比较主动,但常常采取不友好的交往方式,例如,强行加入其他小朋友的活动,抢夺别人玩具,大声叫喊,推打小朋友等,由于攻击性的行为多、友好的行为少,因而常常被多数幼儿排斥、拒绝,在同伴中地位低,同伴关系紧张。

(3)被忽视型

这样的儿童既不对同伴做出友好、合作的行为,也不表现出不友好、侵犯性的行为,因此既没有多少同伴主动喜欢他们,也没有多少同伴主动排斥他们,常常被大多数同伴忽视和冷落。

(4)一般型

这类儿童在同伴交往中行为表现一般,他们既不被同伴特别喜爱和接纳,也不被同伴特别忽视和拒绝,同伴中有的喜欢他们,有的不喜欢他们,因而在同伴心目中的地位一般,处于居中的水平。

以上四种同伴交往类型,在幼儿群体中的分布比例也是不同的:一般情况下,受欢迎型儿童约占13.33%,被拒绝型儿童约占14.31%,被忽视型儿童约占19.41%,一般型儿童约占52.95%。

4. 活动材料和活动性质

活动材料和活动性质也是影响儿童同伴交往的重要因素。幼儿园中,儿童之间的交往大多是在游戏中,围绕活动材料发生的。活动材料的数量和特点往往能引起儿童不同的交往行为。如在活动材料较少、较小的情况下,儿童之间会经常发生争抢、攻击等消极的交往行为;而在有大型活动材料,如滑梯,攀登架,大、中型积木玩具的条件下,儿童之间倾向于发生轮流、分享、合作等积极、友好的交往行为。

活动性质对同伴交往也有影响。活动性质对同伴交往的影响主要体现在美工、科学、阅读等区角活动中,儿童通过个人努力就可以完成活动任务,同伴关系间的相互作用就较少。而在角色游戏、表演区活动等中,由于活动的合作性很强,更能促使儿童间合作行为的发生,如在表演游戏或集体活动中,即使是不受同伴欢迎或不爱与同伴交往的儿童,由于活动情境本身规定了同伴间的合作关系,在一定任务的情境下,也能与同伴进行一定的合作,因而角色游戏为儿童提供了更多合作交流的机会。

5. 儿童的性别差异

通常，男孩、女孩是在不同的文化氛围和传统要求下成长起来的，如我们要求男孩勇敢、坚强，要求女孩听话、稳重，长期的不同要求形成男孩、女孩各自不同的兴趣和行为特征。男孩喜欢在公共场所游戏，不愿受成人的约束，游戏行为较为粗犷，肢体接触较多。而女孩则喜欢在比较封闭的空间内活动，喜欢合作和语言交流性的游戏，感情比较细腻。所以幼儿期儿童之间的交往大部分是以同性交往为主的，男孩、女孩在交往水平上也存在差异，一般情况下女孩的交往水平高于男孩。

五、 良好同伴关系的培养对策

同伴关系对儿童社会性的发展有重要影响，无论家长还是教师都要注意对幼儿同伴关系的引导和培养，在这方面《指南》为我们提供了具体指导。

1. 创造交往的机会，让幼儿体会交往的乐趣

利用走亲戚、到朋友家做客或有客人来访的时机，鼓励幼儿与他人接触和交谈；鼓励幼儿参加小朋友的游戏，邀请小朋友到家里玩，感受有朋友一起玩的快乐；幼儿园应多为幼儿提供自由交往和游戏的机会，鼓励他们自主选择、自由结伴开展活动。

2. 结合具体情境，指导幼儿学习交往的基本规则和技能

当幼儿不知怎样加入同伴游戏，或提出请求不被接受时，建议他拿出玩具邀请大家一起玩，或者扮成某个角色加入同伴的游戏；对幼儿与别人分享玩具、图书等行为给予肯定，让他对自己的表现感到高兴和满足；当幼儿与同伴发生矛盾或冲突时，指导他尝试用协商、交换、轮流玩、合作等方式解决冲突；利用相关的图书、故事，结合幼儿的交往经验，和他讨论什么样的行为受大家欢迎，想要得到别人的接纳应该怎样做；幼儿园应多为幼儿提供需要大家齐心协力才能完成的活动，让幼儿在具体活动中体会合作的重要性，学习分工合作。

3. 结合具体情境，引导幼儿换位思考，学习理解别人

当幼儿有争抢玩具等不友好行为时，引导他们想想："假如你是那位被欺负的小朋友，你有什么感受？"让幼儿学习理解别人的想法和感受。

真题链接

（2014年下半年真题）材料分析题：幼儿园只有一架秋千，幼儿都喜欢玩儿，大二班在户外活动时，胆小的诺诺走到正在荡秋千的小丽面前，请小丽把秋千让给他玩，小丽没理会，诺诺就跑过来向老师求助："老师，小丽不让我荡秋千。"对此，不同的教师可能采取不同的方式回应。

教师A牵着诺诺的手，走到小丽面前说："你们的事情，我知道了，我现在想看小丽是不是懂得谦让的孩子。小丽，你已经玩了一会儿了，现在能不能让诺诺玩一会儿呢？"小丽听到后，把秋千让给了诺诺。

教师B："你对小丽怎么说的呢？"诺诺说："我想玩儿一会儿。"想到诺诺平时说话总是低声细语的，教师就说："是不是你说话声音小了，她没有听清楚呢，现在去试试，大声对她说：我真的想荡秋千，我已经等了好久了！如果这样说还没给你，你就回来，我们再想想别的方法。"

问题：请分析上述两位老师回应方式的利弊，并说明理由。

第四节　师幼关系的发展

学习思考

休息时，王老师让孩子们排队去喝水，可队伍总也排不好。有几个小调皮总要去"加塞"，其他的孩子不服气，一个顶一个地往前挤。最前面的孩子被挤得摇来晃去，一下子把水泼在了身上。王老师扯起嗓门提醒孩子们"队伍排好了"，可过了一会儿还是乱了。这时，王老师也口渴了，拿起杯子准备去接水，碰到水龙头的一瞬间，她下意识地停住了，转而排到了队尾。孩子们看见了，互相交头接耳："快看，王老师也排队了。"队伍慢慢变直了，几个小调皮乖乖地排到了教师的身后。

你认为这位教师的做法怎样？

一、师幼关系的概述

师幼关系是幼儿教师和幼儿在教育活动及交往活动中形成的比较稳定的人际关系。师幼关系是幼儿期最基本的、最重要的人际关系之一。古人说："亲其师，信其道。"幼儿教师在幼儿园的活动中起着主导作用，因而师幼关系不但影响教育、教学活动的进程与效果，幼儿的学习和对幼儿园环境的适应，还影响着幼儿身心发展的方方面面，具体表现在以下三方面。

（一）良好的师幼关系是幼儿社会行为发展的榜样

《纲要》指出，幼儿教师应成为幼儿学习活动的支持者、合作者和引导者。在和谐的师幼关系中，通过师幼间积极的交往和互动，幼儿在教师的示范指导下学习一定的社会行为规范和价值标准；通过对教师行为的观察模仿，学会分享、合作、同情、谦让等良好的社会行为，并发展积极的社会情感。同时，教师对幼儿的接受、尊重、关心和期望也有利于幼儿自尊心和自信心的发展。教师在幼儿心目中具有非常重要的地位。古语说："其身正，不令而行；其身不正，虽令不从。""行动比语言更响亮。"良好的行为规范、和谐的师幼关系是幼儿社会行为发展的榜样，这种作用是其他力量无法替代的。

（二）良好的师幼关系是幼儿适应幼儿园生活的前提

不和谐的师幼关系会使幼儿感到压力、冲突、紧张、情绪沮丧，影响活动的积极性和主动性，而和谐的师幼关系给幼儿提供的是支持、帮助和安全感，能够形成有助于幼儿学习的情感氛围，使其心情愉快、情绪饱满地投入幼儿园的各种活动。研究也表明，那些感受到教师支持和温暖的幼儿往往具有强烈的学习动机，对自己的能力更加自信。可见，幼儿与教师形成了亲密的师幼关系，儿童就能够更好地适应幼儿园的生活，和谐的师幼关系是幼儿园提高教育活动质量的基础和前提条件。

（三）良好的师幼关系对亲子关系和同伴关系的建立有重要影响

研究发现，良好的师幼关系对亲子关系，特别是对不安全的亲子依恋关系有一定的弥补和调整作用，并能促进亲子关系的发展。同时，幼儿教师与幼儿之间形成的和谐的师幼关系，对于儿童同伴交往的主动性、态度、能力、行为以及儿童在同伴交往中的地位等，都有十分重要的影响。例如，教师喜欢的，与教师建立和谐、亲密师幼关系的幼儿也更容易被同伴接纳；对教师有安全感的幼儿，在同伴交往中也比较有安全感,愿意与同伴交往,对同伴较少有敌意和攻击性行为。由此可见,师幼关系会通过影响亲子关系和同伴关系而对幼儿社会性发展的各方面产生重大影响。

思政园地

题战岛僧居(在江之心)

〔唐〕杜荀鹤

师爱无尘地,江心岛上居。

接船求化惯,登陆赴斋疏。

载土春栽树,抛生日喂鱼。

入云萧帝寺,毕竟欲何如?

"师爱无尘"是教育的最高境界,陶行知先生是这一境界最好的诠释者。"捧着一颗心来,不带半根草去",既是陶行知先生的行为准则,也是陶行知先生师爱的写照。一次,有一个男生用泥块砸自己班上的男生,被陶行知发现制止后,命令他放学时到校长室去。放学后,陶行知来到校长室,男生早已等着挨训了。可是陶行知却笑着掏出一颗糖果送给他,说:"这是奖给你的,因为你按时来到这里,而我却迟到了。"男生接过糖果。随后,陶行知高兴地又掏出第二颗糖果放到他的手里,说:"这是奖励你的,因为我不让你打人时,你立即住手了,这说明你很尊重我,我应该奖你。"男生惊讶地看着陶行知。这时陶行知又掏出第三颗糖果塞到男生手里,说:"我调查过了,你用泥块砸那些男生,是因为他们欺负女生,你砸他们说明你很正直善良,且有跟坏人作斗争的勇气,应该奖励你啊!"男生感动极了,他流着眼泪后悔地喊道:"陶校长,我错了,我砸的不是坏人,而是同学……"陶行知满意地笑了,他随即掏出第四颗糖果递过去,说:"为你正确地认识自己的错误,我再奖给你一颗糖果,我没有糖果了,我们的谈话也可以结束了。"所以,很多时候,微笑比严酷更有力量,赏识比批评更具激励性。滴水穿石,胜过暴雨;和颜悦色,默化潜移。高尔基说:"谁爱孩子,孩子就爱谁,只有爱孩子的人才会教育孩子。"

二、 当今师幼关系存在的问题

师幼关系是教育过程中最基本的、最重要的人际关系之一,对幼儿各个方面的发展都有重要影响。然而,当前师幼关系还存在许多不和谐、不健康的问题,不仅严重影响幼儿教师的形象,也制约着儿童社会性的发展,主要表现在以下三个方面。

(一) 来自幼儿家长的问题

我国很多家庭中的儿童都是独生子女,在这样的家庭中儿童往往成为核心,家庭中的几代人每天都要围着孩子转,这种中心的地位也常常被有意无意地带到幼儿园里。"我家宝宝每天都要摸着妈妈的耳朵才能睡觉,午觉时最好让他摸着老师的耳朵""我家孩子不会蹲大便,得把着他才行""我家宝宝需要喂饭才能吃,请老师喂他",家长的这些不合理要求,往往被投射到幼儿身上,使幼儿教师对儿童产生一定的反感情绪,影响正常师幼关系的建立。

(二) 幼儿教师自身素质问题

由于社会地位、工资待遇等社会性因素的制约,幼儿园尤其是民办幼儿园,无法吸引高素质的从业人员上岗,再加上教师流动性强、培训措施不到位等因素,使得许多幼儿园尤其是民办幼儿园的师资素质偏低,幼儿园里不尊重幼儿,甚至虐待幼儿的现象屡屡出现,如罚儿童"金鸡独立"、双手抱头蹲下、蹲厕所、蹲小黑屋、抓头发、打屁股等,这些问题的出现虽然有一定的社会因素,但主要是因为幼儿教师师德、素质不高。

(三)学前教育管理问题

虽然我国越来越重视学前教育工作,但是学前教育事业的发展还不稳定,学前教育工作者的社会地位还不高,工资待遇过低;专业的、高素质的师资队伍严重缺乏;幼儿园教师队伍整体建设、管理、培训等监管措施不到位;幼儿园的建设、管理和评价还比较混乱,导致幼儿园里各种问题频发,严重影响了师幼关系的良性发展。

三、 构建良好师幼关系的策略

师幼关系对幼儿一生的发展具有重要影响,因而构建良好的师幼关系势在必行。

(一)加强修养,不断提高教师自身的专业素质

教师的专业素质在师幼关系的建构过程中起着关键作用,古语说:"学高为师,身正为范。"年龄越小的孩子对幼儿教师的模仿和依赖就越强,幼儿教师肩负着儿童启蒙教育的重任,教师的一言一行、一举一动都会像照镜子一样被幼儿模仿,其素质的好坏直接影响到下一代人的成长。所以,幼儿教师一定要加强学习,提高从教水平;要从思想上认识到自身工作的重要性,更新教育观念,树立正确的教育观、儿童观,努力提高职业道德水平,尊重儿童,热爱儿童;注意心理素质的提升,做一个道德高尚、博学多才、积极向上、身心健康、受人欢迎的教师。

(二)形成正确的教育观,建立民主平等的师幼关系

良好的师幼关系是教育的前提和关键,《纲要》中指出,"教师的态度和方式应有助于形成安全、温馨的心理环境""幼儿教育应尊重幼儿的人格和权利""教师应成为幼儿学习活动的支持者、合作者、引导者"。在幼儿园,教师本着尊重、平等、自主的原则,以平等的身份走进幼儿的内心世界,关注幼儿的兴趣和感受,关爱、理解、支持、赏识幼儿的探索和操作,幼儿自然就会喜欢老师,愿意亲近老师,主动与老师交流和对话,这样才能确保教育活动的顺利进行,所以良好的师幼关系是教育的关键。理想的教育活动是幼儿教师在与幼儿平等对话与交流的过程中,以博大的智慧启迪幼儿,以真挚的情感打动幼儿,以高尚的德行引导幼儿。

(三)正确看待幼儿的问题,创设愉快、宽松的生活环境

幼儿期典型的年龄特点就是好动、好奇、好问,他们有强烈的好奇心和求知欲,总是爱问东问西,摸这儿,碰那儿,一不小心,就可能会犯错误。面对成天闯祸的孩子,教师如果过于严厉地批评,甚至体罚,幼儿就会越来越害怕教师,与教师疏远,甚至产生逆反心理,与教师对立,讨厌幼儿园,讨厌教师,不仅影响良好师幼关系的建立,还对幼儿的学习和发展产生消极影响。所以教师要以理解、宽容的心态对待幼儿出现的各种问题,心平气和地帮助孩子分析错误出现的原因,寻找解决问题的对策,使幼儿心悦诚服地接受教师的批评,并积极改正问题。

(四)关注儿童的合理需要,因势利导开展各种活动

现实生活中,如果教师总是以自己的眼光看待幼儿的世界,总是希望幼儿按照自己的意图去思想、去

做事,长此以往便束缚了孩子的想象,扼杀了他们的兴趣。例如,游戏是幼儿的学习,幼儿是游戏的主体,在游戏活动中,幼儿应该充分发挥自己的主动性,使自己的身心处于积极的状态中。但是在现实活动中,幼儿教师往往更多地处于操纵者的地位,尤其是在集体游戏活动中,教师作为组织者,控制着整个游戏活动的发起和互动过程,左右着幼儿的行为,幼儿常常处于服从、依赖的被动地位,在游戏中的主体地位没有得到足够的重视。

> **学习思考**
>
> 在幼儿园里,有个简单的模仿游戏很受孩子们的欢迎,内容就是:"请你跟我这样做……我就跟你这样做……"可有一天,我正带着孩子玩这个游戏,琳琳突然站起来说:"老师,我不想像你那样做!"我一听愣住了,马上停下来问她为什么。她摇摇头说:"就是不想!我想做和老师不一样的动作。"听完后,我想,如果强行拒绝琳琳,她一定不想继续玩下去了。于是,我说:"那好,琳琳就和老师做不一样的动作吧。"游戏又开始了,琳琳做的每一个动作都和我不一样,我拍手,她就做舞姿动作;我做小山羊,她就学花猫……慢慢地好多小朋友低声说着:"老师,我也不想跟你做一样的。"看到孩子们对游戏规则变化比较感兴趣,我说:"好,我们就改成'请你跟我这样做,我不跟你这样做'。每个小朋友的动作都要跟老师的不一样。"游戏重新开始,孩子们特别认真,他们创编了许多平时没有的动作。我看到了这样的变化比单纯的模仿更吸引孩子的注意力,带动每一个孩子都参与游戏,而且使孩子的反应能力、想象力和创造力都得到了发展。游戏结束后,孩子们仍然十分兴奋,都说:"老师,这样真好玩!"
>
> 这位幼儿教师的做法给你哪些启示?

从上面的"学习思考"中可以看出,这是位真正尊重幼儿兴趣的教师。或许在有的幼儿教师眼中,琳琳这位小朋友就是一个不听话的捣蛋鬼,早就被老师训斥或冷落了,而这位幼儿教师不仅尊重了琳琳的需要,而且还为孩子们提供了展示自己的机会。如此简单的一个行为,却为一个班级的孩子带来了出其不意的快乐,也最大限度地培养了儿童的创造力。

第五节 性别角色关系的发展

一、性别角色关系的概述

性别角色是以性别为标准进行角色划分的形式,是社会对男性和女性在行为方式和态度上期望的总称。如要求男性要顶天立地,有泪不轻弹;女性要温柔体贴,相夫教子等。所以性别角色也反映了被社会认可的男性和女性在社会上的地位,幼儿性别角色行为的发展是幼儿在对性别角色认识的基础上,逐渐形成较为稳定的行为过程。性别角色的发展以幼儿性别概念的掌握为前提,即只有当幼儿知道男孩儿和女孩儿是不同的,才能进一步掌握男孩和女孩不同的行为标准,从而在心理和行为上形成性别差异。男女性别是由遗传决定的,男性、女性在家庭生活和社会生活中扮演什么角色,则是从幼儿时期开始接受教育的结果。

二、 影响性别关系的因素

（一）生物因素的影响

生物因素主要是性激素，即荷尔蒙的影响。如果女孩在胎儿期时，母亲体内雄性激素过多，即使出生后家长按女孩应有的方式进行了抚养，但由于在异常生理的作用下，个体分泌过多的与生理性别不符合的激素，女孩仍可能具有典型的男孩特征，如愿意参加消耗过多精力、剧烈的体育活动，如打球、摔跤等，不喜欢玩女孩的活动。在幼儿时期如果不及时介入治疗，改变激素分泌状况，就会难以纠正，往往会出现与自身性别不相适应的行为和心理。

（二）认知因素的影响

认知因素指儿童获得的性别概念，对性别角色行为的形成非常重要。应在儿童发展过程中明确家庭、社会对其性别、角色的期望，即男孩应该做什么，女孩应该做什么。并在发展的过程中体现出性别的同一性、性别的稳定性和性别的恒常性。

性别的同一性是男孩和女孩知道无论什么时候，自己都是男孩或女孩。

性别稳定性指儿童知道自己总是男孩或女孩，这种情况不会发生变化。

性别恒常性指儿童认识到性别不受外表和活动性质的影响，即使一个男孩穿着女孩的裙子跳舞，他也依然是男孩。

（三）家庭因素的影响

一般情况下，家长是孩子性别角色行为的引导者、被模仿者和强化者。家长的态度和行为直接引导着孩子。如孩子出生以后名字的选择、房间的布置、玩具的购买、衣服的样式等，一般都是根据性别决定的。随着孩子年龄的增长，家长更加明显地对男孩和女孩行为方式进行约束，强化孩子性别行为在发展过程中的作用。如要求男孩应该勇敢，像个男子汉，摔倒了要自己爬起来，不能哭；女孩应该温柔、文静等。同时，孩子从知道自己是男孩、女孩开始，也会把家长作为模仿对象，女孩学习妈妈、奶奶的样子，给娃娃喂饭，哄娃娃睡觉；男孩学习爸爸维护家人安全，热爱体育运动等。

（四）社会因素的影响

儿童的性别角色还受社会复杂因素的影响，如大众媒体、同伴、教师等。电视、网络等大众媒体的传播信息通常会影响儿童的性别行为模式，如动画片中男孩与女孩的角色行为模式一般都符合其性别的要求。同伴则会以接纳或排斥的态度对待其的性别化行为，女孩一般喜欢与女孩玩，如果男孩与女孩玩，就会遭到部分男孩的排斥等，这些行为帮助儿童塑造符合其性别角色的行为模式。教师的要求与言行也影响着儿童对不同性别的认同，如幼儿园厕所文化中对男孩、女孩大小便方式的引导，在活动中教师对男孩、女孩活动内容、方式的要求等，都在儿童的性别角色的认同上起着积极的作用。

三、 儿童性别关系的发展阶段及特点

学前儿童性别关系的发展主要经历三个阶段。

（一）朦胧阶段（2—3岁）

幼儿性别概念的掌握指既能认识自己的性别，又能认识他人的性别。儿童对他人性别的认识是从2岁开始的，但这时还不能准确说出自己是男孩还是女孩。直到两岁半，绝大多数儿童不仅知道了自己的性

别,而且有了关于性别角色的初步知识,如女孩更愿意玩娃娃,男孩更喜欢玩汽车、玩具枪等,女孩儿表现出愿意与女孩一起玩的行为倾向,对父母的要求表现出比男孩更多的遵从。这一时期他们虽然知道自己是男孩还是女孩,但性别的恒常性还没有建立起来,对性别的认识往往受情境的影响。例如,妈妈问2岁的女儿:"爸爸是男孩还是女孩?"女儿说:"男孩。"妈妈又问:"那你是男孩还是女孩?"女儿说:"女孩。长大了就男孩啦。"(意思是跟爸爸一样,就变成男孩了)

(二)自我中心阶段(3—4岁)

随着年龄的增长,儿童的性别知识逐渐丰富,学会从生理特征、发型、衣着上来辨别男性或女性,性别认识具有自我中心的特点,能接受与性别习惯不符的行为偏差,如互相观察私密部位,男孩也尝试穿裙子等。

(三)刻板的认识阶段(5—7岁)

这时,儿童不仅对男孩和女孩在行为方面的差别越来越清楚,也懂得了性别稳定和恒常性的特点,对性别角色的认识也表现出刻板性。如男孩就要胆大、勇敢,不能哭,谁哭了就会遭到嘲笑;女孩就要文静,不能粗野等。性别角色之间的差异也明显表现出来,具体表现在以下三方面。

1. 游戏活动兴趣方面

幼儿在游戏活动兴趣方面体现出男女性别的差异,如男孩喜欢运动性、竞技性强的游戏;女孩喜欢过家家等角色游戏。

2. 同伴选择及相互作用方面

3岁以后,幼儿选择同性伙伴的倾向就日益明显,男孩明显倾向于选择男孩做同伴,女孩则愿意选择女孩做伙伴。而且,男孩、女孩在同伴之间相互作用的方式上也不同。男孩喜欢打闹,为玩具争斗,大声叫喊;女孩的游戏则往往比较安静、和谐。

3. 个性和社会性方面

幼儿在个性和社会性方面已经有明显的性别差异,并且这种差异不断发展。女孩比较胆小,但是乖巧、懂事,独立性和自控能力发展较好;男孩比较任性,情绪的稳定性、好奇心和观察力较强。

综上所述,虽然男孩、女孩的性别是由生理因素决定的,但性别角色却是从儿童时期开始的。同时,受家庭、社会、教育的影响。如果影响不当,就容易造成儿童性别角色的错位,不利于孩子的健康成长。因此,正确的性别教育是非常必要的。

真题链接

(2015年上半年真题)幼儿如果能够认识到他们的性别不会随年龄的增长而发生改变,说明他们已经具有(　　　)。

A. 性别倾向　　　　B. 性别差异　　　　C. 性别独立性　　　　D. 性别恒常性

参考答案

思政园地

花木兰是古代一名民间女子。从小练习骑马,碰到皇帝招兵,她父亲的名字也在名册上,但父亲年老多病,不能胜任,木兰便女扮男装,替父亲出征。她逆黄河而上,翻越黑山,骑马转战十二年,多次建立功勋。木兰从军既体现了木兰保家卫国的英雄气概,包含着孝敬父亲的女儿情怀,也说明男子可以做的事情女子也能做到。

四、 儿童性别关系的教育和引导

(一) 要正确认识儿童的性别角色

研究表明:很多人的性别角色障碍、同性恋倾向、异性癖等都是由于幼年教育不当造成的。在生活中常看到,有的家长把女孩打扮成男孩,认为很酷,并称呼为"儿子";因为自己喜欢,给男孩烫头发或扎上小辫,打扮成女孩。殊不知,这种做法已经给孩子的心理发展蒙上了阴影,长此以往,儿童在性别的认同上就会出问题。因此,家长和教师要树立正确的性别角色观,消灭性别歧视或主观偏好,男孩、女孩各有所长。

(二) 要实施性别角色认同教育

要在日常生活中潜移默化地对儿童进行性别认同教育,把性别角色教育贯穿于家庭和幼儿园的一日生活中。如在环境布置与物品选择上,要充分考虑到儿童的性别因素,创设有利于性别发展的物质环境,体现儿童的性别差异、角色特点。同时,成人也要为儿童树立良好的榜样,在生活中提供清晰的性别导向,如妈妈要温柔体贴、爸爸要勇于担当等。在儿童的交往过程中,注意营造两性和谐的性别文化氛围,帮助他们理解性别的差异,学会平等交往,形成正确的性别角色认同,为儿童塑造健全人格奠定坚实的基础。

(三) 要注意性别角色的互补

虽然男孩、女孩是存在差异的,但是把男、女性别角色固定化,要求男孩、女孩必须怎样做,也是不合理的。而应转变传统观念,给男、女幼儿创造平等的发展机会,在各种活动中充分挖掘男孩、女孩各自的特长,让他们充分、自由、全面地发展,同时还要从幼儿心理差异出发,多鼓励男孩的细心、友爱活动,引导他们动静结合;鼓励女孩勇敢、坚强,也可以树立当警察、科学家的愿望。在阅读、游戏等活动中要注意通过对阅读材料的选择和游戏材料的投放,建立平衡的、多元的男、女性别形象。相互取长补短,使儿童获得不同社会角色的体验,从而促进性别角色社会化的健康发展。

学习小结

社会性是人作为社会成员活动时所表现出的特性。社会性发展是儿童生存的基础;社会性发展是儿童发展的基本过程。影响儿童社会性发展的因素主要有自身因素和社会因素。

儿童的主要社会关系包括亲子关系,师幼关系和同伴关系。

亲子关系有广义和狭义之分,广义的亲子关系是建立在血缘上的、父母和子女之间的权利与义务关系。狭义的亲子关系是依恋关系。依恋是指儿童和照看者(主要是父、母亲)之间亲密的、持久的情感关系。依恋关系的发展要经历的基本阶段是:前依恋期(无差别的社会性反应阶段);依恋关系萌芽期(有差别的社会性反应阶段);依恋关系明确期(特殊情感联结阶段);依恋关系调整期(修正目标的合作阶段)。

依恋关系的基本类型有:回避型、安全型、反抗型、混乱型。

亲子关系的作用是:良好的亲子关系会促进儿童心理过程的发展,亲子关系影响儿童个性的形成,良好的亲子关系有利于儿童社会关系的发展。

亲子关系的类型包括专制型、放任型、溺爱型、民主型。

亲子关系及依恋关系的培养对策:营造良好的家庭氛围;尊重、理解儿童的正常需要;在活动中建立和谐的亲子关系;正确处理儿童表现出的各种问题;掌握亲子沟通的技巧和方法。

同伴关系是指年龄相同或相近的儿童在共同的交往活动中建立起来的相互协作关系。同伴关系对儿童有以下方面的意义:同伴交往是儿童提高认知能力的重要途径;同伴交往是儿童发展社会能力的基础;同伴关系有利于儿童人格的形成和发展;儿童的同伴关系是随着儿童身心发展过程逐渐发展起来的。

1岁后,儿童间对彼此的行为有了更多的兴趣,出现较为复杂的交流。发展经历了三个阶段:物体中心阶段;简单相互作用阶段;互补的相互作用阶段。

2岁后,随着身体运动能力和言语能力的发展,儿童的社会性交往变得越来越复杂,交往的时间也越来越长,出现了对彼此的模仿。

3岁后,儿童更加喜欢交往,而且交往的范围也越来越广,交往的性质也发生了变化,儿童交往的主要形式是游戏。3岁左右,儿童游戏中的交往主要是非社会性的,以独自游戏或平行游戏为主。

4岁左右,是幼儿游戏中社会性交往发展的初级阶段。

5岁后,合作性游戏开始发展,并逐渐成为主要的游戏方式。

影响同伴交往的因素:家庭环境及教养方式;儿童自身的特点;儿童的交往技能(据儿童在交往过程中的表现,把儿童分为受欢迎型、被拒绝型、被忽视型和一般型四种类型);活动材料和活动性质;儿童的性别差异。

良好同伴关系的培养对策:要创设交往的机会,让幼儿体会交往的乐趣;结合具体情境,指导幼儿学习交往的基本规则和技能;结合具体情境,引导幼儿换位思考,学习理解别人。

师幼关系是幼儿教师和幼儿在教育活动和交往活动中形成的比较稳定的人际关系。

良好的师幼关系是幼儿社会性行为发展的榜样;良好的师幼关系是幼儿适应幼儿园生活的前提;良好的师幼关系对亲子关系和同伴关系的建立有重大影响。当今师幼关系存在的问题有:来自幼儿家长的问题;幼儿教师自身素质问题;学前教育管理问题。

师幼关系对幼儿一生的发展具有重要影响,构建良好的师幼关系势在必行。可通过以下方面构建良好的师幼关系:加强修养,不断提高教师自身的专业素质;形成正确的教育观,建立民主平等的师幼关系;关注儿童的合理需要,因势利导开展各种活动;正确看待幼儿的问题,创设愉快、宽松的生活环境。

性别角色是以性别为标准进行角色划分的形式,是社会对男性和女性在行为方式和态度上期望的总称。影响性别关系的因素:生物因素、认知因素、家庭因素、社会因素。

学前儿童性别关系的发展主要经历三个发展阶段:朦胧阶段(2—3岁);自我中心阶段(3—4岁);刻板的认识阶段(5—7岁)。性别角色之间的差异具体表现在:游戏活动兴趣方面;同伴选择及相互作用方面;个性和社会性方面。

儿童性别关系的教育和引导:要正确认识儿童的性别角色;要实施性别角色认同教育;要注意性别角色的互补。

聚焦国考

一、单项选择题(每题3分,共计30分)

1. 幼儿园促进社会性发展的主要途径是( )。
   A. 人际交往　　　　　　　　B. 操作练习
   C. 教师讲解　　　　　　　　D. 集体教学

2. 婴幼儿喜欢与成人接触及被爱抚,这种情绪反应的动因是满足儿童的( )。
   A. 生理需要　　　　　　　　B. 情绪表达性需要
   C. 自我调节性需要　　　　　D. 社会性需要

3. 孩子能区分一个人是男的还是女的,说明他已经( )。
   A. 形成了性别角色习惯　　　B. 形成了性别概念
   C. 形成了性别行为　　　　　D. 对性别角色有了明确的认识

4. 在幼儿交往关系中被拒绝,幼儿主要表现出的特点是( )。
   A. 社会性的积极性很差
   B. 漂亮又聪明,总是得到教师的特殊关照

C. 长相难看,衣着陈旧,不爱干净

D. 精力充沛,社会交往积极性很高,常有攻击性行为

5. 学前儿童性别角色教育对儿童的智力发展和性格是有意义的,所以应该(　　)。

A. 强化 　　　　　　B. 适当淡化 　　　　　　C. 不考虑 　　　　　　D. 以上说法都不对

6. 亲子关系是建立在(　　)上的关系。

A. 家庭 　　　　　　B. 血缘 　　　　　　C. 关心 　　　　　　D. 教育

7. 依恋关系是亲子关系的(　　)表现。

A. 早期 　　　　　　B. 中期 　　　　　　C. 晚期 　　　　　　D. 习惯性

8. 3岁以后,儿童交往的主要形式是(　　)。

A. 亲情 　　　　　　B. 攻击 　　　　　　C. 注视 　　　　　　D. 游戏

9. (　　)是幼儿游戏社会性交往发展的初级阶段。

A. 2岁左右 　　　　　　B. 3岁左右 　　　　　　C. 4岁左右 　　　　　　D. 5岁左右

10. 认生出现在依恋关系发展的(　　)阶段。

A. 依恋关系萌芽期 　　B. 依恋关系明确期 　　C. 依恋关系调整期 　　D. 前依恋期

二、简答题(每题4分,共计20分)

1. 列举依恋关系的基本类型。

2. 列举亲子关系的基本类型。

3. 简述儿童在交往过程中的表现类型。

4. 简述影响性别关系的因素。

5. 简述幼儿游戏的发展特点。

三、论述题(每题10分,共计20分)

1. 结合自身体会,谈谈如何建立良好的师幼关系。

2. 论述儿童性别关系教育和引导的基本策略。

四、材料分析题(每题15分,共计30分)

1. 4岁的丁丁是下学期从街道幼儿园转入我班的,每天来时,刚走到教室门口,便抱住妈妈的大腿又哭又闹,怎么也不肯进去。如果妈妈能陪伴在旁,就不哭不闹,还能愉快地玩,但不时看看妈妈是否还在。假如发现妈妈不在了,便立即哭喊起来。如果此时妈妈立即出现,就会止住哭声,扑向妈妈怀中,破涕为笑。这种情况发生多次,她就会紧勾妈妈的脖子不放,生怕妈妈会再度消失。妈妈趁其不备偷跑回家,就一直哭喊着要妈妈,不吃点心,更不与小朋友接触。老师跟她说话,她不但不理还用脚踢老师。在她心里,只有妈妈最好最亲,她谁都不需要。有时闹得厉害,连教学活动都无法正常进行,这种情况已持续了半个月,教师不知怎么办好。

请利用所学知识进行分析,并帮助教师解除烦恼。

2. 一天下午起床后,马老师正给女孩子梳头,莉莉过来说:"老师,肚子疼。"于是马老师用手轻轻给她揉了揉,提醒她:"如果还疼就告诉老师。"过了一会,只听"哇"的一声,莉莉吐了一地,脸上、身上全是呕吐物。马老师急忙替莉莉擦脸,帮她脱下弄脏的衣服。琪琪小朋友看见了,把自己包里干净的衣服拿了出来,说:"老师,把我的衣服借给莉莉换吧。"马老师很感动,可是回头再看,大部分小朋友都用手捏着鼻子,捂着嘴巴,一副厌恶的表情。

你能从这个案例中捕捉到哪些教育良机?

第十四章

社会行为的发展——知行合一

本章学点

1. 情感：激发积极向上的心理品质，形成亲社会的情感，不断反思自己的行为习惯，努力自我完善。
2. 认知：了解儿童社会行为的种类、表现特点、影响因素，掌握培养儿童良好行为习惯的教育策略。
3. 技能：能够对儿童的各种行为表现进行分析和引导，促进儿童健康快乐地成长。

思政园地

太史公曰：《诗》有之："高山仰止，景行行止。"虽不能至，然心向往之。余读孔氏书，想见其为人。适鲁，观仲尼庙堂车服礼器，诸生以时习礼其家，余祗回留之不能去云。天下君王至于贤人众矣，当时则荣，没则已焉。孔子布衣，传十余世，学者宗之。自天子王侯，中国言六艺者，折中于夫子，可谓至圣矣！

你能否理解其中的深刻哲理？

知识导图

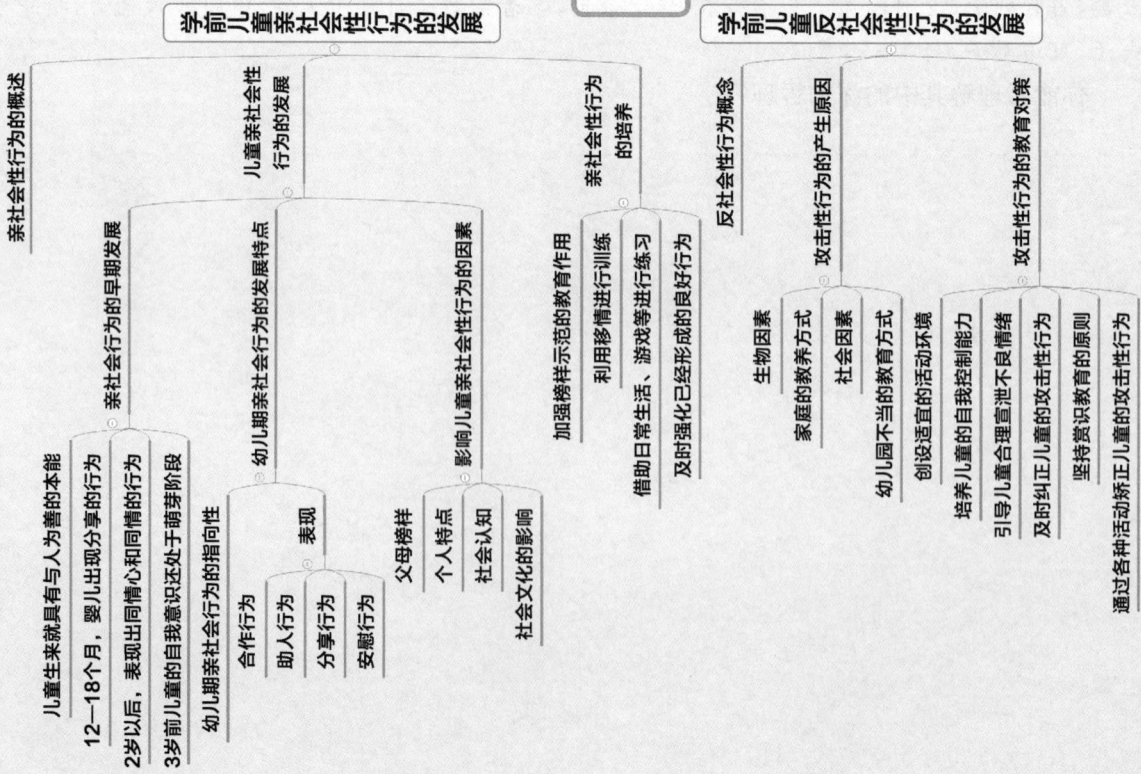

社会行为的发展——知行合一

学前儿童品德行为的发展

- 品德与道德的含义
- 学前儿童道德发展的过程
  - "自我中心阶段"或前道德阶段(2—5岁)
  - "权威阶段"或他律道德阶段(6—7、8岁)
  - "可逆性阶段"或初步自律道德阶段(8—10岁)
  - "公正阶段"或自律道德阶段(10—12岁)
- 学前儿童的道德品质教育
  - 坚持正面教育的原则
  - 坚持从小事入手的原则
  - 坚持渗透教育的原则
  - 坚持家园协调一致的原则

学前儿童差异行为的发展

- 差异行为的概述
- 差异产生的原因
  - 遗传因素
  - 环境因素
- 差异的类型
  - 幼儿智力的差异
  - 幼儿性格的差异
  - 幼儿性别的差异
  - 幼儿学习方式的差异
- 幼儿差异行为的教育引导
  - 理解、尊重幼儿的个体差异
  - 因人而异，因材施教
  - 采用适宜的方式、方法
  - 制订个别化教育方案

学前儿童亲社会性行为的发展

- 亲社会性行为的概述
  - 儿童生来就具有与人为善的本能
  - 12—18个月，婴儿出现分享的行为
  - 2岁以后，表现出同情心和同情的行为
  - 3岁前儿童的自我意识还处于萌芽阶段
- 儿童亲社会性行为的发展
  - 亲社会行为的早期发展
  - 幼儿期亲社会行为的发展特点
    - 合作行为
    - 助人行为
    - 分享行为
    - 安慰行为
  - 幼儿期亲社会行为的指向性
  - 影响儿童亲社会行为的因素
    - 父母榜样
    - 个人特点
    - 社会认知
    - 社会文化的影响
- 亲社会行为的培养
  - 加强榜样示范的教育作用
  - 利用移情促进行为训练
  - 借助日常生活、游戏等进行练习
  - 及时强化已经形成的良好行为

学前儿童反社会性行为的发展

- 反社会性行为概念
- 攻击性行为的产生原因
  - 生物因素
  - 社会因素
  - 家庭的教养方式
  - 幼儿园不当的教育方式
- 攻击性行为的教育对策
  - 创设适宜的活动环境
  - 培养儿童的自我控制能力
  - 引导儿童合理宣泄不良情绪
  - 及时纠正儿童的攻击性行为
  - 坚持赏识教育的原则
  - 通过各种活动矫正儿童的攻击性行为

《纲要》中规定的社会教育目标中,有"乐意与人交往,学习互助、合作和分享,有同情心"的要求,这是人的社会属性中对人类整体发展有利的基本性质,即亲社会性,如大公无私、乐于助人、团结友爱等。当然,在人的社会属性中也有一部分是对社会不利的性质,即反社会性,如自私自利、阴险奸诈、违法犯罪等。儿童出生后就处于各种社会关系和社会交往中,其社会性行为就是在与其他儿童或成人交往的过程中,表现出的态度和行为反应。没有交往,就不会体现社会性行为,交往是社会性行为的具体体现。襁褓中的儿童在母亲的抚慰中开始出现了对母亲的微笑,这就是儿童社会性行为的早期萌芽。随着儿童年龄的增长和生活范围的扩大,儿童社会性的经验不断增加,社会性行为的水平也逐渐提高。但是,遗传因素、家庭环境和社会文化氛围等因素都会影响儿童社会性的发展。可见,无论是亲社会性行为还是反社会性行为,都不是与生俱来的,而是在与社会环境相互作用的过程中发展的结果。

第一节　学前儿童亲社会性行为的发展

一、 亲社会性行为的概述

所谓亲社会性行为,是指人们在社会交往中所表现出来的有利于他人和社会的行为,小到谦让、帮助、合作、共享,大到遵守社会秩序、无偿献血、捐献遗体等。亲社会性行为是人与人之间形成和维持良好社会关系的重要基础,是积极的社会行为。亲社会性行为也是个体社会性发展的重要指标,又是社会性发展的结果。

二、 儿童亲社会性行为的发展

(一) 亲社会性行为的早期发展

古语说:"人之初,性本善。"儿童生来就具有与人为善的本能。研究表明,12—18 个月的婴幼儿就会出现把玩具分享给他人的行为,2 岁以后还能对同伴表现出同情心及行为,这就是亲社会性行为的最初表现。21 个月的皓皓今天不高兴,一个人坐在角落里哭哭啼啼,菲菲拿了一个球走了过去,试图让皓皓高兴,她说:"给,球。"皓皓置之不理,仍然在那抽泣。皓皓妈妈说:"今天皓皓不听话,让他哭吧。"菲菲抬眼瞅了瞅皓皓妈妈,皱着眉头对皓皓说:"好啦,给,球。"可见菲菲具有同情皓皓的心情,并试图给予帮助。由于 3 岁前儿童的自我意识还处于萌芽阶段,因此这时所表现出的亲社会性行为还是一种比较简单的模仿性行为,水平还比较低级。到幼儿期,才会出现合作、分享、助人等真正的亲社会性行为。

(二) 幼儿期亲社会性行为的发展特点
1. 幼儿期亲社会性行为的指向性
儿童亲社会性行为主要指向同伴,极少数指向教师。在选择的过程中,也体现出性别的差异:小班儿童指向同性、异性的次数接近;中、大班儿童亲社会行为指向同性伙伴的次数不断增多,指向异性伙伴的次数不断减少。
2. 幼儿期亲社会性行为的表现
在儿童的亲社会性行为中,合作行为最常见,占主导地位;分享行为和助人行为次之;安慰行为较少。
（1）合作行为
合作指两个或两个以上的个体通过相互之间的协调活动,共同实现某一目标的行为。随着年龄的增长,交往经验的增多,幼儿的合作范围不断扩大,逐渐由两人间的合作发展到三四人,乃至更多的人之间的合作,合作的稳定性、目的性也逐渐增强。

（2）助人行为

助人行为起源于婴儿期，小班孩子就表现出较强烈的帮助家人做家务，帮助老师完成力所能及的事情的愿望。而且，随着年龄的增长，助人行为呈现出增长的趋势。

（3）分享行为

分享指个体拿出自己拥有的物品让他人共享从而使他人受益的行为。小班幼儿的"自我中心"意识普遍较强，对玩具、食品有着较为明显的独占、独享意向。随着儿童年龄的增长，他们的分享行为变得具有选择性和策略性，当对方是好朋友时，儿童选择分享的次数要远远多于对方不是好朋友时的次数。此后，随着认识能力的提高分享行为有所提高。

（4）安慰行为

安慰行为指个体觉察到他人的消极情绪状态，如不高兴、哭泣时，试图进行帮助的亲社会行为。儿童随着年龄的增长，安慰行为的质量和数量都有增加的趋势，而且女孩比男孩的安慰行为更明显。

（三）影响儿童亲社会性行为的因素

1. 父母榜样

亲社会性行为是一种后天习得的行为，社会学习有助于促进儿童的亲社会性行为的发生。在儿童亲社会性行为的发展过程中，父母的直接教育和对亲社会性行为的强化起重要作用。父母如果做出了亲社会性的榜样行为，同时又为儿童提供了表现这些亲社会性行为的机会，则会更有利于激发儿童亲社会性行为的出现。

2. 个人特点

同样的情境下，产生亲社会性行为的人群是不同的，亲社会性行为的产生受到个体特点的制约。一般情况下，女孩比男孩更富有同情心，更乐于助人，更善于借助表情和语言来表达同情，而男孩的合作性和破坏性往往更强一些。气质、性格特点对亲社会性行为的发生也有影响，多血质儿童容易出现亲社会性行为，抑郁质的儿童看到悲伤的同伴时可能表现得心烦意乱，并选择离开。

3. 社会认知

虽然两三岁的儿童也会对同伴的悲伤表现出同情和怜悯，但还不能做出真正的"牺牲"，如与同伴分享自己心爱的玩具、食品等。只有当儿童真正懂得了分享的意义的时候，才能够产生真实的助人行为。所以，在幼儿园中，儿童只有在接受了亲社会性行为时，才能真正考虑他人的需要，才会出现更加乐于合作和谦让的亲社会性行为。

4. 社会文化的影响

社会文化对于儿童亲社会性行为的影响主要体现在：不同国家和地区对亲社会性行为的态度有程度上的差异。有的国家和地区宣扬、鼓励亲社会性行为，而有的地方则对亲社会性行为态度冷淡。例如，我国有些农村民风淳朴，村民间互相帮助是非常正常的事情，一家来了客人，村里的人家往往争相接待，在这样的氛围下长大，儿童自然就习惯了分享和互助；而在城市，由于楼房封闭较严，邻里间互相不熟悉，儿童间也是互不往来，分享的意识和行为常常就比较淡漠。

（四）亲社会性行为的培养

亲社会性行为是一种自觉的，以帮助他人为目的的行为。这种行为要求个体能体察他人的需要和处境，即有一定的采择能力，并自觉地做出援助、分享、谦让等行为。虽然亲社会性行为在3岁以前的儿童中已经出现，但还不能实现真正的内化，还需要实现从"他律"到"自律"，从"被动"到"主动"的过渡，这种过渡是在积极的教育和培养下进行的。

1. 加强榜样示范的教育作用

幼儿亲社会性行为的学习和形成，主要是通过社会观察学习和模仿达到的。榜样在幼儿亲社会性行为形成中占有相当重要的地位,由于儿童日常接触的主要成人对象是父母和教师,因此,教师应特别注意自己的一言一行,以自己模范的言行举止影响儿童。如在幼儿园日常工作中,老师之间的谦让互助、合作分享、团结友爱等行为都是幼儿模仿的对象。同时要引导家长在家庭中形成夫妻相敬、父慈母爱、尊老爱幼、邻里和睦的生活氛围,家园互动,共同帮助儿童健康成长。

2. 利用移情进行训练

所谓移情,指能够体验他人在某种情境下的心理感受。对幼儿进行移情训练是引导幼儿深刻体会他人在某种情境下的心理感受,有助于培养和提高幼儿的亲社会性行为。移情的作用表现在两个方面:一是可以使幼儿摆脱自我中心,产生利他思想,从而产生亲社会性行为;二是移情可以引起共鸣,产生同情心和羞愧感,使幼儿在遇到类似情境时能够忆起以往的体验,体会同伴的感受,从而做出互助、分享等积极行为。所以,移情是促进儿童亲社会行为的根本的、内在的因素。冉冉和萧萧在一起玩的时候,冉冉抢走了萧萧手中的玩具水枪,妈妈看见了,并没有批评她,而是说:"来,我们来玩个抢玩具的游戏。"不同的是,妈妈让冉冉和萧萧互换了角色,变成萧萧抢冉冉的玩具。表演完后,妈妈夸奖说:"你们表演得真好。"然后对冉冉说:"你被抢走玩具的时候又生气又伤心,是不是?你抢别人的玩具别人也会伤心的。"通过这种移情训练,让孩子学会站在别人的角度看问题,逐渐学会接受他人观点,替他人着想。

真题链接

(2017年下半年真题)简述移情对儿童亲社会性行为发展的影响。

参考答案

---

3. 借助日常生活、游戏等活动进行练习

任何行为习惯都是在活动中形成的。日常生活实践与游戏是培养儿童亲社会性行为的重要途径,幼儿通过游戏,模仿正确的社会行为,学习成人的优良品质和待人接物的方法。如幼儿在玩角色游戏"乘车"时,"车上"人多、座少,怎么办?教师引导幼儿积极讨论,自己找出解决问题的办法,这样既学习了社会的规范要求,锻炼了幼儿解决问题的能力,又培养了幼儿互相谦让的精神。因此,教师要多创设日常活动和游戏的机会,注意抓住每一个教育契机,在反复的行为练习中,巩固并转化成儿童的自觉行为。

4. 及时强化已经形成的良好行为

幼儿产生了亲社会性行为,无论是自觉的还是不自觉的,都需要得到积极的肯定,良好的行为才能固化下来,成为一种行为模式。所以,教师要善于观察儿童的表现,善于发现儿童身上的闪光点,对儿童在游戏和日常交往活动中表现出的良好行为,进行及时表扬与鼓励,使幼儿获得积极反馈,如张贴小红花、优先玩玩具、获得教师的拥抱等。在集体中形成一种"谁先想到别人,谁先人后己,谁就会得到称赞"的氛围,从而促进亲社会性行为动机的出现,巩固并成为良好的行为习惯。

学习思考

今天,我们中一班的自主学习内容是"泥工——可爱的蜗牛"。由于周一我们已经集体介绍过,所以今天就直接进入了活动。孩子们看着自主活动的图示,走到了自己选择的活动区域,我则在一边静静地观察。突然,坦坦大声地叫我:"付老师,我没有橡皮泥!"我问:"你的橡皮泥呢?开学时,每个小朋友都领到了一份橡皮泥啊。"坦坦说:"我的橡皮泥带回家去了!"我说:"那你就和小朋友商

量一下，让他们借点给你用吧！"就在这时，坦坦右边的格格主动说："我的橡皮泥借给你吧！"边说边递了过来。没想到，坦坦看了一眼说："你的橡皮泥太硬了，我不要！"说着，还将格格的橡皮泥推了回去。坦坦的言行让我出乎意料，心想：别人主动借给你，你还挑三拣四的。格格肯定也没有想到会有这样的结果，她有点尴尬，有点失落，然后自我解嘲："不要拉倒，本来我自己还要玩呢！"没有等我说话，坦坦又侧着头对左边的菲菲说："把你的橡皮泥借给我用用？"菲菲边捏着自己的"蜗牛"，边说："我的橡皮泥也很硬的，你捏不动的！"菲菲的话让我很惊讶，这个小家伙居然用这样的话来拒绝坦坦，但转念一想，这或许正是让坦坦审视自己言行的办法呢。于是，我没有说话，继续观察。面对菲菲非常直接的拒绝，坦坦没有说话，他绕过去走到可心的旁边，侧着脑袋问："你的橡皮泥借我用用，好吗？"可心也是边捏着橡皮泥，边头也不回地说："我的橡皮泥也是硬的，你捏不动的！"……就这样，坦坦遭到了一组小朋友的拒绝，转了一圈的他，又回到原来的座位上，带着哭腔对我说："付老师，你看他们都不借给我！"观察了事情发生的全过程，我反问他："那你有没有想一想，为什么小朋友不愿意借给你呢？"我的反问给坦坦带来了思考，他似乎明白了自己借不到橡皮泥的原因，但是从他的表情中，我可以清晰地感觉到他并没有从内心表示认同。

请思考：付老师接下来应该怎样做呢？

第二节　学前儿童反社会性行为的发展

一、反社会性行为概述

反社会性行为是相对亲社会性行为被提出的，是一种不利于他人或社会的行为，小到对人没礼貌、随地扔垃圾，大到打架斗殴、贪污受贿等，是对社会有害的消极行为。对学前儿童来说，反社会性行为主要指的是攻击性行为。

攻击性行为指当儿童的需求得不到满足，或者权利受到损害时，所表现出的身体或言语上的侵犯性行为，主要表现为打、踢、咬、大声叫嚷、骂人、抢走别人的东西等。攻击性行为是儿童社会性行为发展的一种不良倾向，往往会造成儿童、成人间的矛盾、冲突，如果不及时纠正，这种行为延续至青年和成年，就会出现社交困难或暴力倾向等，不利于儿童形成良好的人际关系，严重的还会妨碍儿童一生的发展。另外，攻击性行为也与犯罪有一定关联，心理学研究表明，70%的青少年暴力罪犯在儿童期有攻击性行为。因此，对于儿童期表现出的攻击性行为不可掉以轻心，必须及早进行引导和教育。

二、攻击性行为产生的原因

儿童早期的攻击性行为，在出生后的第二年就开始了，其中72%的冲突是由争夺物品与空间引起的，社会性事件引发的攻击性行为所占比例很小。儿童到四岁半时，由具有社会性的事件，如游戏规则、行为方式、社会性比较等引起的攻击性行为逐渐增多。张文新等通过实验研究把儿童攻击性行为归结为八种类型，各类行为发生次数由高到低排列依次为：打击报复，保护自己的物品，无故挑衅欺负他人，游戏活动产生纷争，违反纪律和行为规则，获取他人物品，空间争夺，帮助朋友和受人指使。

真题链接

（2012年下半年真题）当幼儿遭受挫折时,显得焦躁不安,采取打人、咬人、抓人、踢人、冲撞别人、抢夺别人东西等行为,这些行为属于(　　)。

A. 攻击行为
B. 亲社会行为
C. 品德行为
D. 不友好行为

参考答案

导致儿童产生攻击性行为的原因很多,主要有以下四方面。

1. 生物因素

遗传基因能够影响个体的兴奋水平。研究表明:攻击型幼儿父母中,有73.7％的人具有脾气大、好冲动、急躁的性格特点。因而,先天神经类型、遗传素质对儿童攻击性行为具有很大影响。

2. 家庭的教养方式

父母对待儿童的态度、教育方式会直接影响儿童的攻击性行为。父母经常使用暴力及攻击性言行,夫妻关系不和,经常在孩子面前暴露家庭矛盾,就为孩子树立了不良的模仿对象。儿童往往是在父母的影响下学会了使用攻击性行为。一个在家里因侵犯性行为而受到严厉惩罚的孩子,在外面往往有更大的侵犯性。惩罚使孩子在家里限制了侵犯性行为,但却鼓励了其在外面的侵犯性行为,因为孩子模仿的是父母的侵犯性行为。

学习思考

小朋友陆续离开幼儿园了,活动室里还有五六个孩子坐在一起玩雪花片。弘弘刚用雪花片插了一把"宝剑",他的妈妈就来了。我摸摸弘弘的头说:"看,妈妈来接你了。"弘弘抬起头,看着妈妈说:"我还要玩一会儿。"妈妈站在门口说:"不行,赶快走!"弘弘大喊:"我要玩。"妈妈生气地说:"你再不走,我走了。""不,我还要玩一会儿。"……我见状立即对弘弘说:"妈妈回去还要做饭,我们就玩一小会儿,好吗?"弘弘高兴地答应了。于是,我示意弘弘的妈妈到活动室里等他一会儿,弘弘的妈妈一脸不高兴地坐在弘弘的边上。弘弘拿着他插的"宝剑"在冰冰身边走来走去,说:"我是奥特曼,打死你这个怪兽。"说完,他用"宝剑"刺向冰冰的胸口。"宝剑"断了,于是弘弘用手当宝剑,在冰冰身上乱打,冰冰哭着喊:"老师,他打我。"弘弘的妈妈看见冰冰哭了,站起身来,"啪啪"给了弘弘两个耳光,气愤地说:"打呀,你再打打看。"弘弘嘴巴一咧,大哭起来……弘弘的妈妈生气地拉起弘弘的手,一边朝活动室门口走去,一边说:"看我回家怎么治你。"

请思考:导致弘弘攻击性行为的原因有哪些?

家长过于溺爱孩子,对儿童的攻击性行为采取放纵、宽容和无所谓的态度,也会使儿童的攻击性行为得到强化而增加攻击频率。可见,家长的教育方式、对待儿童的态度是导致儿童攻击性行为的重要因素。

3. 社会因素

由于独生子女和核心家庭的增多,儿童交往的对象越来越少,没有同龄伙伴一同游戏,无处获得良好的行为榜样,多数时间只能依靠电影、电视等大众传媒。在有些儿童比较喜欢的动画片里,很多情节也在教给儿童一些攻击性的行为方式,使暴力"合法化"。研究表明,经常观看有暴力情节电视节目的儿童,会更多地表现出攻击性行为。

4. 幼儿园不当的教育方式

幼儿园某些活动安排不够科学,有的活动安排过于紧张、竞争性太强,往往造成了儿童过于压抑的心理,也容易使儿童通过攻击性行为来释放压力。或者有些活动安排和管理过于松散,孩子没事可干,没人约束,也会导致儿童攻击性行为的出现。还有教师的教育方式,有的教师缺乏对孩子基本的尊重和理解,经常使用严厉、强硬的态度,对孩子表现出的一些问题,轻则批评、指责、讽刺、挖苦,重则恐吓、辱骂、体罚,儿童长期处于这种缺少接纳、关爱、赞扬和肯定的环境中,会怀疑自己的能力,缺乏自信心,产生自卑感,同时又嫉妒同伴,于是,常常发生攻击性行为,如推倒同伴刚搭好的积木,或踩坏同伴的手工作品等。

三、 攻击性行为的教育对策

1. 创设适宜的活动环境

创设适宜的活动环境,为儿童提供足够的空间、营养丰富的食品、各种娱乐器材、有趣的书籍等有助于减少攻击性行为。同时,注意各活动区域的间隔,防止儿童因空间过分拥挤,引发无意的碰撞而造成冲突和摩擦;玩具数量也要充足,以减少儿童彼此争抢玩具的矛盾冲突,从而降低攻击性行为的发生。

在活动中还应为儿童提供正确的行为参照模式,引导儿童通过观察,学习良好的人际互助的榜样,鼓励他们与别人合作,通过模仿学会谦让、互助、合作等亲社会行为,通过强化而形成稳固的亲社会行为模式。特别是在活动中教师应起到榜样作用,言行一致,以身作则,做儿童行为的表率。

2. 培养儿童的自我控制能力

要通过摆事实、讲道理来教育儿童,引导他们认识侵犯行为带来的不良后果,形成儿童对侵犯行为的自责心理,培养儿童的同情心。使其学会通过移情换位思考,把自己置于受害者的位置,设身处地地体会受害者的苦痛;使其学会自我控制和自我反省,有效地抑制侵犯行为,养成良好的行为习惯。

3. 引导儿童合理宣泄不良情绪

每个人都会有负面情绪,儿童更是这样。由于儿童不善于表达,当有了烦恼、愤怒这些不良情绪的时候,就会成为自控力弱的儿童侵犯性行为的导火索。不良情绪积累得越多,攻击性行为产生的可能性越大,而过分压抑往往会导致爆发出突然的、猛烈的攻击性行为。因此,幼儿的攻击性行为宜"疏",不宜"堵",要教给那些受到挫折、攻击、干扰的幼儿合理的宣泄方法,如引导儿童学会用言语来倾诉被侵犯的体验;引导他们在适当的场合通过痛哭、叫喊,宣泄内心无法排遣的挫折感、愤怒与烦恼;教会他们寻找没有危害的"替罪羊",如用小手敲打墙壁、捶打沙袋等进行宣泄。还可以让儿童参加游戏等,转移儿童的侵犯性情感。例如,每天早上来个心情预报,让孩子说明一下自己的心情,也会对发泄情绪有帮助。

4. 及时纠正儿童的攻击性行为

成人要提高对儿童攻击性行为危害性的认识,对儿童身上出现的攻击性行为,家长和老师不能以"孩子还小,长大了就好了"或"也没造成什么后果,管他干吗"为借口置之不理,必须及时进行干涉,否则可能会导致儿童出现更大的攻击性行为。因此,一定要通过正确的教育引导,使儿童认识到侵犯行为是不能被接受的,并及时帮助受害者维护其合法权益。所以教师与家长之间也要经常沟通,互相交流情况,家园合作,共同探索教育管理儿童攻击性行为的方法。

5. 坚持赏识教育的原则

采用多鼓励、少批评的赏识教育,多发现孩子的优点,淡化缺点,可以有效避免攻击性行为的发生。例如,平日里要善于观察,发现幼儿身上的闪光点,对其优点或点滴的进步要给予充分的肯定和表扬,利用对其优点的鼓励来淡化不良行为习惯;而对于幼儿的缺点,要寻找合适的教育契机,及时进行恰当引导。

6. 通过各种活动矫正儿童的攻击性行为

当儿童身上出现了攻击性行为的时候,也不要过于紧张,要适当通过各种活动帮助儿童矫正攻击性行为。如在言语活动中,要利用童话故事中关心他人、助人为乐的正面人物对具有攻击性行为的幼儿进行教育。同时,还可以有针对性地利用创设的游戏活动矫正个体的不良行为。

学习思考

维维长得身强力壮,虽然只有5岁,但个头超过了同龄人。他爱打架,力气大,邻里及幼儿园的孩子都打不过他。他爱挑起事端,小朋友们都躲着他。老师、家长反复批评他,他口头答应不再打人。但是,他自我约束能力差,每天妈妈去幼儿园接他,都有小朋友告状他又打了谁,或是毁坏了谁的东西。

妈妈苦口婆心地教育他,甚至惩罚他,都无济于事。妈妈愁眉苦脸地说:"这孩子,打也打了,骂也骂了,该说的都说了,就是不顶事,我们现在对他是毫无办法。"维维为什么总想打人呢? 妈妈说不清楚,维维自己也说不清。像维维这样年龄的儿童,缺乏用语言表达内心感受的能力,如果我们像成人那样与他交谈,很难询问出他内心深处的想法。于是,我们采用角色扮演,让他扮演母亲、父亲、老师及挨打的儿童,让他在角色扮演中来体验角色,宣泄情绪,表达愿望。在扮演角色时体会母亲、父亲、老师及挨打的小朋友的心情。同时,还采用游戏,如打弹子、玩扑克牌、下棋、投球等,这些游戏具有竞赛的性质和固定的规则,让维维在游戏的过程中,提高遵守规则的自律性,并且让他在与小朋友的合作中接受小朋友的监督,学会约束、控制自己的行为。一段时间后,他逐渐改变了打人的不良行为,同时也特别喜欢与小朋友们一起做游戏,并且还能主动提醒别人遵守游戏规则。小朋友们不再躲避他,反而喜欢他,乐意和他一起玩。

第三节　学前儿童品德行为的发展

皮亚杰说:"一切道德都是包括许多规则的系统,而一切道德的实质就在于个人学会遵守这些规则。"儿童社会性发展的核心就是要成为一个有道德的人,成为一个能遵守社会道德规范的人。

一、品德与道德的含义

品德是指个体按照一定的社会道德准则和规范行动时所表现出来的稳定的行为倾向。道德是一种社会意识形态,是一定的社会中人们应该共同遵守的行为规范与准则。道德是社会行为,而品德是心理行为。康德有句名言:世界上唯有两样东西让我们深深感动,一是我们头顶灿烂的星空,一是我们内心崇高的品德。品德是人类思想的灵魂,是构建和谐社会的人文基础,是一个国家和民族可持续发展的原动力。

儿童掌握社会道德规范和准则的过程就是品德即道德品质的形成过程。道德品质的发展由道德认识、道德情感、道德意志和道德行为习惯四个基本因素构成。道德认识即对社会的道德准则和规范的认识,包括道德经验的积累和道德理论知识的学习。道德情感是人依据一定的道德标准,对自己或他人的道德行为所产生的爱憎的情绪和情感体验。道德意志则是人在履行道德活动的过程中所表现出来的自觉克服一切困难和障碍,做出抉择的顽强毅力和坚持精神。它能促使人们克服一切阻碍将自己的道德意识、道德情感外化为道德行为,帮助人们自觉地调节自己的言行和情感,战胜内外部的各种困难,坚持自身认定的行为方式,形成稳定的行为习惯。道德行为是个人在一定道德认识、道德情感和道德意志的指引与激励下,表现出对他人或对社会所履行的具有道德意义的一系列具体行动。

可见,道德品质是道德认识、道德情感、道德意志以及道德行为在长期的社会交往中与外界环境相互作用的结果。有序的道德品质教育应该是对受教育者传授道德知识、陶冶道德情操、培养道德意志、引导道德行为的过程。简言之,就是晓之以理、动之以情、持之以恒、导之以行的过程,是使受教育者"知、情、意、行"得到全面发展的过程。

二、 学前儿童道德发展的过程

皮亚杰将儿童道德的发展划分为四个阶段。

1. 第一阶段为"自我中心阶段"或前道德阶段(2—5岁)

这个阶段儿童缺乏按照规则规范自己行为的自觉性,还没有把主体与客体分开,不能将自己与周围环境区别。还不理解成人或周围环境对他们的要求,往往我行我素。在亲子关系、同伴关系、价值判断等方面均表现出强烈的自我中心倾向。如小朋友第一次进超市买东西,往往理解不了"买"的含义,常常拿起东西就放在自己兜里了。

2. 第二阶段为"权威阶段"或他律道德阶段(6—7、8岁)

这个阶段的儿童表现出对外在权威的绝对尊重和顺从,把权威确定的规则看作是绝对的、不可更改的,在评价自己和他人的行为时完全以权威的态度为依据。比如幼儿园常见的告状行为,告状的小朋友根本不会考虑自己或被告状者的行为动机,也不关心告状的结果,只要哪个小朋友违背了规则,哪怕一点点,也会告诉老师,因为在这个阶段儿童的心目中,规则是神圣的、不可逾越的。

3. 第三阶段为"可逆性阶段"或初步自律道德阶段(8—10岁)

在上一阶段发展的基础上,儿童的思维具有了守恒性和可逆性,他们已经不把规则看成是一成不变的东西,逐渐从他律转入自律。

4. 第四阶段为"公正阶段"或自律道德阶段(10—12岁)

这个阶段的儿童在思维可逆性特点发展以后,公正观念或正义感得到发展,儿童的道德观念倾向于主持公正、倡导公平。

三、 学前儿童的道德品质教育

俗话说,三岁看大,七岁看老。虽然儿童期是道德品质的萌芽期,但确是儿童全面发展的基础,对儿童一生都会产生巨大的作用。因此,道德品质教育应融入幼儿教育活动的各个环节。

(一)坚持正面教育的原则

正面教育是指以讲解正面道理,宣传正面事例为主要内容的教育。按照皮亚杰的观点,幼儿期儿童的思维具有具体形象性,难以理解现象背后的道理,不能理解反话的含义。因此,成人要进行正面引导,通过生动、形象的事例和明确、具体的要求,使幼儿懂得该怎么做,不该怎么做。

家长1:如果你在幼儿园好好吃饭,妈妈晚上带你去看动画片。

家长2:如果你在幼儿园不好好吃饭,看晚上我怎么收拾你。

两位家长对孩子的期望都是一样的,心情也是一样的,都希望孩子在幼儿园好好吃饭,但是切入问题的角度不同,传递的信息也就不一样,一个是期望,一个是惩罚,教育的效果也会产生差异。即使当幼儿出现了错误时,成人也要以积极的方式提出来,给幼儿解释他为什么做错啦,这样既保证了幼儿的自尊心不受伤害,也给了孩子一个主动认错的机会,有利于从小养成勇于承认错误、知错就改的好习惯。

（二）坚持从小事入手的原则

陶行知先生说："学校无小事，处处是教育。"其实落到道德品质上则是教育无小事，处处有教育，幼儿的一日生活中处处蕴含着教育的内容。因此，要善于抓住对幼儿实施品德教育的契机，从一日常规入手，把道德教育与生活实践相结合，培养幼儿良好的行为习惯。正如《指南》要求：

在提醒下，能遵守游戏和公共场所的规则；

知道不经允许不能拿别人的东西，借别人的东西要归还；

在成人提醒下，爱护玩具和其他物品；

不私自拿不属于自己的东西；

知道说谎是不对的；

知道接受了的任务要努力完成；

在提醒下，能节约粮食、水电等；

爱惜物品，用别人的东西时也知道爱护；

做了错事敢于承认，不说谎。

（三）坚持渗透教育的原则

坚持渗透教育的原则指通过游戏和各项活动，渗透道德品质教育。游戏是幼儿最基本的活动方式和学习方式，也是道德品质教育最主要的途径，教师利用游戏的活动进行渗透，可以起到事半功倍的效果。

学习思考

开学后，中二班新开了一个建构区，里边投放了很多孩子们以前没有玩过的玩具，开展区域活动时，建构区一下子挤进十几个人，争吵声、哭闹声、抢夺声此起彼伏。为此，教师在区域活动后组织孩子们进行了讨论。

师："你们在建构区游戏的时候遇到什么问题了？"

幼："大家都在抢玩具，没办法玩了。"

幼："老师，里面的人太多了。"

师："是啊，建构区地方不大，那么多人进去是没办法玩了。可是，有什么办法可以解决呢？"

幼："老师，别让那么多人进去吧。"

幼："每次只给6个人玩。"

幼："如果很多小朋友都想进去玩，就轮流玩。"

幼："谁先去谁先玩……"

之后，教师在如何有效控制建构区的人数上，将规则建立的权利交给了幼儿，并鼓励幼儿通过去平行班参观、小组讨论、常规试行等方式商议，最后通过投票的方式选出了最佳办法。

在上面的"学习思考"中，规则是通过幼儿自己讨论、选择确定的，所以，实施起来特别顺畅。很多幼儿在家庭中是缺少分享、轮流、等候、接纳等经历的，自然也就难以理解规则的含义和作用。当幼儿感受到没有规则的不便，就自然理解了建立规则的重要性，这是需要以体验为基础的。幼儿的品德行为也需要在活动中反复锻炼实践，当幼儿与同伴发生矛盾或冲突时，教师结合具体情境，指导他们尝试用协商交换、轮流、合作等方式解决冲突;帮助幼儿学习社会交往的基本规则和技能,通过具体行为,把规则内化、转变为幼儿自觉的道德行为。

同时,在五大领域设计教育活动时,教师也要注意从知识、技能及品德三个维度去思考。抓住各领域活动的特点,深入挖掘活动中的德育因素,进行有机渗透,从而对儿童进行全方位的道德品质教育。

(四)坚持家园协调一致的原则

坚持家园协调一致的原则,就是家庭教育和幼儿园教育要协调一致,形成合力。父母是孩子的第一任老师,幼儿良好行为习惯的养成在很大程度上取决于家庭教育,家庭教育与幼儿园教育只有相互配合,相互补充,才能取得最佳的教育效果。反之,幼儿园要求与家庭要求不一致,就会如克雷洛夫寓言《天鹅、梭子鱼和虾》一样,不仅事倍功半,还会使儿童无所适从。

思政园地

> 霍懋征,当代著名教育家,我国首批特级教师,曾被周恩来总理称为"国宝"。一位素不相识的学生,因为犯了错误要被送去工读学校,霍老师找到校长说:"先把他交给我吧!"她对学生说:"你犯了错误,需要改正,咱们就用打扫校园来改正错误吧。"于是,她便早来晚走,陪伴这位学生扫了一年校园。最后,学生哭着跟她说:"老师我错了,我以后一定好好做人。"

所以,幼儿园要通过多种形式的活动,如开办家长学校、召开家长会、家长半日开放活动和微博、微信群等途径,宣传幼儿品德教育和心理保健的重要性。及时公布道德品质教育内容,有针对性地介绍道德品质教育的知识和方法,充分发挥幼儿园教育和家庭教育各自的优势,使家长与幼儿教师相互配合、互相探讨,形成合力,使道德品质教育真正取得成效。

综上所述,道德品质的形成是长期、反复、不断提高的过程,习惯的养成也不是一朝一夕的,需要持之以恒地做深入、细致、耐心的工作,才能取得良好的教育效果。

第四节 学前儿童差异行为的发展

一、差异行为的概述

差异行为主要是人在认识、情感、意志等心理活动和生理活动过程中表现出的稳定的、与他人不同的行为表现。通过前面的学习,我们知道,儿童的行为表现是不同的,差异是处处存在的,这种差异我们称之为个体差异。幼儿个体差异是指在学前教育背景下儿童在智力、性格、性别、学习方式等方面的差异。

二、差异产生的原因

遗传因素和环境因素是产生个体差异的两大因素。

（一）遗传因素

遗传因素是由遗传基因决定的，如神经系统、感觉运动器官以及机体功能条件等，是个体发展的基础和内在根据。生活中常常会发现这样的现象：父母和孩子在举手投足、一颦一笑之间有着惊人的相似，就像是一个模子中铸出来的。俗话说："龙生龙，凤生凤，老鼠的儿子会打洞。"就是强调遗传在儿童成长过程中起到的关键性的作用。但遗传只是必要条件，儿童的成长也离不开环境、教育及自身的努力。

（二）环境因素

环境因素是外部因素，分为两个方面：自然条件和社会环境。自然条件是个体维持生命所必需的条件，如地理条件、气候变化和食物结构等；社会环境是个体生活其中的社会生活条件和教育条件，包括社会、家庭和学校等各种条件。

由此可见，遗传和环境这两大因素对个体差异形成与发展的作用是无法分离的，两者相互作用使个体得到发展。没有环境，遗传的作用不能体现出来；而没有遗传，环境再好也无法对个体的发展产生影响。因此，遗传和环境对个体差异的形成和发展起着交互作用，并最终导致个体差异的出现。

三、 差异的类型

幼儿的个别差异主要表现在智力差异、性格差异、性别差异和学习方式差异上。

（一）幼儿智力的差异

智力差异是指儿童在智力的发展水平、表现类型、发生早晚方面的差异。

（二）幼儿性格的差异

性格差异是指幼儿在性格特征方面的差异。

（三）幼儿性别的差异

男女性别差异是在男孩与女孩成长过程中由社会实践、风俗习惯、所受教育造成的，这种差异不仅影响幼儿学习知识、技能的速度，还影响其学习方式。如女孩一般喜欢文学方面的知识，对语言比较敏感，掌握的速度也较快；男孩一般对数理知识敏感，学习得较好。在发展的速度上，无论在身体还是心理方面，幼儿期女孩都比男孩发育快、成熟早。

（四）幼儿学习方式的差异

学习是幼儿在获得经验的过程中引起的思维、行为、能力和心理倾向等方面的持续而深刻的变化。幼儿学习的主要方式有观察学习、操作学习、体验学习和交往学习。

1. 观察学习

观察学习是指个体通过观察榜样的行为及其后果，从而获得学习经验的学习方式，又称模仿学习。观察学习是幼儿学习的主要方式，渗透在生活中的各个方面，如幼儿观察到成人把垃圾扔到垃圾箱内，自己也主动把手中的垃圾扔到垃圾箱。

2. 操作学习

操作学习是指个体在实际操作的过程中学习的主要方式。直接感知和实际操作是幼儿获得经验的重要渠道，所以，操作学习是适合幼儿的学习形式，如杜威提倡的"做中学"，陶行知的"教学做合一"，都是从幼儿的心理特点出发提出的教育思想。

烨烨取鞋

午睡起床时，烨烨发现自己的鞋子掉到了床底下。为了取出鞋子，烨烨趴在地板上，把手伸进床底下，但是够不着。能不能找样东西来帮忙？烨烨打开床底下的抽屉，找到了一根绳子，伸进去，发现绳子是软的，不能够到鞋子。他不甘心，索性坐下来，一只手臂使劲勾住床的挡板，一条腿伸到床底下勾鞋，虽然碰到了鞋子，却依然弄不出来。于是烨烨把另一只脚也伸进去，两只脚合力夹出了一只鞋子，又用同样的方法勾出了另一只鞋子，烨烨非常高兴，咧开嘴笑了。

请思考：烨烨在取鞋的过程中获得了哪些认识？

3. 体验学习

体验学习是指学习者通过实践与反思，获得知识、技能、态度的学习方式。体验学习是幼儿亲身体验、感悟的过程，也是知识的形成过程。

元宝笑了

区角活动开始了，小朋友们兴奋地冲进了各自喜欢的区域，元宝却一下蹲到地上，一脸的愁容。我感到很纳闷，走了过去，也蹲到元宝的对面轻轻地问："小朋友去玩了，你怎么不去啊？"元宝好似没听见一样，没有吱声，我又问了一遍，元宝很不耐烦地大声对我说："我不喜欢玩，你不知道吗？"我不禁愣住了，平时看到的都是孩子们没有玩够，意犹未尽的脸，还没见到过孩子不喜欢玩的情况，我感到事情有些复杂，便轻轻地问："与小朋友一起玩游戏多快乐啊，你看小年和伟伟他们玩得多开心，我们也过去玩吧。"元宝说："我不去，我就在这儿蹲着。"我耐心地对元宝说："那是元宝今天心情不好，不喜欢与小朋友一起玩吗？"元宝瞅瞅我说："不是，我不喜欢他们大声说话。"我轻轻地对元宝说："哦，原来是这样，那我们可以提醒小朋友小点声说话，不过现在是自由活动时间，小朋友都非常高兴，元宝高兴了也可以大声说话。"我牵着元宝的手说："让我猜猜元宝喜欢哪个区角呢？阅读区？"元宝摇摇头。"那是表演区？"元宝说："都不是，我喜欢积木。""哇，是这样啊，我怎么没想到呢，我也喜欢积木，咱俩一起去玩吧。"可是元宝到了建构区，却蹲在那不动了，我无奈地说："唉，我想玩这个积木，可是不会，你能帮助我吗？""好吧。"元宝终于参与了活动，元宝一边搭积木，我在一边表扬，他越做越高兴，积木大桥建好了，我给他的作品拍了照，并对他说："元宝多棒啊，能搭这么好的大桥，我都没想到呢，以后，我们每次都搭一个，好不好？"元宝得意洋洋地说："好。""那我们去掌约定啊。""Yes！"元宝脸上的笑容更加灿烂了，从这次活动开始，元宝变了，变得愿意参加活动了，这真是一次宝贵的体验。

4. 交往学习

交往学习是指个体以他人为对象，通过与他人的对话、交流、互动而展开学习的过程。交往学习的对象是具体的人，而不是文字、符号或某种物体，在交往的过程中，幼儿可以从他人那里获得思想观念、情感态度和行为方式的启发、借鉴，所以，也是幼儿重要的学习方式。

思政园地

爱迪生一生共有约两千多项发明创造,为人类文明和进步做出了巨大贡献,被誉为"世界发明大王"。然而小时候的他却是老师眼中的问题儿童。一天,刚上学三个月的小爱迪生回家对妈妈说:"妈妈,老师将这张纸条给我,并说只有你能看,他说什么呀?"爱迪生妈妈边流泪边大声读:"你的孩子是天才,这个学校对他来说太小了,没有好老师可以训练他。请你自己教导他。"

母亲去世多年后,爱迪生偶然发现了当年老师让他交给妈妈的信,信上却写着:"你的孩子有精神上的缺陷,我们不能让他继续留在学校就读,他被退学了。"

爱迪生看到信,非常激动。他在日记里写道:"爱迪生是一个有精神缺陷的小孩,但他的母亲把他变成世界的天才。"

四、 幼儿差异行为的教育引导

《指南》指出:"尊重幼儿发展的个体差异。"既要准确把握幼儿发展的阶段性特征,又要充分尊重幼儿发展连续性进程上的个别差异,支持和引导每个幼儿从原有水平向更高水平发展,按照自身的速度和方式到达《指南》呈现的发展"阶梯",切忌用一把"尺子"衡量所有幼儿。

(一) 理解、尊重幼儿的个体差异

"千人千性格,万人万脾气",差异是客观存在的,是不以教师和家长的意志为转移的,否定或忽视幼儿的个体差异,就会"一刀切",在工作中出问题,影响幼儿健康发展。因此,只有理解、尊重幼儿的个体差异,才能促进幼儿的健康成长。

(二) 因人而异,因材施教

教师在教育、教学中,既要面向全体幼儿,又要兼顾幼儿的个体差异,因人而异,因材施教,做到形式多样化,内容丰富化,要求层次化,使每一位幼儿都能在原有的基础上得到最大限度的发展。

(三) 采用适宜的方式、方法

适宜性教学源于美国的发展适宜性教学主张,认为幼儿教学包括两方面的适宜:年龄适宜与个别差异适宜。主要方式有以下两种。

1. 资源利用模式

资源利用模式是指在教学过程中充分利用幼儿的长处和优点,以求人尽其才。传统的大班教学,很难使每一名幼儿都能各尽所长。因此,教师要开展丰富多彩的区角活动,为幼儿提供展示自己优势的平台,促进其优势领域的发展。

2. 补偿模式

补偿模式是指针对幼儿某一方面的能力缺陷,给予针对性的教育。如一方面不足,可以通过调整,由另一方面的强项进行补偿。

(四) 制订个别化教育方案

制订个别化教育方案即为每个幼儿的发展提供个别化、适宜的教育方案。个别化教学的突出之处在

于它是"评价活动与教学活动相结合"的过程,基本环节有:了解、鉴定儿童的学习情况;思考儿童的特殊需要;提供适宜的教学活动。

个别化教学的策略大体有:调整儿童学习的速度和难度,为不同儿童设计、提供不同程度的、多样性的活动材料,以使活动适应儿童的需求;调整教师的角色,减少教师的权威色彩,以接纳、尊重、平等的态度面对儿童,调动儿童学习的主动性、积极性;为每个幼儿设立相应的学习档案袋,根据其不同的学习特点进行个别化指导,帮助每名儿童积累个别化的学习经验,使他们按照自己的轨迹健康、快乐地成长。

学习小结

社会性行为就是儿童在与儿童或成人交往的过程中,表现出的态度和行为反应。

亲社会性行为是指人们在社会交往中,所表现出来的有利于他人和社会的行为。

幼儿期亲社会性行为的发展具有指向性的特点,主要表现在合作行为、助人行为、分享行为、安慰行为上。

影响儿童亲社会性行为的因素有:父母榜样、个人特点、社会认知、社会文化的影响。

亲社会性行为的培养要做到:加强榜样示范的教育作用;利用移情进行训练;借助日常生活、游戏等进行练习;及时强化已经形成的良好行为。

反社会性行为是与亲社会性行为相对提出的,是一种不利于他人或社会的行为,主要指的是攻击性行为。

攻击性行为的产生原因:生物因素;家庭的教养方式;社会因素;幼儿园不当的教育方式。

攻击性行为的教育对策:创设适宜的活动环境;培养儿童的自我控制能力;引导儿童合理宣泄不良情绪;及时纠正儿童的攻击性行为;坚持赏识教育的原则;通过各种活动矫正儿童的攻击性行为。

品德是指个体按照一定的社会道德准则和规范行动时所表现出来的稳定的行为倾向。

道德是一种社会意识形态,是一定的社会中人们应该共同遵守的行为规范与准则。

皮亚杰将儿童道德的发展划分为四个阶段。

第一阶段为"自我中心阶段"或前道德阶段(2—5岁);第二阶段为"权威阶段"或他律道德阶段(6—7、8岁);第三阶段为"可逆性阶段"或初步自律道德阶段(8—10岁);第四阶段为"公正阶段"或自律道德阶段(10—12岁)。

学前儿童的道德品质教育要:坚持正面教育的原则;坚持从小事入手的原则;坚持渗透教育的原则;坚持家园协调一致的原则。

差异行为主要是人在认识、情感、意志等心理活动和生理活动过程中表现出的稳定的、与他人不同的行为表现。

遗传因素和环境因素是影响个体差异的两大因素。

幼儿的个别差异主要表现在智力差异、性格差异、性别差异和学习方式差异上。

幼儿学习的主要方式有观察学习、操作学习、体验学习、交往学习。

幼儿差异行为的教育引导要做到:理解、尊重儿童的个体差异;因人而异,因材施教;采用适宜的方式、方法;制订个别化教育方案。

聚焦国考

参考答案

一、单项选择题(每题 3 分,共计 30 分)

1. 影响儿童性别角色行为的因素有( )。
    A. 生物因素   B. 自然因素   C. 同伴因素   D. 物理因素

2. 一般情况下,儿童初步的性别行为产生于( )。
    A. 2 岁左右   B. 3 岁左右   C. 4 岁左右   D. 5 岁左右

3. 幼儿道德发展的核心问题是（　　）。

    A. 亲子关系的发展　　B. 同伴关系的发展　　C. 性别角色的发展　　D. 亲社会行为的发展

4. 在儿童的亲社会行为中，（　　）行为最常见。

    A. 合作　　　　　　　　B. 分享　　　　　　　　C. 安慰　　　　　　　　D. 友好

5. （　　）是儿童亲社会行为产生的基础。

    A. 自我意识　　　　　　B. 态度　　　　　　　　C. 认知　　　　　　　　D. 移情

6. 下列不是攻击性行为产生原因的是（　　）。

    A. 榜样　　　　　　　　B. 忍耐　　　　　　　　C. 父母的惩罚　　　　　D. 挫折

7. 适宜性教学包括年龄适宜和（　　）适宜。

    A. 性别　　　　　　　　B. 差别　　　　　　　　C. 类别　　　　　　　　D. 环境

8. 孩子能区别一个人是男的还是女的，就说明他已经（　　）。

    A. 形成了性别角色习惯　　　　　　　　B. 具有了性别概念

    C. 产生了性别行为　　　　　　　　　　D. 对性别角色有明确的认识

9. 儿童社会性的发展是（　　）。

    A. 与生俱来的　　　　　　　　　　　　B. 由遗传素质决定的

    C. 在成长过程中自然而然形成的　　　　D. 在同外界环境相互作用过程中逐渐实现的

10. （　　）是幼儿学习的主要方式。

    A. 思考学习　　　　　B. 操作学习　　　　　C. 体验学习　　　　　D. 交往学习

二、简答题（每题 5 分，共计 20 分）

1. 简述亲社会行为的引导措施。

2. 列举幼儿个别差异的主要表现。

3. 简述皮亚杰关于儿童道德发展的四个阶段。

4. 简述学前儿童道德品质教育应坚持的原则。

三、论述题（每题 10 分，共计 20 分）

1. 结合实例说明攻击性行为的教育对策。

2. 简述如何制订个别化的教育方案。

四、材料分析题（每题 15 分，共计 30 分）

1. 雨轩是一个非常聪明的孩子，接受能力非常强，老师们都很喜欢他，可是也经常有小朋友告状：“老师，雨轩打我；老师，雨轩欺负我……”经过教师的多次教育都不见成效。后来从他爷爷口中得知，雨轩爸爸对雨轩的管教非常严厉，雨轩在家动不动就会挨打。调皮了挨打，没拿到奖状挨打，没得到五角星挨打，甚至因老师有时候向他家长提出雨轩在幼儿园犯的小小的错误也挨打。

请分析雨轩的问题，并提出相应的解决办法。

2. 诗诗和阿伟是大班的小朋友，平时比较友好，经常喜欢在一起下棋，也算得上班里一对最好的棋友了。幼儿园正好举行棋类比赛，老师为了公平，让诗诗和阿伟相互比赛，胜出的一位参赛。在胜负难分的情况下老师左右为难，最后老师说：“你们俩能不能互相谦让一下呢？”这时诗诗和阿伟互相对望了一下后，诗诗很不情愿地说：“那让给阿伟去吧。”老师表扬了诗诗，但诗诗回到座位上还是大哭了一场。这件事家长知道后，引起了“孩子该不该谦让”的争论，爷爷奶奶说：“让就让吧，孩子懂得谦让也是一件好事，反正以后还有机会。”而孩子的爸爸妈妈却说：“现在社会竞争这么激烈，从小就要培养竞争意识。”

请用幼儿品德教育的相关知识分析该问题，并提出建议。

参考文献

［1］ 中共中央 国务院.中共中央 国务院关于学前教育深化改革规范发展的若干意见［EB/OL］.（2018－11－15）［2019－7－2］http://www.gov.cn/zhengce/2018－11/15/content_5340776.html.

［2］ 中华人民共和国教育部.幼儿园教师专业标准（试行）［EB/OL］.（2012－9－14）［2019－7－2］http://www.gov.cn/zwgk/2012－09/14/content_2224534.htm.

［3］ 中华人民共和国教育部.3—6岁儿童学习与发展指南［EB/OL］.（2012－10－15）［2019－7－2］http://www.gov.cn/jrzg/2012－10/15/content_2244390.htm.

［4］ 中华人民共和国教育部.幼儿园教育指导纲要（试行）［EB/OL］.（2001－7－2）［2019－7－2］http://old.moe.gov.cn/publicfiles/business/htmlfiles/moe/s3327/201001/81984.html.

［5］ ［奥］阿尔弗雷德·阿德勒.儿童教育心理学［M］.刘丽,译.海口:南海出版公司,2015.

［6］ ［奥］阿尔弗雷德·阿德勒.儿童的人格形成及其培养［M］.韦启昌,译.北京:北京大学出版社,2014.

［7］ ［美］伯顿·L.怀特.从出生到3岁［M］.宋苗,译.北京:北京联合出版公司,2016.

［8］ 曹中平,邓祎.学前儿童发展心理学［M］.长沙:湖南大学出版社,2015.

［9］ 陈帼眉.学前心理学［M］.北京:北京师范大学出版社,2015.

［10］ 陈帼眉,姜勇.幼儿教育心理学［M］.北京:北京师范大学出版社,2007.

［11］ 陈帼眉,冯晓霞,庞丽娟.学前儿童发展心理学［M］.北京:北京师范大学出版社,1995.

［12］ 陈水平,郑洁.学前儿童发展心理学［M］.北京:北京师范大学出版社,2013.

［13］ 李季湄,冯晓霞.《3—6岁儿童学习与发展指南》解读［M］.北京:人民教育出版社,2013.

［14］ 李燕,赵燕.学前儿童发展心理学［M］.上海:华东师范大学出版社,2008.

［15］ ［美］黛安娜·帕帕拉,萨莉·奥尔兹,露丝·费尔德曼.发展心理学:从生命早期到青春期（上册）［M］.李西营,等译.北京:人民邮电出版社,2013.

［16］ ［美］丹尼斯·博伊德,海伦·比.儿童发展心理学［M］.夏卫萍,译.北京:电子工业出版社,2016.

［17］ ［英］H.鲁道夫·谢弗.儿童心理学［M］.王莉,译.北京:电子工业出版社,2016.

［18］ ［美］罗伯特·费尔德曼.儿童发展心理学［M］.苏彦捷,等译.北京:机械工业出版社,2015.

［19］ ［美］罗伯特·费尔德曼.发展心理学:人的毕生发展［M］.苏彦捷,邹丹,译.北京:世界图书出版公司北京公司,2013.

［20］ 刘万伦.学前儿童发展心理学［M］.上海:复旦大学出版社,2014.

［21］ 刘新学,唐雪梅.学前心理学［M］.北京:北京师范大学出版社,2011.

［22］ 钱峰,汪乃铭.学前心理学［M］.上海:复旦大学出版社,2012.

［23］ ［美］唐娜·威特默,桑德拉·彼得森,玛格丽特·帕克特.儿童心理学:0—8岁儿童的成长［M］.何洁,金心怡,李竺芸,译.北京:机械工业出版社,2015.

［24］ 王萍.学前心理学［M］.长春:东北师范大学出版社,2011.

［25］王振宇.学前儿童发展心理学［M］.北京：人民教育出版社，2015.

［26］［美］沃尔特·米歇尔.棉花糖实验［M］.任俊，闫欢，译.北京：北京联合出版公司，2016.

［27］吴荔红.学前儿童发展心理学［M］.福州：福建人民出版社，2014.

［28］杨柯.学前儿童发展心理学［M］.成都：西南交通大学出版社，2015.

［29］周念丽.学前儿童发展心理学［M］.上海：华东师范大学出版社，2014.

［30］周谦.学习心理学［M］.北京：科学出版社，1992.

［31］张永红.学前儿童发展心理学［M］.北京：高等教育出版社，2011.

［32］王振宇.心理学教程［M］.北京：人民教育出版社，2008.

［33］唐利平.《学前儿童心理学》课程实施一体化研究——以感知觉为例［J］.贵州教育，2015（2）：31—34.

图书在版编目(CIP)数据

学前儿童心理学/罗秋英,张暖暖主编. —3 版. —上海:复旦大学出版社,2024.5
ISBN 978-7-309-17137-2

Ⅰ.①学…　Ⅱ.①罗…②张…　Ⅲ.①学前儿童-儿童心理学　Ⅳ.①B844.12

中国国家版本馆 CIP 数据核字(2023)第 249776 号

学前儿童心理学(第三版)
罗秋英　张暖暖　主编
责任编辑/赵连光

复旦大学出版社有限公司出版发行
上海市国权路 579 号　邮编:200433
网址:fupnet@ fudanpress.com　http://www.fudanpress.com
门市零售:86-21-65102580　　团体订购:86-21-65104505
出版部电话:86-21-65642845
上海丽佳制版印刷有限公司

开本 890 毫米×1240 毫米　1/16　印张 15.5　字数 480 千字
2024 年 5 月第 3 版第 1 次印刷

ISBN 978-7-309-17137-2/B·796
定价:49.00 元

如有印装质量问题,请向复旦大学出版社有限公司出版部调换。
版权所有　　侵权必究